北京国医械华光认证有限公司组织编写

无菌医疗器械包装
制造与质量控制

闫 宁　郭新海　主编

苏州大学出版社
Soochow University Press

图书在版编目(CIP)数据

无菌医疗器械包装制造与质量控制／闫宁，郭新海主编. —苏州：苏州大学出版社，2019.9
ISBN 978-7-5672-2932-7

Ⅰ.①无… Ⅱ.①闫… ②郭… Ⅲ.①医疗器械－无菌技术－包装技术－质量控制 Ⅳ.①TH77

中国版本图书馆 CIP 数据核字(2019)第 176455 号

无菌医疗器械包装制造与质量控制

闫　宁　郭新海　主编

责任编辑　徐　来

苏州大学出版社出版发行

(地址：苏州市十梓街1号　邮编：215006)

常州市武进第三印刷有限公司印装

(地址：常州市武进区湟里镇村前街　邮编：213154)

开本 787 mm×1 092 mm　1/16　印张 22　字数 495 千

2019 年 9 月第 1 版　2019 年 9 月第 1 次印刷

ISBN 978-7-5672-2932-7　定价：75.00 元

若有印装错误，本社负责调换

苏州大学出版社营销部　电话 0512-67481020

苏州大学出版社网址　http://www.sudapress.com

苏州大学出版社邮箱　sdcbs@suda.edu.cn

《无菌医疗器械包装制造与质量控制》

编 委 会

前　言

　　无菌医疗器械包装是无菌医疗器械产品密不可分的组成部分，对于保障产品的安全性和有效性发挥着至关重要的作用。无菌医疗器械包装不同于一般工业产品的包装，需要符合无菌医疗器械包装标准和法规中有关安全有效的一系列专用要求。

　　首先是微生物屏障要求。无菌医疗器械包装必须具有防止微生物进入包装内的能力，为此要通过包装材料和密封接口处的微生物屏障特性构建无菌屏障系统（俗称初包装），确保无菌医疗器械包装自始至终保护产品并保持规定的无菌保证水平，最终实现能无菌使用无菌医疗器械产品的目标。其次是灭菌适应性要求。灭菌适应性是指包装材料和（或）系统能经受灭菌过程并使包装系统内达到灭菌所需条件的特性。通常应用的灭菌方式有环氧乙烷灭菌、湿热灭菌、辐射灭菌、过氧化氢等离子灭菌等。包装材料的性能应与无菌医疗器械产品确定的灭菌方式相适应，具有能够经受灭菌过程条件和环境变化的能力并实现包装内容物的灭菌有效性。再次是无菌医疗器械包装的安全性和相关性能要求。由于无菌屏障系统直接和无菌医疗器械产品组合在一起共同构建产品的安全性和有效性，所以无菌屏障系统包装材料要符合生物相容性、毒理学特性等安全性要求，并在与无菌医疗器械产品接触过程中不能发生化学反应，不能改变无菌医疗器械产品的性能和功能，以确保与被包装的无菌医疗器械产品的相容性。同时，包装材料要满足一系列物理和化学特性的要求，如耐用性要求、包装成型和密封过程要求、稳定性试验要求等。

　　无菌医疗器械包装上的信息要求包括需要向公众提供无菌医疗器械产品的使用说明、可追溯性、警示标识和相关信息，这些信息的内容和形式要符合法规要求。包装上的信息有助于无菌医疗器械产品和无菌医疗器械包装在运输、储存以及使用等过程中得到良好的维护和正确的使用，也有助于各相关方和社会各界的监督，以利于及时发现问题、解决问题，把风险控制在可接受水平。

　　无菌医疗器械包装由无菌屏障系统和保护性包装两部分组成。保护性包装是与无菌医疗器械产品非直接接触的外包装，用于保护无菌医疗器械产品和无菌屏障系统不受损坏，如普遍使用的大中包装、包装盒、外包装箱等。对这类包装材料要有强度等要求，主要是对无菌医疗器械产品在运输、储存等过程中起到保护作用，确保无菌医疗器械产品和无菌屏障系统完好无损。

由此可见，无菌医疗器械包装不同于一般工业产品的包装，有着一系列关乎公众生命健康的法规和标准的专用要求，只有满足这些专用要求，才是合格的无菌医疗器械包装产品。

无菌医疗器械产业的发展推动了无菌医疗器械包装的技术进步和发展。20 世纪 90 年代，医疗器械产业界和政府监管部门不断总结无菌医疗器械包装的实践经验，依据科技进步和无菌医疗器械产品临床应用对包装不断增长的需求，凝聚各方智慧，开展无菌医疗器械包装标准与法规的研究和制修订工作并取得了积极成果。1997 年，国际标准化组织（ISO）发布了 ISO 11607：1997《最终灭菌医疗器械的包装》标准，并于 2003 年修订再次发布。与此同时，欧盟先后发布了 10 个《待灭菌医疗器械包装材料和系统》系列标准。经过多年的实践，2006 年 ISO 又发布了 ISO 11607-1：2006《最终灭菌医疗器械的包装 第 1 部分：材料、无菌屏障系统和包装系统的要求》标准和 ISO 11607-2：2006《最终灭菌医疗器械的包装 第 2 部分：成型、密封和装配过程的确认要求》标准。此外，还有一系列与无菌医疗器械包装相关的标准和规范需要执行。这些标准的发布和实施对规范无菌医疗器械包装，提高无菌医疗器械包装的技术和管理水平，确保无菌医疗器械产品的安全有效起到了重要作用。

我国医疗器械监管部门历来重视无菌医疗器械包装，在《医疗器械注册管理办法》《医疗器械说明书和标签管理规定》《医疗器械生产质量管理规范》等法规中都对医疗器械包装提出了具体要求。医疗器械监管部门也十分重视无菌医疗器械包装标准的制修订工作，先后将国际标准化组织、欧盟等发布的有关无菌医疗器械包装标准等同采用并转化为国家标准或行业标准，进一步规范无菌医疗器械包装产业。随着医疗器械监管改革的深入和创新发展，加快形成企业自律、政府监管、社会协同、公众参与的医疗器械社会共治格局，建立符合中国特色的医疗器械监管科学体系，不断提高医疗器械监管的科学性、有效性，对进一步保障无菌医疗器械包装的安全有效，推动我国无菌医疗器械产业的快速发展有着深远的意义。

随着我国无菌医疗器械产业的发展，无菌医疗器械包装产业也在逐步成长壮大，取得了显著的进步和成绩。但在整体上，我国无菌医疗器械包装产业仍然处于起步阶段。一是提供包装材料和预成型无菌屏障系统的无菌医疗器械包装生产企业小、散、多的格局还未根本转变，有些企业起点不高，专业技术不强，资源设备投入不足，研发能力薄弱，专业人才匮乏，核心竞争力差，不能满足无菌医疗器械产业迅速发展的需求。二是有些无菌医疗器械生产企业对无菌医疗器械包装的重要性认识不足，甚至还停留在混同于普通工业产品包装的观念上，质量管理人员对无菌医疗器械包装的技术标准知之不多，研究甚少，因此往往引发无菌医疗器械包装设计输入不完整、设计输出不全面、验证确认不到位、检测能力不匹配、质量管理跟不上等问题，很难符合无菌医疗器械包装相关标准的要求，导致无菌医疗器械包装风险的复杂性和不确定性，这是无菌医疗器械生产企业需要解决的重大课题。三是有些医疗机构对无菌医疗器械包装使用存在误区，资源投入不足，标准执行不力，质量管理薄弱，存在着错误使用甚至违规操作的倾向。因此，按照相关的法规和无菌医疗器械包装标准的要求，不断规范无菌医疗器械包装的临床使用是医疗机构面临的艰巨任务。

无菌医疗器械包装领域涉及材料学、物理、化学、微生物学、机械等诸多学科，无菌医疗器械包装又关乎公众生命安全与健康。因此，需要认真贯彻医疗器械法规，切实坚守安全底线；需要全面实施无菌医疗器械包装系列标准及相关标准，发挥标准的基础性、战略性、引领性的作用，切实提高无菌医疗器械包装的制造水平；需要培养专业人才，建设无菌医疗器械包装队伍，切实提升无菌医疗器械包装技术水平；需要加强无菌医疗器械包装生命周期的质量管理体系建设，坚持风险管理，切实提高无菌医疗器械包装的质量管理水平；需要无菌医疗器械包装领域的工作者、相关方及社会各界共同努力，不断学习，勇于实践，在实践中提高，在实践中创新，推动我国无菌医疗器械包装产业迈向中高端。目前，虽然国内从事无菌医疗器械包装生产的企业逐年增多，但是缺少专业的工程技术人员和检测人员。在未来的发展过程中，需要无菌医疗器械的从业人员将无菌包装和无菌产品紧密结合，并注重实践经验，促使我国无菌医疗器械包装产业有更大的改进和突破。

北京国医械华光认证有限公司牵头组织行业的专家和相关单位的专业技术人员编写了《无菌医疗器械包装制造与质量控制》一书，本书由闫宁、郭新海主编。在此对本书编委会成员的辛勤劳动表示衷心的感谢。

本书是为无菌医疗器械包装生产企业和无菌医疗器械产品的制造商编写的，系统阐述了有关无菌医疗器械包装相关方面的知识。书中各章节不是按照包装产品的分类方法，也不是按照有关包装标准的结构顺序，而是按照无菌医疗器械制造商的实际操作过程编排的。

本书可作为从事无菌医疗器械包装工作的工程技术人员、检验人员和相关管理人员的培训教材和参考书。

北京国医械华光认证有限公司于 2018 年元月在苏州组织召开了审稿会议，本书主编和部分编委会成员出席了会议。本书在编写与审稿过程中得到了相关方的大力支持，原国家食品药品监督管理总局医疗器械技术审评中心李耀华、原北京市食品药品监督管理局医疗器械技术审评中心王辉、原国家食品药品监督管理总局广州医疗器械质量监督检验中心暨全国消毒技术与设备标准化技术委员会胡昌明、原江苏省食品药品监督管理局医疗器械检验所秦黎、原苏州市食品药品监督管理局许正龙和汪娴、中国医疗器械行业协会外科植入物专委会聂洪鑫、中国医疗器械行业协会包装专委会秦蕾、中国科学院苏州生物医学工程技术研究所王廷宾、苏州大学医学部方菁嶷、江苏理工学院医疗器械学院叶霞、安徽和美瑞包装材料有限公司余谟春、苏州方位无菌包装有限公司方振、上海建中医疗器材包装股份有限公司宋龙富、杭州中意自动化设备有限公司施睿、杜邦（中国）有限公司钱军、北京国医械华光认证有限公司李朝晖等领导、专家、企业代表出席了审稿会议并提出了修改意见。苏州大学张同成老师担负了本书的最终主审工作。国家药品监督管理局广州医疗器械质量监督检验中心黄鸿新、中国医药保健品进出口商会蔡天智、中国医疗器械行业协会医用高分子制品专业分会李未扬、四川大学华西医院黄浩，以及常州方孜袁医用包装有限公司、江苏苏云医疗器材有限公司、江苏康进医疗器材有限公司等单位在教材的编写过程中提出了相关的建议。北京国医械华光认证有限公司苏州分公司沈莉、于达慧等为教材的审稿会议组织以及编务工作付出了努力。在此，谨向各位领导、专家和代表，以及对本书的编写、修改、审稿、出版等工作给予大力支持的相关单位和个人表示衷心的感谢和崇高的敬意。

　　由于本书编者的知识和经验有限，错误之处在所难免，欢迎广大读者提出宝贵意见和建议。

北京国医械华光认证有限公司　陈志刚

2019 年 8 月

目 录
Contents.......

无菌医疗器械包装概论

　　选择无菌医疗器械包装材料和包装形式是控制和保证产品质量的一项重要工作，无菌医疗器械包装的目标是能进行灭菌、使用前提供无菌保护并保持无菌水平。无菌医疗器械产品的包装是一个非常重要的特殊过程，由于不同医疗器械产品的具体特性、预期的灭菌方法、预期用途、失效日期、运输和贮存等都会对包装系统和材料的选择带来影响，在为无菌医疗器械选择合适的包装材料时，要认真分析无菌屏障系统诸多方面的因素，涵盖与灭菌过程的相容性、包装运输和处理过程中的适宜性、无菌屏障的特性以及与器械最终用途相关的问题。

第一节　无菌医疗器械包装的发展

　　随着无菌医疗器械行业的快速发展，世界各国都对产品的包装提出了相关要求，美国、欧盟、ISO 等国际标准化组织也相继制定了一系列标准，其目的就是要加强对无菌产品的控制，以确保无菌医疗器械的安全有效。

一、国内外相关标准

　　美国 1950 年成立的软包装协会是由软包装制造者和供应者组成的国家贸易协会，该行业生产的包装用于食品、保健品的包装，以及由纸张、薄膜、铝箔材料等组成的工业产品。1994 年，软包装协会灭菌包装制造者理事会成立，定期发布包装标准和试验方法。

　　1997 年，ISO/TC 198（卫生保健灭菌技术委员会）制定了 ISO 11607：1997《最终灭菌医疗器械的包装》标准，用于包装后的灭菌医疗器械包装。

　　欧洲标准 EN 868 是由欧洲委员会和欧洲自由贸易协会授权 CEN/TC 102（欧洲标准委员会）"供医用的灭菌器材"技术委员会编制的，于 1997 年 2 月起先后发布了下列标准：

　　EN 868-1《待灭菌医疗器械包装材料和系统　第 1 部分：一般要求和试验方法》。

　　EN 868-2《待灭菌医疗器械包装材料和系统　第 2 部分：灭菌包裹材料 要求和试验方法》。

　　EN 868-3《待灭菌医疗器械包装材料和系统　第 3 部分：纸袋（EN 868-4 中的规

定）、组合袋、卷材（EN 868-5 中的规定）生产用纸 要求和试验方法》。

EN 868-4《待灭菌医疗器械包装材料和系统 第 4 部分：纸袋 要求和试验方法》。

EN 868-5《待灭菌医疗器械包装材料和系统 第 5 部分：纸与塑料膜组合的热封和自封袋及卷材 要求和试验方法》。

EN 868-6《待灭菌医疗器械包装材料和系统 第 6 部分：环氧乙烷或辐射灭菌医用包装的生产用纸 要求和试验方法》。

EN 868-7《待灭菌医疗器械包装材料和系统 第 7 部分：环氧乙烷或辐射灭菌热封式医用包装的生产用涂胶纸 要求和试验方法》。

EN 868-8《待灭菌医疗器械包装材料和系统 第 8 部分：蒸汽灭菌器用重复性使用灭菌容器 要求和试验方法》。

EN 868-9《待灭菌医疗器械包装材料和系统 第 9 部分：热封袋、卷材和盖材的生产用无涂胶聚烯烃非织造布材料 要求和试验方法》。

EN 868-10《待灭菌医疗器械包装材料和系统 第 10 部分：热封袋、卷材和盖材的生产用涂胶聚烯烃非织造布材料 要求和试验方法》。

自 1992 年以来，欧洲标准委员会（CEN）和国际标准化组织（ISO）就开始致力于制定全球统一灭菌包装的标准工作。2003 年发布的 ISO 11607 第二版正是朝着这一方向努力的结果。ISO 11607 第二版中特别标注了和 EN 868 标准不同的部分，以便于使用者清楚了解二者存在的差异，为全球统一采用 ISO 11607 标准打下了基础。2006 年上半年发布的新版 ISO 11607-1 和 ISO 11607-2 实现了 ISO 和 CEN 标准的统一，同时废止了 EN 868-1，保留了 EN 868-2 至 EN 868-10 的部分，并对其进行了部分修改，可用一个或多个方法来证实符合 ISO 11607-1 中规定的一个或多个要求，为各种包装材料和预成型无菌屏障系统的确定提供了指导。目前，该标准已经被美国、欧洲和其他国家或地区广泛采用。

我国已将 ISO 11607：2003《最终灭菌医疗器械的包装》等同采用，且转化为国家标准，并于 2005 年 1 月 24 日发布了 GB/T 19633—2005《最终灭菌医疗器械的包装》标准，2005 年 5 月 1 日正式实施。目前，ISO 11607-1：2006《最终灭菌医疗器械的包装 第 1 部分：材料、无菌屏障系统和包装系统的要求》、ISO 11607-2：2006《最终灭菌医疗器械的包装 第 2 部分：成型、密封和装配过程的确认要求》已等同采用并转化为国家标准，并于 2015 年发布。2009—2011 年，我国将 ASTM F 系列标准转化为国家医药行业标准 YY/T 0681，将 EN 868-2 至 EN 868-10 标准也等同采用并转化为国家医药行业标准。这些标准的转化和应用，为提高我国无菌医疗器械包装技术水平和管理水平，进一步推动无菌医疗器械产品的创新发展以及无菌包装的规范化起到了十分重要的作用。

二、包装过程控制的重要性

为确保无菌医疗器械产品的安全性和有效性，必须要对包装过程加以严格的控制。因此，制造商应按照 ISO 11607《最终灭菌医疗器械的包装》标准对包装过程进行确认。ISO 11607 标准考虑了材料范围、医疗器械、包装系统设计和灭菌方法等因素，规定了预期用于无菌医疗器械包装系统的材料、预成型系统的基本要求。ISO 11607 标准与 EN 868-1 标准协调后规定了所有包装材料的通用要求，EN 868-2 至 EN 868-10 规定了常用包装材料的专用要求。这两类标准基本满足欧盟医疗器械指令的相关要求。

无菌医疗器械包装为产品提供了一个无菌屏障系统，是无菌医疗器械产品安全的基本保证。世界上许多国家或地区把销往医疗机构、用于内部灭菌预成型的无菌屏障系统也视为医疗器械。各国政府行政管理机构和医疗器械制造商之所以将无菌屏障系统视为医疗器械的一个附件或一个组件，也正是因为充分认识到了无菌屏障系统的重要性。

无菌医疗器械包装系统材料的选择受如图 1-1 所示相互关系的影响。

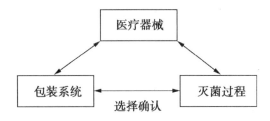

图 1-1　影响无菌医疗器械包装系统材料选择的相互关系

无菌医疗器械包装系统材料的选择会直接影响器械的保护、灭菌效果、无菌保持、无菌打开和使用等诸多方面，是非常重要的一项工作，应至少从以下 10 个方面考虑：

（1）微生物屏障。

（2）生物相容性和毒理学特性。

（3）物理和化学特性。

（4）与预期灭菌过程的适应性。

（5）与包裹或密封过程的适应性。

（6）灭菌前产品的货架寿命。

（7）灭菌后无菌屏障系统的无菌有效期。

（8）运输和贮存。

（9）与被包装的器械的相容性。

（10）与标签系统的适应性。

第二节　无菌医疗器械包装的基本要求

无菌医疗器械产品，其质量受诸多因素影响。如果内外包装材料不符合标准要求，或生产环境、储存运输、使用发放等过程受到污染、混杂、变质、损坏、错发等，都会直接影响产品质量。因此，与产品直接接触的内包装材料、容器等必须无毒，不得与产品发生化学作用，不得发生碎屑脱落，制造过程中不得被污染，且适合于产品的包装、密封和适宜的灭菌过程。与产品非直接接触的外包装材料，如大、中包装袋、包装盒及外包装箱等，必须要有一定的强度，不但要满足适宜的灭菌过程，还要适合于产品的运输、贮存和保管。

一、无菌产品包装的基本要求

我国无菌医疗器械产业从无到有历时三十多年，已发展成为具有相当规模的产业链。由于发展速度过快，部分企业的知识和技术的积累跟不上行业发展，专业人才更是甚少，医疗器械生产厂家和医疗机构对包装材料的认识和重视程度也不高，主要表现在：

（1）产品的前期设计开发没有与包装设计同时展开，延误项目周期。

（2）在产品设计开发过程中没有考虑到包装材质的限制，导致在后续生产过程中很容易发生包装密封失败，或后期采用环氧乙烷灭菌后导致环氧乙烷残留量不合格。

（3）缺乏对包装系统的验证，导致在运输过程中出现包装破损，甚至无菌屏障功能被破坏，产品不合格。

为确保无菌医疗器械产品的安全性和有效性，制造商必须对与产品直接接触的包装材料的生物相容性、预成型无菌屏障系统的完整性、初包装封口的密封性、包装形式、包装标识以及运输方法等进行确认，以保证产品在规定的有效期内和使用前保持其完整性。

1. 无菌医疗器械产品包装应具有的两个基本功能

（1）保护产品。

（2）保持产品的无菌状态。

无菌医疗器械包装材料的选择、包装设计、过程验证、包装试验等活动都是围绕这两个基本功能而展开的。

在建立无菌屏障系统的过程中，所用材料的微生物屏障特性和包装的完好性对产品的安全性十分重要。

2. 无菌医疗器械产品包装的基本要求

（1）无菌医疗器械产品的包装应满足以下三个基本要求：

① 与灭菌过程的适应性。

② 与运输过程的适应性。

③ 在产品的货架寿命周期内能够阻隔微生物的进入。

（2）无菌医疗器械产品常用的包装与灭菌过程的适应性选择。

无菌医疗器械常用的灭菌方法有以下几种：

① 环氧乙烷（EO）灭菌。采用环氧乙烷灭菌时，因内包装中有残留气体，包装材料必须要有良好的透气性能，一般采用多孔性材料。材料的耐热性能承受的介质温度应为 30 ℃～70 ℃，并与其他多种材料具有良好的相容性。同时要关注过度灭菌会导致包装损坏。

② 辐射（γ射线、电子束等）灭菌。进行辐射灭菌时通常用钴-60 作为辐照源。灭菌机理主要是通过 γ 射线的穿透，毁灭微生物的 DNA，以达到灭菌的效果。因为 γ 射线可以穿透多种材料，所以包装材料可不要求有良好的透气性。另外，在辐射过程中可能会破坏包装材料性能（尤其是聚丙烯材料），还有可能改变 PVC 类材料的外观性状。因此，在选择此灭菌方法时应关注这些相关因素。

③ 湿热灭菌（蒸汽灭菌）。采用湿热灭菌时，包装和产品等有关材料必须为多孔透析状且具备耐热、耐潮湿和耐高温特性。灭菌温度一般为 121 ℃ ~ 134 ℃，视灭菌周期长短，最高温度可达 140 ℃。湿热灭菌大多为医院或医疗诊所采用。

二、无菌医疗器械的包装设计

无菌医疗器械包装系统的设计应结合产品的具体结构形式、性能要求、灭菌方法以及国家或地区行政法规等相关要求。无菌屏障系统应能进行灭菌并与所选用的灭菌方法、灭菌过程相适应，应能提供无菌保护并保持无菌屏障系统的完好性，应确保内装物在使用前或有效期内保持其无菌水平，应确保在特定的使用条件下将对使用者或患者所造成的安全性危害降至最低。无菌医疗器械制造商应验证产品的最终包装在销售、贮存、处理及老化全过程中只要包装未损坏或未打开，在制造商规定的储存条件下，其包装的完整性能达到无菌医疗器械要求的贮存期限。

无菌医疗器械包装系统的设计和开发应考虑以下因素，包括但不限于：

（1）法律法规和顾客的要求。

（2）产品的质量和结构。

（3）锐边和凸出物的存在。

（4）物理和其他保护的需要。

（5）产品对特定风险的敏感性，如辐射、湿度、机械振动、静电等。

（6）每个包装系统中产品的数量。

（7）包装标签的要求。

（8）环境限制。

（9）产品有效性的限制。

（10）运输和贮存环境。

（11）灭菌适宜性和残留物。

无菌医疗器械包装系统的设计应有形成文件的设计和开发控制程序。设计开发过程的结果应形成记录、文件，并在产品放行前得到批准。包装材料、预成型无菌屏障系统或无菌屏障系统随附的信息应符合国家法规或产品进入市场必须提供的相关信息要求。

三、无菌医疗器械包装过程确认

预成型无菌屏障系统和无菌屏障系统制造过程应得到确认。过程确认是通过获取、记录和分析所需的结果，证明某个过程能一贯持续生产出符合预先确定的技术规范要求的程度。这些过程包括安装确认、运行确认和性能确认。ISO 11607-2《最终灭菌医疗器械的包装　第 2 部分：成型、密封和装配过程的确认要求》标准给出了相关确认的指南，无菌医疗器械制造商可参照该标准的要求进行包装确认。

1. 安装确认（IQ）

安装确认（IQ）是获取设备按其技术规范提供并安装的证据且形成文件的过程。安装确认过程应考虑：

（1）设备试验特点。

（2）安装条件，如布线、效用、功能等。

（3）设备安全性。

（4）设备在标称的设计参数下运行。

（5）随附的文件、印刷品、图纸或手册。

（6）配件清单。

（7）软件确认。

（8）环境条件，如洁净度、温度和湿度。

（9）形成文件的对操作者的培训要求。

（10）操作手册和程序。

安装确认过程中应规定关键过程参数，并对关键过程参数进行控制和监视。设备报警和警示系统、正常或故障停机应在关键过程参数超出预先确定的事件中得到验证。对关键过程进行控制的监视仪器、传感器、显示器、控制器等应建立校准或检定计划，并经过校准后使用，校准宜在性能确认前和确认后进行。对于包装设备中已安装的程序逻辑控制、数据采集、检验系统等软件的应用，要进行功能试验，以验证软件、硬件，特别是界面是否有正确的功能输出。安装确认过程应经过核查，如输入正确和不正确的数据、模拟输入电压的降低，以测定数据或记录的有效性、可靠性、一致性、精确性和可追溯性。另外，应建立书面的设备维护保养计划，保持相关的维护保养记录。

2. 运行确认（OQ）

运行确认（OQ）应对过程运行参数在上、下极限参数范围条件下进行所有预期生产条件的挑战性试验，以确保能够稳定地生产满足规定要求的预成型无菌屏障系统和无菌屏障系统。运行确认时应考虑以下质量特性：

（1）对于成型和组装：

① 完全形成/装配成无菌屏障系统。

② 产品适于装入该无菌屏障系统。

③ 满足基本的尺寸。

（2）对于密封：

① 规定密封宽度的完整密封。

② 通道或开封。

③ 穿孔或撕开。

④ 材料分层或分离。

注：密封宽度技术规范的示例见 EN 868-5 标准。

（3）对于其他闭合系统：

① 连续闭合。

② 穿孔或撕开。

③ 材料分层或分离。

3. 性能确认（PQ）

性能确认（PQ）应证实该过程在规定的操作条件下能持续生产可接受的预成型无

菌屏障系统和无菌屏障系统。

（1）性能确认应包括：

① 实际或模拟的产品。

② 运行确认中确定的过程参数。

③ 产品包装要求的验证。

④ 过程控制和能力的保证。

⑤ 过程重复性和重现性。

（2）性能确认中对过程的挑战性试验应包括生产过程中可能发生的和预期遇到的各种状况，如机器设置和变化程序、过程开机和再开机程序、动力故障和变化、多次传送等。挑战性试验过程应至少包括三组模拟生产运行，用适宜的统计技术来证实一个运行过程中的变异性和多个运行过程间的重现性。在正常情况下，一个模拟生产运行的周期应能说明过程的变化状态，这些变化包括机械平衡、间断和传送变化、正常开机和停机、包装材料的批间差异。

性能确认过程应得到控制并能持续生产出符合预定要求的产品，应建立性能确认过程中成型、密封和组装操作的形成文件的程序和技术规范，并监视、记录这些基本过程的变化情况。包装过程确认应依次按安装确认（IQ）、运行确认（OQ）、性能确认（PQ）顺序进行。

四、无菌医疗器械产品货架周期

包装材料或预成型无菌屏障系统的生产厂家应提供其产品的有效期及确定有效期时加速老化试验的验证报告。根据 ISO 11607-1 标准的要求，实时老化试验和加速老化试验宜同时开始。因此，产品有效期的验证过程是产品的诸多性能在加速老化试验和实时老化试验前后的对比，比对的性能至少应包括微生物屏障性能、力学性能、封口强度、完好性等指标。老化前后各项性能的数值应在标准规定的范围内，差值最好不大于15%（仅供参考）。加速老化验证可使制造商的产品快速上市，但制造商必须同时进行实时老化试验，待自然放置的样品达到规定的有效期时，进行各种性能的比对，从而最终确定产品有效期。产品有效期是指该产品可以使用的期限，与无菌有效期是两个概念。灭菌后的无菌有效期除了和材料的自身性能有关外，还与封口、打包、搬运、储存等密切相关，特别是储存环境的重要性甚至大于材料本身性能。因此，对于灭菌后的无菌有效期应进行验证，并形成文件和规范。

五、无菌医疗器械包装运输和贮存

无菌包装材料和预成型无菌屏障系统在运输和贮存过程中应采用适宜的包装，为保持其性能提供必要的保护，确保其性能保持在规定限度内的条件下运输和贮存。

无菌医疗器械应存放在清洁、通风、干燥的环境中。贮存的温度、湿度条件应满足产品预期用途。在日常贮存中，产品应存放在干净的橱柜内或存放架上，存放架（柜）必须离地面 20～25 cm，距天花板 50 cm，距墙面 5～10 cm，并根据物品不同分类放置。存放位置应相对固定，产品标识要清晰，并按无菌有效期进行排列：从上到下、从左到右、从前到后，严禁过期。

六、无菌医疗器械包装与标签系统的适应性

无菌医疗器械包装标签系统应在使用前保持完整和清晰；在规定的灭菌过程和循环过程中，包装标签系统与包装材料和无菌屏障系统应相适应，且不得对灭菌过程造成不良影响；灭菌过程不应对油墨产生影响，或其自身不能达到有效寿命；印刷和书写的油墨不应向器械上迁移或与包装材料和（或）系统产生反应，从而影响包装材料和（或）系统的有效性。

无菌医疗器械包装设计
开发与风险评估

无菌医疗器械产品在包装出厂、运输储存和使用前被污染、变性或损坏，不仅关系到医疗器械的安全有效，更是直接关系到患者的生命安全。为此，本章将着重介绍无菌医疗器械包装的设计和开发过程，以及包装设计开发过程中有关风险管理的知识。

第一节　无菌医疗器械包装设计开发的基本要求

一、无菌医疗器械的分类

无菌医疗器械基本都是直接接触人体甚至是植入或介入人体组织、骨或血液中，与人体健康、生命安全息息相关，大多属于高风险的医疗器械。按照无菌医疗器械的预期使用状态，可以分成以下几类：

1. 植入性无菌医疗器械

（1）有源植入物，如心脏起搏器。

（2）无源植入物，按材料分为金属材料、医用高分子材料（人工脏器、整形材料及人工器官）、陶瓷材料、复合材料、衍生材料、组织工程。

2. 一次性使用无菌医疗器械

（1）输液（血）、注射器具。

（2）医用导管。

（3）袋类贮存器具。

3. 其他无菌类产品

（1）卫生敷料。

（2）医用防护品。

二、无菌医疗器械产品包装设计开发中对包装性能的基本要求

（1）适合灭菌：主要为环氧乙烷灭菌、辐射灭菌和湿热灭菌等。

（2）无菌屏障系统（初包装）：初包装若无特殊说明，一旦被打开就要立即使用。

初包装要求不借助于其他工具便能打开，并留下打开过的痕迹。

（3）标识：包装上应有产品标准中规定的生产信息、使用信息、法规所要求的信息（如产品注册证号、生产许可证号）。这些信息应清晰、正确、完整。

（4）生物性能要求：无菌、无毒、无热原、无溶血反应等。

大部分无菌医疗器械是通过和人体接触实现其治疗和预防疾病、保护生命安全和身体健康的目的的。因此，无菌医疗器械必须和包装组成一个系统，在该系统中两者相互影响、相互作用。"器械组件和包装系统共同构建了产品的有效性和安全性，使其在使用者手中得到有效使用"，这是无菌医疗器械的特殊性，也是和其他医疗器械的主要区别。包装是无菌医疗器械产品的重要组成部分，无菌医疗器械的安全有效是由医疗器械产品及其包装的质量共同决定的。作为无菌医疗器械的最后屏障，应至少满足 10^{-6} 的无菌保证水平。

因无菌医疗器械包装而引发的医疗器械质量安全事故时有发生。例如，无菌医疗器械包装强度不够而破损造成产品的微生物污染；出口的无菌医疗器械由于其包装不能经受海上运输环境的挑战而损坏，致使企业蒙受重大的经济损失；因无菌医疗器械包装材料选择和设计的问题致使产品的环氧乙烷残留量严重超标；临床使用的无菌医疗器械包装在开启时落屑造成产品的微粒污染；等等。以上这些问题的存在，严重地损害患者的身体健康和生命安全。严酷的事实警示人们，对于无菌医疗器械，不仅要聚焦于产品的安全有效，更要高度关注无菌包装的质量控制。对于无菌医疗器械包装系统的设计，应结合产品的具体结构形式、性能要求、灭菌方法、预期用途，以及国家或地区行政法规等相关要求进行。产品的初包装应符合无菌保证的要求，要和被包装的产品以及灭菌过程相容，确保产品在使用前保持包装的完好性，这是无菌医疗器械满足无菌要求的最后屏障。

（5）无菌医疗器械包装必须与医疗器械相适应，设计包装时应至少考虑以下因素：

① 顾客要求。

② 产品的质量和结构。

③ 锐边和凸出物的存在。

④ 物理和其他保护的需要。

⑤ 产品对特定风险的敏感性，如辐射、湿度、机械振动、静电等。

⑥ 每个包装系统中产品的数量。

⑦ 包装标签、语言要求。

⑧ 环境限制，器械制造商应根据产品的特性条件进行验证。

三、无菌医疗器械产品包装设计开发过程的基本要求

（1）应将设计和开发程序形成文件。

（2）设计和开发策划应形成以下文件：

① 设计和开发各个阶段的划分。

② 每个设计和开发阶段所需的评审。

③ 设计和开发阶段的验证、确认和设计转换活动的安排。

④ 设计和开发人员的职责和权限。

⑤ 设计和开发输出到设计和开发输入的可追溯的方法。

⑥ 所需的资源条件，包括必要的人员能力。

（3）设计和开发输入应包括：

① 根据预期用途所确定的功能、性能、可用性和安全要求。

② 适用的法规要求和标准。

③ 适用的风险管理的一个或多个输出。

④ 来源于以前类似设计的信息。

⑤ 产品和过程的设计和开发所必需的其他要求。

应对设计和开发输入要求进行评审，保存评审记录。这些要求应完整、清楚，能够被验证或确认，并且不能互相矛盾。

（4）设计和开发输出应包括：

① 满足设计和开发输入的要求。

② 给出采购、生产和服务提供的适当信息。

③ 包括或引用产品接收准则。

④ 规定产品特性，根据其特性编制适用的操作使用文件，对于产品的安全和正确使用是必需的。

应对设计和开发输出要求进行评审，设计和开发输出文件在发布前要得到批准。保留设计和开发输出的评审记录。

（5）设计和开发评审应依据设计和开发策划的安排进行系统评审，包括：

① 评价设计和开发的结果满足要求的能力。

② 识别并提议必要的措施。

设计和开发评审的参加者包括有关的职能代表以及其他专业人员。应保存评审结果和采取必要措施的记录。

（6）设计和开发验证应包括：

① 验证计划。

② 验证方法。

③ 接收准则。

④ 基于样本量原理的统计技术应用。

保存验证结果和结论，以及采取必要措施的记录。

（7）设计和开发确认应包括：

① 确认计划。

② 确认方法。

③ 接收准则。

④ 基于样本量原理的统计技术应用。

设计确认应选择有代表性产品进行，并说明用于确认的产品选择的理由。必要时按照适用的法规要求进行包装的性能评价。确认应在向顾客放行产品使用前完成。保存确认结果和结论，以及采取必要措施的记录。

（8）设计和开发转换：应确保设计和开发输出在成为最终生产规范前经验证适合于制造，并确保生产能力能满足产品要求。保留设计和开发转换的结果和结论记录。

（9）设计和开发更改：设计和开发更改应形成文件，确定更改对医疗器械功能、性能、可用性、安全和适用的法规要求及其预期用途等的重要程度。更改在实施前应经评审、验证、确认，且所有的更改要得到批准。

应保存设计开发更改及采取任何必要措施的记录。

（10）设计和开发文档：根据每个无菌医疗器械产品的类型，建立和保留包装的设计开发文档。包括或引用形成的相关文件、结果、结论和记录，以证明符合设计和开发要求。

第二节　无菌医疗器械包装设计开发过程控制

无菌医疗器械在开始设计包装系统之前，了解内装物的要求是非常重要的，它可能会影响到包装系统的设计。应在无菌医疗器械产品设计开发的早期阶段识别包装系统方面相关的因素，在开始设计时能够满足产品的功能要求，至少包括设计、制造、营销和法规等方面的要求。包装系统设计可以被认为是对产品属性的具体要求。

一、产品设计开发流程

（1）无菌医疗器械设计开发策划（设计开发计划、风险管理计划、法律法规策略）：设计输入（客户要求、已上市产品的客户投诉、竞争对手的产品分析、适用性、初始的风险分析、法规和标准）、设计输出（产品功能性能要求、技术文件、工艺文件、检测文件、验证文件、采购文件、产品技术报告、生产过程控制）、设计验证（设计和开发输出满足输入的要求、形式检验、生物学评价、货架寿命评价、设计验证合规性保证）、设计确认（性能评价、临床试验、可用性确认、注册文档）、设计转换（过程确认、试生产、注册文档、生产合规性保证）、上市审批（注册审批、体系核查）。

（2）法规和标准的解读：质量管理体系、风险管理、灭菌、包装材料微生物屏障、标签和印刷、产品说明书、方法学、适用性、生物相容性等。

（3）产品技术要求：规格尺寸、包装材料、产品结构、产品性能、测试方法。

（4）生产过程的保证：原材料供应商的资质证明、采购合同和质量标准；样品定型（设计定型、原材料定型）；产品技术要求定型（产品规格型号、尺寸、性能指标、检测方法）；记录的要求（完整的生产和检验记录）；标签和说明书（送检样品应包含标签和说明书）；作业指导书（具备批量生产的作业指导书和检验指导书）。

（5）设计验证合规保证：验证项目是否齐全；样本量制定依据；选择的规格是否具有典型性；测试方法采用的依据和理论基础；验证结果是否进行统计学分析。

（6）货架寿命评价合规保证：评价方法（加速老化试验和实时老化试验）、试验条件、评价项目（产品性能、包装完整性、物理强度）以及试验产品的确定（至少包括三个代表性批次的产品，推荐采用连续三批；应设立多个检测时间点，一般不少于3

个；设计试验产品最差条件下的验证，确定试验产品最坏的生产环境）。

（7）关键工序和特殊过程控制：应明确产品生产加工工艺，注明关键工序和特殊过程，确定过程控制点（各加工工艺的描述和质量控制措施、关键工序和特殊过程确认报告）。

（8）明确生产过程中各种加工助剂的使用情况及对杂质（如残留物）的控制情况，如对各种胶水、染料、溶剂等的控制，环氧乙烷（EO）和环氧氯丙烷（ECH）残留的情况等。

二、产品的属性

医疗器械的属性通常是指医疗器械的物理特性。无菌医疗器械产品的具体要求可分为几类，其中包装系统的要求包括生产过程要求、灭菌工艺要求、仓储运输要求、包装预算要求、法律法规要求、市场客户需求等。每个类别的要求都是相互关联的，与无菌医疗器械产品的开发周期是同步进行的，且每个类别的需求都将最终决定包装系统的设计策划。设计阶段的策划要分析医疗器械属性，即产品的物理特性，有助于确认需要建立何种类型的包装系统，以满足医疗器械的基本需求。物理特性包括但不限于：

（1）尺寸：无菌医疗器械的尺寸包括总长度、宽度、直径等信息和所有附件的尺寸，这是医疗器械总体的一部分。

（2）质量：用来确定医疗器械、包装和所有附件的总质量。

（3）产品重心：用来确定医疗器械是否平衡或偏移，有助于确定医疗器械在包装系统中摆放的位置。

（4）标签和语言：用来确定医疗器械和所有附件的说明资料。

（5）锋利度/点：用来确定是否有医疗器械和附件可能损坏无菌屏障系统上的边缘或点。另外，在交付最终用户或成品包装时，需要从保护用户及产品的角度，防护医疗器械和附件设备中尖锐的边缘或点。

（6）表面特征：用来确定产品和配件的表面有无特殊防护要求。例如，某些无菌医疗器械表面可能有涂层，有些无菌医疗器械的粗糙表面可能磨损无菌屏障的材料等。

（7）产品的有效期：所有的医疗器械必须具有一个到期停止使用的日期。

（8）装置：确定医疗器械是否可以被包装系统包容。有些产品放置在包装系统中通常有一个特定的方向，可通过试验确定包装系统的规格尺寸。

三、医疗器械的保障

无菌医疗器械包装系统的主要功能是保护医疗器械直至交付最终用户。由于包装系统的设计具有成本与效益之比，需要对产品的敏感因素进行评估。这些敏感性因素分布于设计制造、灭菌处理、交付使用等环节。了解这些因素有助于决定如何选择无菌屏障系统的材料和保护性包装。对无菌医疗器械的保护要求进行评估应至少包括以下内容：

（1）温度：用来确定所述产品是否存在极端温度的限制，以判断是否需要控制环境。

（2）湿度：用来确定所述产品是否存在极端湿度的限制。

（3）光源：用来确定产品是否有暴露于紫外线（UV）或可见光的任何限制。

（4）氧气：用来确定产品是否有关于对氧的敏感。

（5）冲击：用来确定产品是否对冲击敏感，有助于确定防震保护。要充分了解无菌医疗器械容易受到冲击力的特定方向。

（6）共振：用来确定产品是否对振动敏感。在一个包装系统中，提前预知医疗装置的谐振频率，有助于完善设计，确定所需材料的力学性能。

四、储存、配送和使用

无菌包装系统的设计人员应了解产品全生命周期对包装系统的要求，综合考虑包括仓储、配送和处理等在内的所有因素。这些要求在很大程度上是由无菌医疗器械产品类型和配送方式所决定的，充分了解这些因素有助于解决所有相关产品的保护要求。无菌医疗器械储存的评估、配送和最终使用的要求应至少包括以下内容：

（1）储存：要对储存环境进行全面的评估，包括制造商库房的设施、配送中心（包括所有中间环节）的储存环境。关注储存空间大小、堆垛或货架等因素，以及温度和湿度的变化。

最终用户的储存环境可能难以量化，但至少应对最终用户储存产品使用环境的可变性进行分析。这些信息可以从区域所在医院、销售人员等方面了解。

（2）配送/运输：应对配送环境进行评估。配送环境的符合性评估可能较耗时且价格昂贵，但这些因素对包装系统设计会产生直接的影响。要确定的基本要素包括制造商和配送中心转送无菌医疗器械产品的运输车辆，以及了解客户配送过程的转移运输方法等。

（3）最终使用：应进行无菌医疗器械最终使用的评估。这项评估包括制造、分销和客户环节中的因素。无菌医疗器械的包装形式直接关系到产品如何使用，如人工打开还是借助工具打开。最终的使用习惯通常决定了包装的配置，如采用单个包装还是多个包装等。

五、生产过程控制

在无菌医疗器械包装系统的设计中，应了解产品和包装将受到制造过程中哪些因素的影响。设计人员应关注相关包装系统的密封、印刷的流程和环节。对制造过程的评估应至少包括以下内容：

（1）地址：确定医疗器械在哪里生产并包装，包括多个生产地址的确认。因为最终产品的原材料、配件、组装、包装等过程可能在不同的生产场地之间运输，要对这些不同生产场地进行评估，确定各个制造环境因素。这些因素可能会影响并决定产品包装系统的设计。另外，如果相同的医疗器械在多个不同的生产场地制造，这些生产场地设施之间的差异也应该被识别。

（2）设备：对包装设备进行是否符合成本效益的评估，确定所设计的包装系统是否可以使用现有的包装设备。另外，通过对现有包装设备的评估可以确定是否需要购置新的设备。

（3）验证：无菌屏障系统成型工艺验证是关键因素，特别是无菌屏障成型的时间和过程。对无菌屏障系统设计、密封、成型、组装的调研应在系统设计前完成。

（4）培训：对于如何组成包装系统或操作运行包装设备，应考虑对操作员工进行培训。

六、灭菌过程

无菌屏障设计系统应优先于医疗器械考虑灭菌过程，要充分了解灭菌要求和其他信息，有助于决定包装系统材料的选择。

对于无菌医疗器械，应在产品、无菌屏障系统、保护性包装系统的设计和验证过程中充分考虑灭菌过程，以决定其相容性（参见 ISO 11607-1 中的 5.3 条）。不同的灭菌方法决定了包装材料的选择、无菌屏障系统和保护性包装系统规格、医疗器械的物流过程。

（一）无菌医疗器械灭菌过程需要重点关注的因素

1. 包装材料选择——透气性或不透气性

环氧乙烷灭菌通常要求采用透气性无菌屏障系统。

辐射灭菌可以使用不透气性或透气性的无菌屏障系统。透气性无菌屏障系统可以减少辐射产生的异味。

2. 相容性——承受灭菌过程的能力

应考虑无菌医疗器械、无菌屏障系统及保护性包装系统经过所选灭菌方法的过程极限，或经过多个过程后的物理性能。要了解哪些性能经过辐射灭菌后可能会发生变化，以及不同的剂量对材料造成不同影响的程度。

3. 密度/定位

考虑无菌医疗器械在相同容器或相邻容器的阴影效果（γ射线和电子束）。

4. 特殊的灭菌包/传送工具的限制

考虑灭菌过程的限制，即γ射线灭菌时灭菌包的大小、电子束传送工具的清理、环氧乙烷灭菌时灭菌柜的大小等。

5. 灭菌柜规格

考虑灭菌柜的规格，采用灭菌柜所需的最小灭菌剂量（如果由第三方灭菌）以及最优的空间利用率和运输效率。

（二）常用的工业灭菌方法需要考虑的相关因素

1. 环氧乙烷（EO）灭菌

（1）过程概述。

环氧乙烷灭菌属于碱性有机化学气体灭菌。包装后的医疗器械应能承受一定的灭菌温度、湿度以及真空压力的变化。

（2）医疗器械/无菌屏障系统/包装系统。

① 医疗器械/无菌屏障系统/包装系统和包装印刷油墨应能承受高温、高湿、多次抽真空的变化，温度和湿度范围应根据灭菌周期的变化而设计。

② 应允许气体穿透并允许持久接触医疗器械所有表面。

③ 无菌屏障系统需要有多孔区域，允许气体进入和排出。一定的气体穿透速率可以维持真空和填充过程中无菌屏障系统的完整性。应注意确保包括保护性包装系统中所有无菌屏障系统的穿透性，避免透气材料与非透气材料接触，因为这可能会阻止气体穿透。

（3）灭菌过程控制。

① 作用时间：确定进行预处理、灭菌、解析、生物指示物检测放行需要的时间，在有些情况下可以采用物理参数放行。

② 灭菌效率：取决于装载的作用时间。

③ 负载大小：基于容器规格和灭菌过程的验证。

④ 灭菌周期：在某种程度上可以定制，以满足医疗器械和微生物学的要求。

⑤ 剩余的 EO 必须排出，以确保其残留量在安全范围内，这是灭菌过程周期设置的一个重要环节，需要对被灭菌医疗器械进行 EO 残留量测试（ISO 10993-7）。

（4）相关可参考标准规范。

ISO 11135-1、ISO 10993-7、ISO/TS 11135-2、AAMI TIR15、AAMI TIR16、AAMI TIR19、AAMI TIR20、AAMI TIR28。

2. γ 射线灭菌

（1）过程概述。

包装后的医疗器械经受钴-60 放射源发出的高能量 γ 粒子的电离辐射，这种电离辐射将微生物的分子结构破坏，使其失去繁殖能力。

（2）医疗器械/无菌屏障系统/包装系统。

① 医疗器械/无菌屏障系统/包装系统和包装印刷油墨需要采用能承受电离辐射的材料。辐射可以导致产品的表面性状、功能性和物理性能的改变，或使一些材料发生裂变，因此需要选用对辐射稳定的材料。

② 包装箱的密度是重要因素，应保持在过程中始终一致，以保证剂量设置的有效性。

③ 如果医疗器械要求必须是密封包装，必须采用非透气性的无菌屏障系统/包装系统，这种情况下可以考虑采用此灭菌方法。

④ 应使外包装箱的尺寸最小化，以确保与辐射灭菌设施尺寸兼容。

（3）灭菌过程控制。

① 作用时间：该灭菌过程时间相对较短。若大批量的医疗器械一起灭菌，则可能需要等候时间。由于过程采用辐射剂量放行，灭菌后不需要等候生物学验证的时间。

② 负载大小：基于辐射承载物尺寸和剂量分布确定。

（4）相关可参考标准规范。

GB 18280、ISO 11137-1、ISO 11137-2、ISO 11137-3、AAMI TIR17、AAMI TIR29、AAMI TIR33、AAMI TIR35。

3. 电子束灭菌

（1）过程概述。

通过加速器的系统产生密集的电子流作用于已包装的医疗器械的无菌屏障系统/包

装系统，达到医疗器械灭菌的目的。

（2）医疗器械/无菌屏障系统/包装系统。

① 必须谨慎选择医疗器械/无菌屏障系统/包装系统和包装印刷油墨的材料，确保可以承受电子束辐射。这种方法对材料造成的影响要比 γ 射线低。

② 包装箱的密度是重要因素，应当受控并保证在过程中始终一致，以确保剂量放行的有效性。

③ 如果医疗器械要求必须是密封包装，则必须采用非透气无菌屏障系统/包装系统，电子束灭菌是一个比较好的选择。

（3）灭菌过程控制。

① 作用时间：无菌屏障系统在传送器上接受该过程，有时需要经过 2 次传送。由于该过程采用剂量放行，灭菌后不需要等候生物学验证的时间。

② 医疗器械/无菌屏障系统/包装系统的定位应受控，以确保医疗器械所有部分都接收到电子束，即避免"阴影"。

③ 负载大小：取决于需灭菌产品的数量要求，以及设备和传送器的说明文件。

④ 当和制造生产线连接成流水线时，电子束灭菌是一种高效率的灭菌方法。

（4）相关可参考标准规范。

GB 18280、ISO/ASTM 51649、关于 γ 射线灭菌的标准。

4. X 射线灭菌

（1）过程概述。

采用电离子加速器产生的 X 射线照射包装后的医疗器械。该过程可以改变化学和分子键而导致微生物繁殖能力被破坏。

（2）医疗器械/无菌屏障系统/包装系统。

① 这种灭菌方法即使是小剂量和短时间的处理也可能造成材料的外观黄变或物理性质的改变，因此医疗器械/无菌屏障系统/包装系统需要采用可以承受电离辐射的材料，尽管该过程处理时间较短。

② 不要求无菌屏障系统/包装系统的透气性，因为 X 射线可以穿透包装材料进入医疗器械结构。

③ 灭菌过程对无菌屏障系统的密封影响很小，因为整个灭菌过程没有真空阶段。

④ 三种辐射灭菌方法中，该灭菌方法的穿透性最差，因此灭菌柜或灭菌箱装填密度是一个重要因素，应当受控并始终保持一致，以确保剂量放行的有效性。

⑤ 可以考虑使用灭菌器供应商提供的材料系统，使无菌屏障系统/包装系统设计最优化而减少灭菌期间的死角。

（3）灭菌过程控制。

① 灭菌效率：取决于无菌屏障系统/包装系统、物流和灭菌柜的规格。

② 负载大小：取决于灭菌设备的规格和灭菌效果的确认。

（4）相关可参考标准规范。

GB 18280 等。

5. 湿热灭菌

（1）过程概述。

包装后的医疗器械经受饱和蒸汽和高温。蒸汽是灭菌剂，需要穿透无菌屏障系统和包装系统，并与医疗器械接触。

（2）医疗器械/无菌屏障系统/包装系统。

① 医疗器械/无菌屏障系统/包装系统和印刷油墨应对蒸汽和高温不敏感。

② 无菌屏障系统/包装系统应有透气区域，允许蒸汽进入和排出。蒸汽可穿透部分的面积占整个透气面积要有充分比例，以保证无菌屏障系统在真空和蒸汽填充过程中的完整性。应注意保证个别无菌屏障系统不会阻止透气性，避免透气材料与非透气材料接触，否则可能会阻止气体穿透。

③ 有腔室的医疗器械应该处于打开状态，允许蒸汽穿透并保持蒸汽与医疗器械所有部分持续接触。

（3）灭菌过程控制。

① 作用时间：该过程通常小于 2 h，不需要进行解析。

② 负载大小：取决于灭菌设备和医疗器械灭菌过程的确认。

（4）相关可参考标准规范。

ISO 17665-1、ISO/TS 17665-2。

6. 干热灭菌

（1）过程概述。

包装后的医疗器械经受高温并持续一段时间。

（2）医疗器械/无菌屏障系统/包装系统。

医疗器械/无菌屏障系统/包装系统和印刷油墨应可以承受高温。通常可能要达到 160 ℃ 或更高的温度并持续几个小时，或较低温度持续更长的时间。

（3）灭菌过程控制。

① 作用时间：该过程需要几个小时，不需要进行解析。

② 负载大小：取决于灭菌设备的规格和灭菌过程的确认。

（4）相关可参考标准规范。

ISO 20857。

七、营销指导

无菌医疗器械包装设计者应了解最终无菌产品将如何上市销售，这些相关的市场信息有助于为包装设计者提供包装系统设计的关键性决策。最终无菌医疗器械市场需求的评估应至少包括以下内容：

（1）客户。市场营销计划可以给出的关键信息：包装系统的使用对象、客户相关因素以及包装系统如何使用，这些信息有助于包装系统设计的基本决策。

（2）市场。市场营销计划将确定销售的无菌医疗器械最终用户是谁，这些因素可以用来确定关于材料、标签和物流配送等信息，可能会影响包装系统的设计是否符合标准和国家一些特定的法规要求。

（3）配置。营销计划可以决定医疗器械是否需要将每个单元独立包装。通常情况下，产品如何包装由市场需求决定，也可能需要与其他医疗器械或试剂盒一起包装。包装系统的设计与预期市场平均销售价格和物流配送等实际情况密切相关，虽然包装系统设计者并不是这些因素的决定者，但这些要求是纳入包装系统设计的关键因素。

八、预算指导

预算成本是所有设计项目的共同因素。决定某项目是否可行，是否被最终采用，其决定性因素不仅包括设计，还包括预算成本。在无菌医疗器械的包装系统设计中，应该有一个预算成本设计。了解预算成本有助于梳理包装系统设计过程中各个阶段的工作，并做出相应决策。对预算成本要求的评估应至少包括以下内容：

（1）材料：选择最终包装系统材料成本是否满足该医疗器械的要求。此外，还需要考虑器械本身的成本。

（2）制造：构成包装系统的相关成本，包括工具、设备、占用空间、材料消耗和人工成本。

（3）供应链：储存、运输、配送等发送交付无菌医疗器械至最终使用者的相关过程所产生的费用。

九、客户指导

包装系统设计者应了解有关无菌屏障系统使用的基本要求。该基本要求是无菌屏障系统的组成部分，既要满足包装系统使用者保持内装物无菌的完整性，还要介绍相关功能使用要求。虽然对于包装系统使用需求的评估是一个复杂的过程，但仍然有必要了解更多使用者和环境等方面的信息，以尽可能地为使用者设计一个有效的包装系统。对包装系统使用需求的评估应至少包括以下内容：

（1）客户：了解谁将要使用产品包装系统这一点很重要。对于同一件无菌医疗器械，可以是手术室医师经常使用的，有些情况下也可以是其他临床人员使用的。了解更多的客户使用信息，有助于加快产品设计的决策过程。

（2）使用环境：确定用户的使用环境，以及无菌屏障系统是否有打开迹象的要求。无菌医疗器械通常是在手术室和医院环境中使用的，对这类使用环境有严格的要求，因此应采取措施确保使用包装系统不会增加对使用环境的污染。

（3）易于打开：无菌屏障系统应易于打开，以便器械被无菌取出。这是无菌医疗器械包装的基本要求。如果无菌屏障系统难以打开，将增加污染的可能性。若无菌医疗器械在打开环节中被污染，器械便失效了。

（4）使用者对无菌医疗器械质量的识别方法：要考虑使用者对特定医疗器械的鉴定要求。

十、监管信息

包装系统设计者要了解并获得医疗器械上市后监管方面信息的路径。因不同的国家和地区监管部门的要求经常在变化和调整，可能会影响整个包装系统设计的决策过程。

国家和地区监管部门相关规定及其他参考信息可以从互联网上获得。

十一、包装系统设计确认

1. 总则

包装系统的设计确认（ISO 11607-1 中的 6.3、6.4 条）包括：

（1）形成一个确认协议，该协议是包装系统测试的方案。

（2）执行协议中确定的调试和测试要求。

（3）评估所得到的测试结果是否满足协议中规定的接收准则。

（4）确认协议应得到正式批准。

2. 确认协议包括的信息

（1）确定方案目标，包括物理测试项目，以了解无菌屏障系统在经历生命周期测试项目后能否保持其完整性，如灭菌、包装系统模拟分配测试和稳定性测试。稳定性测试可以在设计开发活动的可行性阶段进行。

（2）应确认无菌屏障系统和所有附加的保护包装层的规格和细节因素，在最终测试之前确保规格受控。如果多个医疗器械或一组医疗器械使用同一包装系统，应确定基本原理，以标明其他医疗器械带来的挑战低于已确认的特定规格。

（3）建立适宜的抽样方案，样本量应足够大，为统计学分析提供足够的可靠度。样本量的大小也取决于双方共同的风险策略、经济价值和法规要求。

（4）按以下要求准备被测试包装系统：

① 计划用于测试的无菌屏障系统应按照经确认的过程制造。测试样品应按照经确认的过程生产或与其等同。

② 无菌屏障系统/包装系统应经预期医疗器械/包装规格和确认的过程灭菌。灭菌过程应多次模拟最坏情况。

③ 用于测试的包装系统包括无菌屏障系统和医疗器械或替代物，包括标识、操作手册（IFU）和所有的包装层。

④ 确定要实施的加速老化方案和稳定性测试方案。

⑤ 确定要执行的处理、分配和储存的测试。

⑥ 选择被测试的包装系统的测试方法。

⑦ 确定基于风险策略和测量结果（如无菌屏障系统/包装系统完整性和医疗器械功能）的接收准则。

⑧ 由有资质的人员评审并批准所有文件。

3. 实施测试

测试过程应按照双方协议规定进行，任何偏离协议的情况应说明理由并予以记录。

4. 确认结果

测试结果应与协议中确定的接收准则进行比对，评估是否通过并形成文件。最终确认报告和收集的数据应按照医疗器械质量管理体系标准的要求予以保留。最终报告应得到正式批准。

第三节　无菌医疗器械包装的风险评估

随着人们风险意识的增强，对医疗器械风险管理的重要性、必要性的认识不断得到提升。开展医疗器械风险管理活动有利于保障人类的生命健康，有利于医疗器械生命周期全过程的风险控制，对于确保医疗器械安全有效，促进医疗器械行业健康发展有着重大意义。

一、医疗器械风险管理活动概述

YY/T 0316 标准对如何进行医疗器械产品的风险管理做了明确描述，其风险管理的过程如图 2-1 所示。

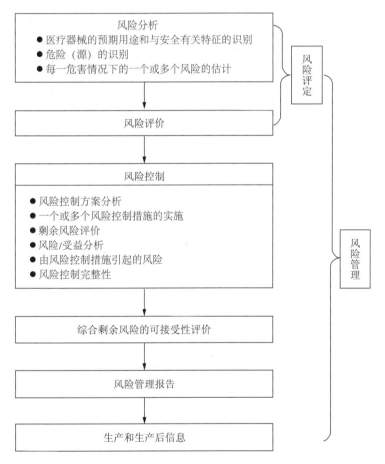

图 2-1　无菌医疗器械包装风险管理过程

YY/T 0316 标准为风险分析提供了技术指南，其基本原则是对事件链进行逐步分析，在分析过程中有可能使用多个技术工具，这些技术工具都是互补的。开展无菌医疗器械包装系统风险管理控制需要了解的风险概念有：危险（源）和危险情况、风险估计、风险评定、风险控制、剩余风险、风险分析、风险评价。

无菌医疗器械包装生产商所面临的风险通常包括两个方面：一是企业的风险，二是产品的风险。

二、企业的风险

开展企业风险评估不仅取决于风险管理过程的背景，还取决于开展风险评估所使用的分析方法与技术工具。由于各类风险产生的原因及后果存在较大的差异性，仅使用一种单一的风险评估方法是无法得到全面、真实的评估结果的。因此，在实际过程中可能需要同时使用多种方法，并将其有机地整合在一起，通过不断的创新和完善，才能找到更为科学实用的风险评估方法。从对各类风险评估方法的认知过程中可以看出，基于风险树模型的风险评估方法对无菌医疗器械包装生产企业可能更为合理且易于应用。

（一）风险识别阶段

为提高风险识别的效率和操作性，在进行风险识别过程中，首先要搭建风险识别框架，主要包括确定风险分类的方式和风险识别的深度。

1. 风险分类

无菌医疗器械包装生产企业风险分类的方法有许多，无论如何划分都难以完全避免由于划分框架本身局限性所带来的某些风险会出现重叠或出现覆盖盲区的现象。无菌医疗器械包装生产企业具有鲜明的行业特征，因此再好的风险分类也未必适合所有的企业。所以在选用风险分类框架的问题上没有绝对的对与错之分，但有是否合理、适用的分别。为此，风险分类时应以国际标准或相关法规要求为基础，并结合无菌医疗器械包装生产企业自身的特点进行分类，这样可以较好地保持与包装设计开发的一致性。

2. 识别深度

从风险管理的可操作性来看，风险识别不能仅停留在风险大类的层次，还需要进一步辨识风险事项的深度，即风险事项要与实际经营管理活动相衔接。只有这样才能进一步定量评估设计过程中的重要风险点对设计目标的最终影响程度，并将风险管理的具体措施落实到相应的操作环节，以提高风险管理的有效性。

3. 建立风险树

（1）故障树分析（FTA）。

FTA 主要是一种用来分析已由其他技术识别的危险（源）的手段，从一种设定的不希望的结果（又称"顶事件"）开始。它以演绎的方式，从顶事件开始，识别产生不希望后果的下一个较低系统层次的可能原因或故障模式，并逐步识别不希望的系统运行（通常是部件故障模式或可应用风险控制措施的最低层次）至再下一层次系统，依次达到所希望的系统层次，最终揭示最可能导致假定结果的故障模式组合。其结果可以用故障树的形式绘制成图，在树的每一个层次，故障模式的结合用逻辑符号与门、或门等描述。树中识别的故障模式可以是导致不希望事件发生的与硬件失效、人为错误或任何其他相关事件有关的事件，不仅仅局限于单一故障条件。

FTA 提供了一个系统的方法，同时对分析其他各种因素（包括人的相互作用）具有充分的灵活性。在风险分析中，FTA 是用来估计故障概率、识别导致危险情况的单一故障和多重模式故障的工具。这种图形的表示可使系统行为和所包括的因素容易被理解，但是当树变得很大时，可能需要使用计算机系统对故障树进行处理。有关故障树程序的更多信息见 IEC 61025。

（2）建立风险树。

风险识别的目的是搜集风险信息，逐级梳理企业面临的风险，并建立企业的风险树，为进一步的风险分析和风险评价奠定基础。

在进行风险识别时，应建立风险树模型（图 2-2）。首先细化风险类别，再逐一进行风险点的识别，但这并不意味着将风险的级数分得越多越好。考虑到成本与收益的原则，一般将风险分为三级，在三级风险的基础上，进一步深入识别到风险事项的层面。各级风险之间应具有一定的逻辑关系，以风险发生的原因和外在表现为线索，得到具体的风险事件序列，构建第三级风险和风险事项库。其目的是考虑到了风险管理的严谨性，借鉴国内外企业风险管理的实践经验，在保证风险管理可延伸至实际的风险点的同时，又可使评估模式适当地结构化、扁平化，且具有较好的可移植性和可扩展性，使管理效果和管理成本得到较好的平衡。

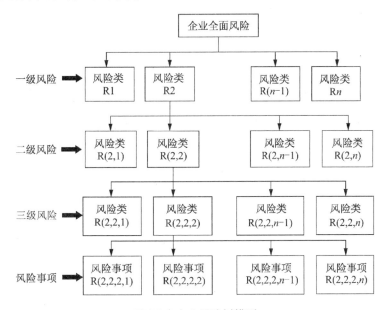

图 2-2　企业风险树模型

建立风险树模型时应注意，一级风险不宜太多，应尽可能抽象且具有高度的概括性，要覆盖企业面临的多数风险，至少应包括主要风险和重大风险，但不能重叠。一级风险反映的是所有企业的共性风险，不同企业间的一级风险基本无较大的区别；二级风险是在一级风险的基础上的进一步细分识别；三级风险带有明显的企业自身特征，基本可以锁定较细的风险点或同质风险点的集群（图 2-3）。原则上，不建议细分到四级风险、五级风险等，这样往往会给汇总带来诸多影响，且不能给风险分析提供更大意义上的帮助，除非被评估企业自身涉及的管理层级较多且复杂，若不将风险分解到四级或五级就无法落实风险的管理对象。

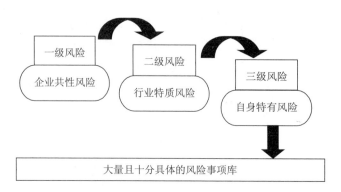

图 2-3　风险分类层级关系图

风险树叶子节点处为风险事项。风险事项应尽可能详细具体，列举各种可能发生的情况，建立成一个庞大的事项库。

在风险识别的过程中还应注意，一个二级风险可能会涉及多个风险事项，一个风险事项也可能会涉及多个二级风险，即一个风险事项可能会涉及多个原因、产生多个后果，从而可能影响多重目标。

为了便于处理分析风险树，也可将风险树用风险清单的形式来表示，如表 2-1 所示。

表 2-1　风险清单

序号	一级风险	二级风险	三级风险	风险事项
1	R1	R (1, 1)	R (1, 1, 1)	R (1, 1, 1, 1)
				R (1, 1, 1, 2)
			R (1, 1, 2)	R (1, 1, 2, 1)
		R (1, 2)	R (1, 2, 1)	R (1, 2, 1, 1)
			R (1, 2, 2)	R (1, 2, 2, 1)
2	R2	R (2, 1)	R (2, 1, 1)	R (2, 1, 1, 1)
		R (2, 2)	R (2, 2, 1)	R (2, 2, 1, 1)
⋮	⋮	⋮	⋮	⋮
n	Rn	R (n, 1)	R (n, 1, 1)	R (n, 1, 1, 1)

（二）风险分析阶段

风险分析中，可以在风险树的基础上，针对每一风险事项进行分析，确定什么等级的风险可以接受，什么等级的风险不可接受。要根据风险发生的概率和严重度制定一个风险可接受的准则，根据综合概率和严重度确定风险的可接受性。

进行风险汇总时，应从风险事项归类汇总到三级风险，进而汇总到二级风险，最终对二级风险进行汇总评估。如某一项三级风险（二级风险）发生的概率 P 和严重度 V 等于其项下所有风险事项（三级风险）的 P_1 和 V_1 的平均值，其风险评估值：$E = P \times V$，如表 2-2 所示。

表 2-2　风险对包装设计开发的影响程度评分表

三级风险（二级风险）	严重程度（V）	发生的概率（P）	风险评估值（E）
	V_1 的平均值	P_1 的平均值	$E = P \times V$
其　他			

风险排序分级是以各项风险的评估值（E）为依据，根据 E 的数值由高到低进行排序的。可以采用风险矩阵法，将风险（事项）分为重大、重要和一般三个等级，其中重大风险（事项）$E \geq 15$，重要风险（事项）$5 \leq E < 15$，一般风险（事项）$E < 5$，如表2-3所示。

表2-3 风险排序矩阵表

评估值 E		严重程度				
		5	4	3	2	1
		灾难性的	危重的	严重的	轻度的	可忽略的
可能性	5 经常	25	20	15	10	5
	4 有时	20	16	12	8	4
	3 偶然	15	12	9	6	3
	2 很少	10	8	6	4	2
	1 非常少	5	4	3	2	1

注1：以风险事项（三级风险）的评估值（E_1）由高到低进行排序分级。
注2：以所有三级风险（二级风险）的评估值（E）由高到低进行排序分级。
注3：严重度定性分5级的示例描述：
　　5—灾难性的：导致患者死亡。
　　4—危重的：导致永久性损伤或危及生命的伤害。
　　3—严重的：导致要求专业医疗介入的伤害或损伤。
　　2—轻度的：导致不要求专业医疗介入的暂时伤害或损伤。
　　1—可忽略的：不便或暂时不适。
注4：概率分级示例：
　　5—经常 $\geq 10^{-3}$。
　　4—$10^{-4} \leq$ 有时 $< 10^{-3}$。
　　3—$10^{-5} \leq$ 偶然 $< 10^{-4}$。
　　2—$10^{-6} \leq$ 很少 $< 10^{-5}$。
　　1—非常少 $< 10^{-6}$。

对于不同的产品类别，可以有不同的概率定义。按照使用情况，概率有不同的度量是合适的。根据风险排序分级结果，明确设计开发过程中面临的重大/重要风险，进一步确定风险管理工作重点。

（三）风险评价阶段

风险评价是风险评估的最后一步。在风险识别和风险分析的基础上，综合风险分析的结果，对照风险准则和企业状况，明确未来一段时间内风险管理的重点和控制风险的应对策略、方案和工作计划。

为准确地评价企业的风险状况和当前的风险管理效果，在风险评估过程中，理论上还应考虑固有风险、风险管理效果和剩余风险的问题。固有风险是企业在没有采取任何措施来改变风险发生的可能性或影响程度的情况下所面临的风险。剩余风险是企业在采取应对风险措施之后仍然存在的风险。

一般来讲，在开展风险评估时，应首先评估企业面临的固有风险，并同时对企业当前风险管理的效果进行评估，然后用固有风险减去当前的风险管理效果，得到企业的剩余风险，即剩余风险＝固有风险－风险管理效果。在对剩余风险进行排序分级的基础上，针对剩余风险制订风险管理计划和风险控制措施。

鉴于目前企业自身的风险管理水平及能力，开展风险评估时，很难准确区分企业面临的固有风险与当前的风险管理效果。通常在评估风险发生的概率和对目标的影响严重度时，都会着眼于当前。所以，评估结果不可避免地反映了一部分风险管理效果，而非单纯的固有风险。然而，即使在实际操作过程中难以清晰地评估固有风险、风险管理效果和剩余风险，我们依然可以找到风险评估与管理措施之间的关联。如将连续两次风险评估结果进行动态分析，就不难发现两次评估结果的差异不仅反映了企业在新环境下面临的风险状况的改变，也清晰地反映了在两次评估的时间间隔中，企业实施各项风险管理措施的效果。因此，依据风险评估的结果制订风险管理策略、解决方案和未来工作计划时，不仅要考虑本次风险评估的结果，还要仔细分析各项重大风险的动态变化情况，将风险的动态变化与内外环境的变化、内部管理改进等因素结合起来，找到企业面临的重大风险，明确风险管理的薄弱环节，提升管理水平的难度及管理成本等，制定具有可操作性、可行性的风险管理目标和风险管理计划。

三、产品的风险

无菌屏障系统对无菌医疗器械产品的安全有效至关重要，因此，在无菌医疗器械包装设计的初始阶段，通过运用风险管理的理论及相关技术降低无菌医疗器械包装在整个生命周期中的风险是非常重要的。在无菌医疗器械包装的设计开发过程中，应从以下几个方面进行产品风险分析：

（一）顾客的要求

与包装系统有关的要求来源于市场、顾客和法规要求。包装系统设计的基本原则是维护无菌屏障系统的完整性以保证器械的无菌水平，并使器械在使用点以无菌形式呈现。顾客和法规要求的评定至少包括下面两项：

（1）使用的安全性。使用无菌屏障系统的环境可能是医院的手术室或临床科室、家庭或公共场所，也可能是其他急救环境，确保无菌屏障系统在相应环境下安全有效地使用至关重要。另外，包装材料和包装系统在使用过程中不得对使用者造成伤害，如刺伤、刮伤、拉伤或油墨脱落污染等。

（2）使用的简易性。无菌屏障系统应易于打开且保持器械无菌呈现。如果无菌屏障系统较难打开或不易无菌取出，会使污染的可能性增加，而器械被污染则会导致失效。另外，还应易于使用者在使用环境下辨识包装内的产品。

（二）无菌医疗器械的特性

1. 产品的质量和结构

产品的质量和结构包括但不限于：

（1）尺寸：包括器械长度、宽度、直径，以及作为整个器械一部分的所有附件。

（2）质量：应确定要包装的器械和所有附件的整体质量。

（3）重心：应确定器械的重心以判断器械放置时是否平稳，这有助于确定器械在包装系统中的摆放方式。

（4）外形：应确定器械和所有附件的外形，器械的外形和摆放方式应与包装系统相适应。有的器械可以被折叠或卷曲，而有的器械由于材料、功能、性能等因素不能被折叠或卷曲，在设计包装系统时需要分别考虑这些特性。通常设计包装系统的时候希望更多规格型号的器械使用相同的包装系统，以降低包装系统设计开发和生产制造成本，因此需要考虑器械在装入包装系统时外形能否发生改变。

（5）表面特性：应确定器械和（或）附件的表面是否有特殊保护要求，如涂层器械（心脏支架）不能被无菌屏障系统磨损，表面粗糙的器械（钢板、螺钉）不能磨损无菌屏障系统，无菌屏障系统也不能磨损有光泽性要求的器械。

2. 锐边和凸出物的存在

应确定器械和（或）附件上是否有破坏无菌屏障系统的锐边或凸出物，并确定打开包装系统的人员是否需要被保护，以使其免受器械和附件的锐边或凸出物的伤害。

3. 物理和其他保护需要

设计包装系统时应考虑器械物理和其他保护的需要，以及器械对特定风险的敏感性。例如：

（1）温度：有的器械可能对温度敏感，在设计包装系统时要考虑这个因素。

（2）湿度：有的器械可能对湿度敏感，如可吸收性材料等。设计此类器械的包装系统时应使用能阻隔湿气的材料。

（3）振动：确定器械是否对振动敏感，有助于在包装系统设计中确定防振要求。

（4）静电：确定器械和包装是否对静电敏感，有助于在包装系统设计中确定防静电的要求。

4. 每个包装系统中产品的数量

每个包装系统中产品的数量影响包装的尺寸、灭菌方式、灭菌效果等，还应考虑运输储存过程中同一个包装系统内产品之间的摩擦、碰撞等情况。

（三）灭菌方法

常用的无菌医疗器械灭菌方法包括：

（1）环氧乙烷（EO）灭菌：考虑环氧乙烷的解析要求，无菌屏障系统应有透气性。

（2）γ射线、电子束灭菌：考虑对于材料强度的影响。

（3）湿热灭菌：考虑包装材料的重复使用性。

在设计包装系统之前应确定器械的灭菌方法，了解灭菌过程有助于选择无菌屏障系统的材料。如常见的环氧乙烷（EO）灭菌，要求构成无菌屏障系统的包装材料中至少有一种具有良好的透气性以保证灭菌过程的顺利执行；而γ射线灭菌则要求所使用的包装材料至少能够抵抗预期剂量的射线辐射而导致的老化或变性。

（四）包装的预期使用

对于重复使用的包装容器，应考虑同类型容器各部件的互换性、清洗过程、检验方法、维护和更换部件的规定。除上述要求外，对材料修补和每次灭菌循环后可重复使用的无菌屏障系统还应确定按说明书处理时是否会导致降解，从而影响使用寿命。若预计可能会发生降解，则应在产品说明中给出最大允许处理次数或使用寿命终点。

（五）无菌医疗器械的无菌有效期

无菌医疗器械的无菌有效期意味着在此日期之内都能保证器械的安全有效。为此，应采用稳定性试验来确定产品无菌有效期,以证实无菌屏障系统在无菌有效期内始终保持其完整性。YY/T 0681.1 标准给出了包装加速老化试验指南,加速老化试验数据可视为确定产品无菌有效期的充分证据。正常情况下,实时老化试验和加速老化试验应同时进行。

(六)无菌医疗器械的流通和贮存要求

设计无菌医疗器械包装系统时应考虑器械在流通和贮存过程中的影响,应关注以下因素:

(1)温度:应考虑器械和包装将暴露的极限温度,确定器械和包装在运输贮存过程中能承受的温度范围。

(2)湿度:应考虑器械和包装将暴露的极限湿度,确定器械和包装在运输贮存过程中能承受的湿度范围。

(3)光照:应考虑器械和包装将暴露的光照条件,确定光照对器械和包装的影响。

(4)氧化:应确定氧气对器械是否有影响。

(5)冲击:应确定器械和包装可承受的冲击力,并确定器械是否在特定方向对冲击力更为敏感。

(6)贮存:必须对贮存环境进行评定,包括制造商的贮存环境、分销中心的贮存环境和最终用户的贮存环境。同时还应评定贮存空间的限制、堆码限制、货架摆放限制等因素。最终用户的贮存环境可能很难被量化,但至少要了解最终用户贮存环境的变化因素。

(7)分销:要了解分销过程中的基本要素,以设计有效且节省运输成本的包装系统。基本要素包括所采用的运输手段,如采用公路运输、铁路运输、海洋运输、航空运输、快递服务等将器械从制造商运送到分销中心,再从分销中心运送到最终用户,最终进行用户内部的运送等。

(8)搬运:应评估器械是如何搬运的(是手工搬运还是机械搬运,是单件搬运还是托盘搬运),包括来自器械制造商、分销商和用户环境的多种因素。这些因素与器械的保护与搬运密切相关。

上述几个方面都会在无菌医疗器械包装的整个生命周期中产生相应的作用。为了确保无菌医疗器械的安全有效,在包装的设计开发过程中应充分考虑这些因素,并以事件序列的方式——列出,识别可能产生的危害以及危害处境下的风险估计,以采取相应的控制措施。

四、无菌医疗器械包装设计过程的风险控制

对无菌医疗器械包装设计开发过程进行全面的风险评估是一个十分复杂的系统性问题,从法规和顾客要求到制造、运输、贮存、使用等过程,由于涉及的风险因素较多,且相互影响、相互关联,再加之存在诸多的不确定性,在设计开发过程中仅靠一些简单的评估方法及工具是不可能得到真实客观的评价结果的。制造商可以根据具体的要求,在不同阶段选择不同的风险评估方式,更好地识别不同过程中的风险并采取有效的控制措施,以达到预期的风险控制目标和包装质量要求。

五、无菌医疗器械包装基本模式的风险分析、评价和控制

无菌医疗器械包装基本模式的风险分析、评价和控制如表 2-4 所示。

表2-4 无菌医疗器械包装基本模式的风险分析、评价和控制

包装形式	危害类型	可预见的风险事件	风险处境	产生的后果或损害	可能性	严重度	评估值	风险控制措施
预成型硬盘和盖材	生物学危害	盖材密封不到位	灭菌完成的产品被再次污染	患者被细菌感染,严重时导致发热、休克	3	5	15	1.盖材密封确认 2.包装箱适当的警示标示及包装运输确认 3.采购控制
	化学危害	1.涂层或有光泽性要求的器械被包装所磨损(如心脏支架) 2.无防光照功能 3.不适当的灭菌方式	1.磨损的器械被使用在患者身上 2.产品受温度影响,从而影响其功能和使用 3.灭菌不彻底	1.患者被误用导致部分失效的器械,延误诊疗,严重时导致死亡 2.影响患者治疗,严重时导致死亡 3.患者被细菌感染,严重时导致发热、休克	3	5	15	1.采购控制 2.包装材料和产品灭菌适应性验证
	机械危害	1.器械存在锐边或出现凸出物 2.运输或储存过程中的不当振动	1.使用人员在打开包装时被锐边或凸出物伤害 2.器械功能受影响	1.导致器械被污染,引起患者被细菌感染 2.影响患者治疗,严重时导致死亡	4	5	20	1.包装方式的选择 2.说明书和警示标识 3.包装运输验证
	电磁危害	包装无防静电功能	储存、运输和使用过程中受静电影响	产品功能受影响,从而影响患者治疗,严重时导致死亡	2	5	10	采购控制
易剥离组合袋	生物学危害	1.组合袋密封不到位 2.组合袋在储存、运输和使用过程中破裂	灭菌完成的产品被再次污染	患者被细菌感染,严重时导致发热、休克	3	5	15	1.组合袋封口确认 2.包装箱适当的警示标识及包装运输确认
	化学危害	1.组合袋透气性不好 2.组合袋透湿 3.组合袋无防光照功能 4.不适当的灭菌方式	1.EO解析不彻底 2.器械受温度影响 3.产品受温湿度影响,从而影响其功能和使用 4.包装材料和产品老化	1.患者使用了EO含量超标的器械,轻则头晕不适,重则导致神经系统或生殖系统病症 2.患者使用时导致伤口感染甚至死亡 3.影响患者治疗,严重时导致死亡 4.包装不能保证产品无菌,患者被细菌感染,严重时导致发热、休克	3	5	15	1.采购控制 2.包装材料和产品灭菌适应性验证

续表

包装形式	危害类型	可预见的风险事件	风险处境	产生的后果或损害	可能性	严重度	评估值	风险控制措施
易剥离组合袋	机械危害	器械存在锐边或凸出物	使用人员在打开包装时被锐边或凸出物伤害	导致器械被污染而不能使用，或引起患者被细菌感染	4	4	16	1. 包装方式的选择 2. 说明书和警示标识
灭菌纸袋	生物学危害	1. 灭菌纸袋闭合不到位 2. 灭菌纸袋在储存、运输和使用过程中破裂	灭菌完成的产品被再次污染	患者被细菌感染，严重时导致细菌感染，休克	3	5	15	1. 灭菌纸袋封口确认 2. 包装箱适当的警示标识及包装运输确认
	化学危害	1. 透气性不好 2. 透湿 3. 无防光照功能 4. 不适当的灭菌方式	1. EO解析不彻底 2. 器械湿度增加（如纱布） 3. 产品受温湿度影响，从而影响其功能和使用 4. 包装材料和产品老化	1. 患者使用了EO含量超标的器械，轻则头晕不适，重则导致生殖系统病症 2. 患者使用后导致休克甚至至死亡时导致死亡 3. 影响患者治疗，严重时导致细菌 4. 包装不能保证产品无菌，患者被细菌感染，严重时导致致热、休克	3	5	15	1. 采购控制 2. 包装材料和产品灭菌应性验证
顶头袋	机械危害	器械存在锐边或凸出物	使用人员在打开包装时被锐边或凸出物伤害	导致器械被污染而不能使用，或引起患者被细菌感染	4	4	16	1. 包装方式的选择 2. 说明书和标签确认
	生物学危害	1. 涂胶的透气材料部分密封不到位 2. 顶头袋在储存、运输和使用过程中破裂	灭菌完成的产品被再次污染	患者被细菌感染，严重时导致细菌感染，休克	3	5	15	1. 封口确认 2. 包装箱适当的警示标识及包装运输确认
	化学危害	1. 透气性不好 2. 透湿 3. 无防光照功能 4. 不适当的灭菌方式	1. EO解析不彻底 2. 器械湿度增加（如纱布） 3. 产品受温湿度影响，从而影响其功能和使用 4. 包装材料和产品老化	1. 患者使用了EO含量超标的器械，轻则头晕不适，重则导致生殖系统病症 2. 患者使用后导致休克甚至至死亡时导致死亡 3. 影响患者治疗，严重时导致细菌 4. 包装不能保证产品无菌，患者被细菌感染，严重时导致致热、休克	3	5	15	1. 采购控制 2. 包装材料和产品灭菌应性验证

续表

包装形式	危害类型	可预见的风险事件	风险处境	产生的后果或损害	可能性	严重度	评估值	风险控制措施
顶头袋	机械危害	器械存在锐边或凸出物	使用人员在打开包装时被锐边或凸出物伤害	导致器械被污染而不能使用，或引起患者被细菌感染	4	4	16	1. 包装方式的选择 2. 说明书和标签警示
	电磁危害	包装无防静电功能	储存、运输和使用过程中受静电影响	产品功能受影响，从而影响患者治疗，严重时导致死亡	2	5	10	采购控制
	生物学危害	1. 四边密封不到位，或密封时产品摆放位置不正确 2. 储存、运输和使用过程中破裂	1. 灭菌完成的产品被再次污染 2. 产品破损	患者被细菌感染，严重时导致发热、休克	3	5	15	1. 封口确认 2. 包装箱适当的警示标识及包装运输确认
成型-装入-密封（FFS）的包装过程	化学危害	1. 透气性不好 2. 透湿 3. 无防光照功能 4. 不适当的灭菌方式	1. EO解析不彻底 2. 储存湿度增加（如创面敷料） 3. 产品受温度影响从而影响其功能和使用 4. 包装材料和产品老化	1. 患者使用了EO含量超标的器械，轻则头晕不适，重则导致神经系统或生殖系统病症 2. 患者使用后导致伤口感染，严重时导致休克甚至死亡 3. 影响患者治疗，严重时导致死亡 4. 包装不能保证产品无菌，患者被细菌感染，严重时导致发热、休克	3	5	15	1. 采购控制 2. 包装材料和产品灭菌适应性验证
	机械危害	1. 器械存在锐边或凸出物 2. 运输或储存过程中的不当振动	1. 使用人员在打开包装时被锐边或凸出物伤害 2. 器械功能受影响	1. 导致器械被污染而不能使用，或引起患者被细菌感染 2. 影响患者治疗，严重时导致死亡	4	4	16	1. 包装方式的选择 2. 说明书和标签警示 3. 包装运输验证
	电磁危害	包装无防静电功能	储存、运输和使用过程中受静电影响	产品功能受影响，从而影响患者治疗，严重时导致死亡	2	5	10	采购控制

续表

包装形式	危害类型	可预见的风险事件	风险处境	产生的后果或损害	可能性	严重度	评估值	风险控制措施
四边密封(4SS)过程包装	生物学危害	1. 四边密封不到位,或密封时产品摆放位置不正确 2. 储存、运输和使用过程中破裂	1. 灭菌完成的产品被再次污染 2. 产品破损	患者被细菌感染,严重时导致发热、休克	3	5	15	1. 封口确认 2. 外包装适当的警示标识及包装运输确认
	化学危害	1. 透气性不好 2. 透湿 3. 无防光照功能 4. 不适当的灭菌方式	1. EO解析不彻底 2. 器械湿度增加(如创面敷料) 3. 产品受温湿度影响,从而影响其功能和使用 4. 包装材料和产品老化	1. 患者使用了EO含量超标的器械,轻则头晕不适,重则导致神经系统或生殖系统病症 2. 患者使用后导致伤口感染,严重时导致休克甚至死亡 3. 影响患者治疗,严重时导致死亡 4. 包装不能保证产品无菌,患者被细菌感染,严重时导致发热、休克	3	5	15	1. 采购控制 2. 包装材料和产品灭菌适应性验证

六、包装缺陷的研究与分析

1. 缺陷评价

在备选的无菌医疗器械包装材料或系统中若发现缺陷，解决的措施有多种，大部分涉及对缺陷的分析以确定故障的来源。分析时可采用显微镜分析、聚合物的分析、手工操作等方法。如果这些方法被证明没有效果，则要确定导致问题的原因，制订纠正措施方案并实施，以确保问题得到解决。

2. 确定缺陷来源

就缺陷的原因分析而言，可能有五个来源：医疗器械、包装过程、包装材料、操作人员、生产环境。

医疗器械包装诱发的缺陷与其质量或尖锐程度相关。有缺陷的无菌屏障系统和医疗器械应重新组装，并以同样形式摆放，以使任何与形状或摩擦相关的因素得到确定。重新组装完整的包装系统包括无菌屏障系统和保护性包装。通常，单一的无菌屏障系统或包装系统不能清楚显示缺陷的来源，但包装好的医疗器械堆叠后可以通过目力来识别。

包装过程诱发的缺陷通常与设备相关，包括设备维护不充分等。关键过程参数超范围的波动应在 IQ 阶段进行说明，但不应被当作根本原因。包装设备的尖锐边缘、带钉的传送带、突出的主要原料、老化的衬垫和不充分的机器维修均应作为可能的原因予以调查。设备诱发的缺陷通常以重复的方式出现，说明过程需要完善。追溯有缺陷的无菌屏障系统或包装系统至包装过程的某一特定位置至关重要，如为何批次产品、何批次包装以及缺陷发生在设备的哪一侧等都是需要分析考虑的重点。对有缺陷的无菌屏障系统或包装系统追溯每一生产步骤，可能会发现重要的相互关系，如对装载中造成的小孔、产生的切口或磨损以及错误的装载方式予以考虑并做进一步的研究。

人为因素导致的缺陷通常很难解决，因为有时很难获得准确的信息。这种情况下，与涉及包装系统的生产人员讨论和调查实际情况至关重要，确定标准程序和操作规范是否被遵守也非常重要。

非医疗器械或包装过程的缺陷可能与包装系统相关，应检查确定所选的材料是否满足抗穿刺、抗曲折开裂、抗磨损或其他属性要求。无菌屏障系统或包装系统的缺陷应予以调查，确定缺陷是发生在原料进货检验之前、生产过程中，还是从工厂运输后所产生。

环境诱发的故障可能来自多个方面。设备周围空气流动的变化可能导致模具和（或）材料温度过高或过低，如热封滚轴上部空调周期性的空气循环可能是不易发现的原因。某些情况下，温度或湿度的极限波动或过度的 UV 照射可能会导致成型缺陷、墨水或标识粘贴等问题，这是包装系统脆化或褪色的主要原因。

3. 区分化学原因和机械原因

研究无菌屏障系统或包装系统的缺陷原因时，区分化学原因和机械原因非常重要。以下三类化学原因应予以考虑：

（1）选用材料之间的化学变化，如高温下不同材料之间发生相互化学反应导致的降解。

（2）包装材料和医疗器械之间的化学反应，如医疗器械、无菌屏障系统或包装系统中的增塑剂或添加剂的析出。

（3）保护性包装和无菌屏障系统之间的化学反应，如 BHT 抗氧化剂由保护性材料转移至聚酯材料导致无菌屏障系统变黄。

化学原因是分子属性的反应或变化的结果，如包装材料的氧化或结晶。对于包装材料的添加剂（如造纸添加剂），应确认包装过程中不会发生化学变化且不与包装系统或医疗器械发生反应而产生缺陷。

机械原因，如曲折撕裂、小孔、磨损和切口/切痕缺陷应与化学原因区分开。与材料供应商进行分析讨论是找出故障原因的重要步骤。通常，专业人员的一些经验会给解决问题提供有效的方法。对于整体组装包装系统则应充分考虑搬运、堆垛、振动、跌落对产生缺陷的影响。

4. 缺陷的分析工具

（1）立体显微镜、偏光显微镜、热台显微镜等仪器都是查找缺陷潜在原因的重要工具。立体显微镜可以提供三维视角，确定缺陷是在无菌屏障系统之内还是之外，为查找真正原因提供重要依据。偏光显微镜可以显示加在塑料膜上的不可见的压力，这些压力可以用于确定穿刺是否已经从某一方向深入薄膜，有助于区分弯曲撕裂、磨损和小孔等故障模式。热台显微镜可以熔化薄膜，如果有嵌入的粒子，在某一温度下加热后可以确定是凝胶还是外来物质。缺陷小于光学显微镜的分辨率（小于 5 μm）时，可以用扫描电子显微镜（SEM）检查。

（2）聚合物测试工具很多，在确定塑料是否有变化时非常有用。

① 差示扫描量热法（DSC）：可以提供软化点相关的数据，有助于确定何种材料，可以提供熔点和结晶度区别的信息。

② 红外光谱法（FTIR）：可以确定存在的是何种分子功能组合，帮助观察材料成分。表面红外衰减全反射（ATR）扫描可以帮助确定可能影响密封强度的表面缺陷或其他污染物。

③ 气相色谱法（GC）：可以提供与残留溶剂、单体和增塑剂相关的信息。

另外，还有其他一些物理测试方法可用于一些特定情况的检查，包括质量测量、摩擦磨损测试、密度和尺寸稳定性的测试、强度和硬度特性测试、吸附和渗透特性测试等。更多先进的实验室测试可以提供包括高效液相色谱法（HPLC）、凝胶渗透色谱法（GPC）、原子吸收分光光度法（AAS）、原子发射光谱法（AES）、质谱法（MS）和透射电子显微镜法（TEM）测试等。

（3）最后一个测试方法是通过"野蛮"手工操作尝试重现缺陷。这类测试旨在使用超限的外力，试图重现故障模式。通常可以通过观察获得有关材料强度、包装系统设计和相互作用的信息。这种"野蛮"的测试可以在研究方向上给出非常有价值的具体信息。

5. 问题解决方法

如果实验室的测试方法无法找出问题的根源，可以进一步采用工艺流程图、生产线审核、试验设计、因果图等统计技术工具列出所有可能相关的变量，重新查阅工艺文档，审核可能存在的错误源也是一个较好的解决方法。另外，严谨地分析与文档不一致的部分，或与其他已确认的包装系统的不同之处，也可能找出一些问题的解决方法。总之，精准地描述问题，收集相关数据，识别和分析可能的原因，针对某个问题实施纠正措施，确定解决方法，然后进行测试、验证、确认等，这些过程研究的方法是非常重要的。

无菌医疗器械包装材料的
选择和验证

无菌医疗器械包装材料在生产制造、运输存储和使用前被污染、变性或损坏，关系到最终医疗器械产品的安全有效，关系到使用者的生命安全。为此，对包装材料的选择和验证是一个非常重要的环节。本章将着重介绍如何进行无菌医疗器械包装材料的选择和验证。

第一节　无菌医疗器械包装材料的种类

无菌医疗器械包装材料（Packaging Material）是指任何用于密封/闭合无菌医疗器械包装系统的材料，常见的有包裹材料、纸、塑料薄膜、非织造布、可重复使用的织物等。按照透气性又可将其分为不透气材料和透气材料。下面对几类包装材料做一简介。

一、纸质类

1. 白牛皮纸

白牛皮纸，俗称"医用透析纸"，是具有一定微生物屏障功能的特殊纸质材料，广泛用于灭菌袋的生产和器械自动化包装。此类材料最大的优点是成本较低。由于此类材料不能在受控环境下生产，所以对于有微粒要求的医疗器械很难直接使用。另外，由于纸质材料直接和高分子材料之间进行密封，需要的温度较高，保压时间较长，因此对于大批量生产的器械密封成型效率较低，同时封口强度的稳定性较差。微生物屏障性能的要求是持续稳定，会给产品带来很大的挑战。直接使用白牛皮纸材料热封，一般适用于高温灭菌的场合或运输过程要经历高温的医疗器械的包装。

2. 涂布纸

涂布纸，俗称"涂胶纸"，以白牛皮纸为基材，涂布一层以 EVA 为主或其他材料的黏合层，使纸质材料和高分子材料能够更好地密封，形成更均匀一致的密封状态，是具有较好的卫生性能和微生物屏障性能的纸质材料，广泛用于低温灭菌器械的包装。涂布胶可分为以下四种：

（1）溶剂型热熔胶：将 EVA 等材料溶解在甲苯和其他混合溶剂中，这是常用的涂布方式。其优点是涂布均匀稳定，密封的稳定性良好；缺点是产品可能有一定的溶剂残留，涂布生产过程的溶剂挥发对生产人员和环境会造成一定的危害。

（2）水溶性热熔胶或水乳液型热熔胶：由水溶性 EVA 或 EVA 乳液和其他助剂混合而成。使用这种材料涂布是对溶剂型热熔胶涂布的改进，解决了涂布生产过程因溶剂挥发造成的对生产人员和环境的危害，但由于熔胶中加入了一定的改善流动性的助剂，摩擦时可能会产生一定的粉末，应对易与器械产生摩擦的情况予以验证。另外，因为以水为溶剂，水会在涂布过程中转移到纸上，由于烘干强度或气候条件的不同会造成纸基中含水量的不同，给后续加工带来较大的影响。

（3）无溶剂型热熔胶：直接将 EVA 等固体材料混合形成的熔胶。在高温下直接将熔融的热熔胶涂布到纸基上，不仅解决了涂布生产过程因溶剂挥发造成的对生产人员和环境的危害，也解决了掉粉现象和纸基中残留水分不同对后续加工的影响。这种工艺方法比较复杂，投入较高，员工要经过良好的培训才能进行操作。

（4）自粘型压敏胶：以天然乳胶为主要成分，不需要加热，只需要一定的压力即可黏合，多用于创可贴等一次性辅料产品。

3. 淋膜纸

在纸基材料一面复合一层高分子薄膜材料即成淋膜纸，高分子薄膜材料一般采用聚乙烯。这种材料广泛用于和涂布纸热封，用于低温灭菌的医用敷料和医用手套的包装。根据预期用途不同，高分子薄膜材料也可以是聚丙烯、EVA 等其他材料。

除以上常用的纸质类材料外，还有一些经特殊加工且有特殊用途的纸质类产品，如皱纹纸、吸水纸、擦拭纸等。

二、高分子薄膜

高分子薄膜按材质分为聚乙烯、聚丙烯、聚酰胺等。医用包装使用的薄膜很多是混合型的材质，同一层薄膜可能含有不同的材质，可按加工方法予以分类。

（1）单层挤出吹涨法薄膜：高分子材料经挤出机熔融塑化，通过机头模口挤出，靠空气吹泡形成的薄膜。这种方法一般用于聚乙烯薄膜的生产。根据物料行进的方向不同，可以采用上吹法，也可以采用下吹法。根据冷却的方式不同，可以采用风冷法，也可以采用水冷法。

（2）三层或多层挤出吹涨法薄膜：高分子材料经三台或三台以上的挤出机熔融塑化，通过机头模口挤出，靠空气吹泡形成的薄膜。这种方法可以形成聚乙烯、聚丙烯等单一材质的薄膜，还可以形成混合材质的薄膜（如聚乙烯和聚丙烯的混合，或聚乙烯和聚酰胺的混合等）。根据物料行进的方向不同，可以采用上吹法，也可以采用下吹法。根据冷却的方式不同，可以采用风冷法，也可以采用水冷法。

（3）三层或多层挤出流延法薄膜：高分子材料经三台或三台以上的挤出机熔融塑化，通过狭缝机头模口挤出，使熔料紧贴在冷却辊筒上，经过拉伸、切边、卷取等工序制成的薄膜。形成的材质和吹涨法基本相同，但薄膜均匀性和透明度更好一些。

（4）干法复合膜：将两层上述描述的薄膜使用黏合剂复合到一起后形成的薄膜，如聚酯薄膜和聚乙烯薄膜的复合。对这种薄膜的印刷一般是印刷在两层之间。

（5）压延法薄膜：高分子材料经开炼机或输送混炼机塑化后，直接喂入压延机的辊筒之间，经压延机压延成的片或膜。这种方法一般用于生产比较厚的硬质的片材，如医疗器械包装用吸塑盒的原材料。

除以上薄膜外，常用的薄膜还有拉伸膜、热收缩膜、缠绕膜等。

三、非织造材料

非织造材料，俗称"无纺布"（英文名：Non Woven Fabric 或 Nonwoven Cloth），又称非织布，由定向的或随机的纤维构成，因具有布的外观和某些性能而称其为布。医用无纺布是利用化学纤维，包括聚酯、聚酰胺、聚四氟乙烯（PTFE）、聚丙烯、碳纤维和玻璃纤维制成的医疗卫生用纺织品，如一次性口罩、防护服、手术衣、隔离衣、实验服、护士帽、手术帽、医生帽、手术包、产妇包、急救包、尿布、枕套、床单、被套、鞋套等医用耗材。与传统的纯棉机织医用纺织品相比，医用非织造织物具有对细菌及尘埃过滤性高、手术感染率低、消毒灭菌方便、易于与其他材料复合等特点。医用非织造产品作为用后即弃的一次性用品，不仅使用便利、安全卫生，还能有效地防止细菌感染和医源性交叉感染。无菌医疗器械包装使用的非织造材料一般有以下两种：

（1）SMS 型无纺布：纺黏无纺布 + 熔喷无纺布 + 纺黏无纺布，再将三层纤网热轧而成，广泛用于医疗机构灭菌包装的包裹材料，也可用于一次性手术敷料的包裹材料。

（2）多层闪蒸法聚烯烃构成的产品：广泛用于各类医疗器械的包装材料，具有高强度、高阻隔的特点。

四、纺织品材料

普通纺织品材料很少用于无菌医疗器械包装，但是经过特殊处理的纺织品材料广泛用于医疗机构的包裹材料以及复用的防护服、手术衣、隔离衣、实验服、护士帽、手术帽、医生帽、手术包、产妇包、急救包、尿布、枕套、床单、被套等。同无纺布相比，纺织品材料减少了医疗垃圾（无纺布作为一次性医疗用品，虽然使用方便，但在医疗垃圾分类管理中属于高分子材料，不能重复使用，只能焚烧处理，是大气中二噁英的主要来源之一）。纺织品由于复用次数本身就很高（一般都在30次以上），而且在医疗垃圾分类管理中属于纤维类垃圾，不可以焚烧处理。从环境保护的角度分析，用于无菌医疗器械的纺织品屏障材料将会有较大的发展空间。

（1）涤纶类纺织品材料：涤纶类纺织品材料价格低廉，具有很好的防水性能，且耐洗次数多。但是这类材料很薄，干态屏障性能弱，且质地较滑，不利于堆垛和转运，用于穿着则透气性、舒适感差。由于其透气性差，高压蒸汽灭菌时容易产生湿包。

（2）棉质纺织品材料：棉质纺织品材料经过一定的处理后可以具有很好的防水性能，但耐洗次数不如涤纶材料，面料和处理成本高于涤纶材料。这类材料比较厚重，干湿态屏障性能均衡，有利于操作和转运；用于穿着则透气性、舒适性较好，高压蒸汽灭菌产生湿包的情况好于涤纶材料。

第二节 无菌医疗器械包装材料的验证

根据 ISO 11607-1《最终灭菌医疗器械的包装 第 1 部分：材料、无菌屏障系统和包装系统的要求》标准，无菌包装材料应符合下列性能要求：

一、微生物屏障特性

无菌屏障系统是无菌医疗器械一个关键且不可分割的组成部分，是产品及医患人员安全的基本保证。有效的无菌包装系统是确保产品的安全性和有效性、减少医源性感染的发生、保护患者与医护人员健康的重要防线。从无菌角度考虑，在选择医疗器械包装材料时，要考虑产品打开使用之前包装应具备维持无菌的能力。在建立无菌屏障系统过程中，所用材料的微生物屏障特性对保障包装完好性和产品的安全十分重要。微生物屏障性能好的包装材料，即使在高污染环境中最苛刻的条件下，也能阻挡细菌孢子和其他污染微生物的渗透，在不损坏包装完整性的条件下为医疗器械提供持久的无菌保障。

（一）微生物屏障特性评价方法分类

（1）若能提供客观证据证实材料的不透气性，则该材料就能满足微生物屏障要求。按 ISO 5635-5 标准进行透气性试验。试验准则：不少于 1 h 后，内圆筒应无可见移动，允差为 ±1 mm。包装材料进行不透气性试验的目的是确认材料是否属于不渗透材料（或称为不透气材料）。GB/T 19633.1 标准中的附录 C 提供了《不透气材料阻气体通过的试验方法》，可以依据此方法进行透气性试验确认。采用 EN 868-5 标准附录 B、原国家卫生部发布的《消毒技术规范》中的方法，即染料溶液透过法进行试验，对一般已知的各种材质的薄膜或复合薄膜经证实规定的染料溶液是不可透过的，则可证实该材料微生物屏障性能是合格的。

（2）多孔材料应能提供适宜的微生物屏障，以保证无菌包装的完好性和产品的安全性。无菌屏障系统可防止细菌和病毒随着悬浮微粒进入医疗器械。微生物孢子可以作为单独的实体或群落存在，或附着于非生物微粒（如灰尘）。入侵微粒的大小一般在 $0.2 \sim 100\ \mu m$，$0.2\ \mu m$ 是最小的病毒，$100\ \mu m$ 是在空气中长时间悬浮的尺寸最大的尘埃微粒。过滤理论认为，透气性材料可通过以下三种机制去除气流中的微粒：

① 拦截：当纤维过滤器分裂携带微粒的气流时，这种情况就会出现。微粒继续沿其原始路径运行，并与纤维发生碰撞。因此，拦截是一个恒定的微粒去除机理，是纤维材料结构的一个固有功能，与微粒的质量和速度无关。

② 惯性碰撞：这种情况会出现在一定质量的微粒偏离了纤维周围的气流而与纤维发生碰撞时。这种捕获方法的成效直接取决于微粒的质量和气流的速度。气流的速度越快，微粒的质量越大，它与纤维发生碰撞的概率就越大。

③ 扩散：这是一种受微粒随机运动（布朗运动）和静电引力（对于一些材料）影响而形成的微粒拦截方法。这种捕获机制的有效性与微粒的质量和气流的速度呈负相关。微粒越轻，速度越慢，捕获概率越大。

这三种机制对各种流速和所有微粒大小均有效。以较快速度移动的较大质量微粒更有可能因惯性碰撞而被捕获，以较慢速度移动的较轻微粒更有可能因扩散而被捕获。

多孔材料的微生物屏障特性评价通常是在规定的试验条件（通过材料的流速）下使携有细菌芽孢的气溶胶或微粒流经样品材料，从而对样品进行挑战试验。在规定的试验条件下，将通过材料后的细菌或微粒的数量与其初始数量进行比较，确定材料的微生物屏障特性。将经过确认的物理试验方法与经过确认的微生物挑战法进行比对，其所得的数据也可用于确定微生物屏障特性。如美国 ASTM F2638 标准中采用气溶胶替代测量多孔性材料微生物阻隔性能的方法，该方法可快速便捷地测试多孔材料的微生物屏障特性。国际上评价透气性包装材料或多孔性包装材料的微生物屏障性能的常用方法有美国的 ASTM F1608、ASTM F2638，以及欧盟的 DIN 58953、EN 868-3、EN 868-6、EN 868-7 中的一些方法。

ISO 11607-1 附录 B 中介绍了透气性材料微生物屏障试验方法，原国家卫生部发布的《消毒技术规范》中的方法也是其中之一（等同 DIN 58953 标准，该标准已转化为 YY/T 0681.14《无菌医疗器械包装试验方法 第 14 部分：透气包装材料湿性和干性微生物屏障试验》）。这是一个广泛采用的对透气性材料微生物屏障性能进行筛选的验证方法。

ASTM F1608 标准（YY/T 0681.10《无菌医疗器械包装试验方法 第 10 部分：透气包装材料微生物屏障分等试验》）对透气性材料微生物屏障进行了定量分级，可以根据被灭菌物品的性质进行包装材料的选择。原国家卫生部发布的《消毒技术规范》将医疗用品消毒水平分为低、中、高三个危险性水平。低危险性物品 2 级微生物屏障可满足要求，中危险性物品 2.5 级微生物屏障可满足要求，高危险性物品则要求 3 级以上微生物屏障，介入和植入类产品应采用更高的级别。需要指出的是，只有所有透气性材料在试验条件（人为设定的条件，并非真实的工作条件，设定极端条件是为了把微生物屏障材料分出级别）下都不能 100% 阻菌，才能把材料的性能分出级别。2 级是指微生物在极端条件下穿透的可能性为 1%，3 级是指微生物在极端条件下穿透的可能性为 0.1%，依此类推。根据被灭菌物品的性质选择不同级别的包装材料是最有效、最经济的方案。一般要求一次性无菌医疗器械使用的包装材料的微生物屏障级别应在 2.5 级以上。适用于不透性材料和多孔材料的评价要求如下：

① 材料在规定条件下应无可沥滤物并无味，不对与之接触的医疗器械的性能和安全性产生不良影响。

② 材料上不应有穿孔、破损、撕裂、皱褶或局部厚薄不均等影响材料功能的缺陷。

③ 材料的质量（每单位面积质量）应与规定值一致。

④ 应具有可接受的清洁度、微粒污染和落絮水平。

⑤ 满足已确立的物理性能，如抗张强度、厚度差异、撕裂度、透气性和耐破度。

⑥ 满足已确立的化学性能，如 pH、氯化物和硫酸盐含量，以满足医疗器械、包装系统或灭菌过程的要求。

⑦ 材料在使用条件下，不论是在灭菌前、灭菌中还是灭菌后，应不释放出足以引起健康危害的毒性物质。

（二）微生物屏障试验

微生物屏障试验是针对包装材料的，原材料制造商应提供验证报告产品。无菌屏障系统和预成型无菌屏障系统生产企业使用其供应商的报告应是合法有效的。

图 3-1 给出了微生物屏障鉴定程序，其中上半部分是针对包装材料的，下半部分是针对无菌屏障系统和预成型无菌屏障系统的。

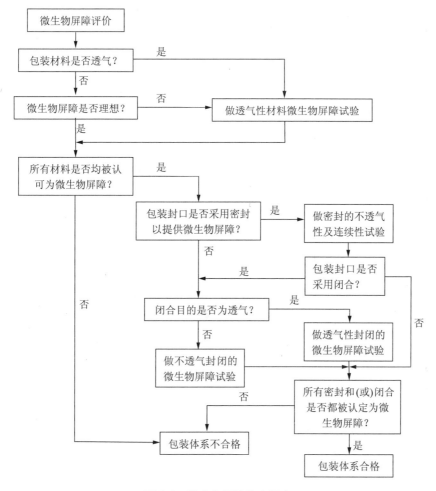

图 3-1　微生物屏障鉴定程序

美国 ASTM F1608 标准和原国家卫生部发布的《消毒技术规范》中的方法均为生物学方法，可作为产品研发的验证。ASTM F1608 标准的方法在美国仅有十几个实验室可做（2007 年的数据），工厂无法用该方法控制生产，也无法按该方法提供批次检测报告给用户（如果有，也是第三方报告）。很多公司常用一些物理学指标间接证实产品的微生物屏障性能，当然这些方法和指标是与生物学方法认真比对过的。

在欧洲常用纸张的孔径、水的透过能力、吸水量（EN 868-3、EN 868-6、EN 868-7，YY/T 0698.3、YY/T 0698.6、YY/T 0698.7）三项指标来证实产品的微生物屏障性能。这些物理指标比较直接，容易用简单的方法来证实，在包装材料的实际生产过程中有着重要意义。

微生物屏障性能是选择包装材料和预成型无菌屏障系统时必须要特别关注的。无论生产企业采取何种方法检测，都应提供产品在进入市场前的生物学验证报告，同时提供该批产品出厂前能间接证实微生物屏障性能的物理、化学等方面的自检报告并保存记录原始数据，以便于相关事件的追溯。

无菌屏障材料验证报告或无菌屏障材料符合 GB/T 19633 或 ISO 11607 的验证文件，由包装材料制造商、预成型无菌屏障系统的制造商、第三方检验机构或医疗器械制造商提供。验证报告应至少包含以下特性：

（1）微生物屏障。

（2）生物相容性和毒理学特性。

（3）物理和化学特性。

（4）与成型和密封过程的适应性。

（5）与预期灭菌过程的适应性。

（6）灭菌前和灭菌后的贮存寿命。

（三）包装材料微生物屏障性能分级方法及对应医疗器械的使用原则

根据美国 ASTM F1608《多孔包装材料的微生物分等标准试验方法（开放室法）》标准测量多孔无菌屏障材料防止细菌孢子渗透的能力。该试验检测基材从悬浮微粒中去除孢子的过滤效率，悬浮微粒能够通过基材压入气流。试验采用的流速为 2.8 L/min，每一取样口的孢子浓度为 10^6 CFU。屏障的衡量标准为对数下降值（LRV），是试样组和对照组的常用对数的差值。

完全不能渗透的对照试样（微生物渗透率为零）在 10^6 CFU 的挑战下，LRV 值为 6（$\lg 10^6 = 6$）。如果一个与对照试样面临相同挑战的试样允许 10 CFU（$\lg 10 = 1$）渗入，则其对数下降值（LRV）为 5（$6 - 1 = 5$）。因此，对数下降值（LRV）越高，包装材料抗微生物的能力就越强。LRV 是对数指标，每一个单位对应于微生物的渗入实际数量10 倍的关系。如 LRV = 5 与 LRV = 3 比较，意味着 LRV = 5 材料的阻隔能力是 LRV = 3材料的 100 倍。综合保存期研究分析总结表明，在不损坏包装完整性的条件下，高指标的 LRV 材料通常会有较长的无菌状态保持时间。但此试验方法有两个缺点：一是培养孢子以得到一组穿透试验材料的孢子需要很长时间；二是试验方法结合了高流速，除了在高压蒸汽灭菌器或环氧乙烷（EO）灭菌器中快速抽空或减压外，医疗器械包装中从未出现过这种流速。已经生成的数据表明，无菌包装常用的透气材料的最大穿透点一般会在低于 ASTM F1608 标准测试所用流量的条件下产生，见表 3-1。

表 3-1　包装材料在包装、配送、处理、测试期间遇到的气流流量比较

方法	表面速度/（cm/min）	方法	表面速度/（cm/min）
空运	0.10	装卸	1.00
DIN 58953-6（YY/T 0681.14）标准	0.60	ASTM F1608（YY/T 0681.10）标准	143.00

ASTM F2638《使用气溶胶过滤测量替代微生物屏障的多孔包装材料性能的标准试

验方法》解决了这些问题。该试验计量不同的速度穿透屏障材料的惰性微粒数值，这个速度接近于它们在输送过程中的实际状况。试验中使用了不同的流速，从而产生一条穿透曲线。在该穿透曲线上，多数试验的基材有最大值，因此可以得出特定基材的最大微粒渗透率 P_{max}。该最大值产生的流速取决于质量、纤维直径和基材密度。

由于在测试过程中未使用实际生物体或孢子，因而无须灭菌处理、平皿接种或培养过程。此外，可用微粒计数器进行实时计数处理。与 ASTM F1608 不同，ASTM F2638 测试方法无须在生物实验室内进行，该测试几乎可在任何地方进行，也可在多种流量下进行，以模拟产品处在不同的配送和处理条件，如图 3-2 所示。

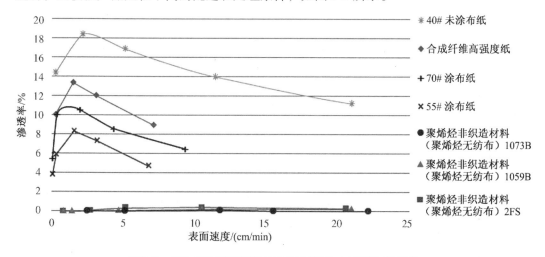

图 3-2　多孔无菌屏障材料的微粒渗透率（ASTM F2638）

按 ASTM F2638 标准方法实际测量的是多孔基材防止微粒渗透的能力，微粒渗透与微生物孢子渗透高度关联，所有材料均具有出现最大微粒渗透率（P_{max}）的表面速度。渗透率越低，性能越好。

上述两个方法均未考虑湿态微生物屏障性能验证方案，但微生物污染可能通过空气或水传播。在美国普遍认为湿态细菌屏障的性能由包装材料的隔水能力决定，可以通过材料的阻水性能的物理学验证证明，没有必要进行生物学验证。但一些材料本身含有一定的水分，如纸张、纤维织物等。由于含水量不同会造成湿态屏障性能的显著差异，对于这些材料按 DIN 58953-6（YY/T 0681.14）标准进行验证还是很有必要的。另外，无菌物品保存的环境湿度可能存在显著差异，这些因素也是需要考虑的。

（四）高风险无菌医疗器械包装材料微生物屏障性能验证

设定包装完整性保持无菌性能至少 5 年，在 5 年保存期内的试验可以按实际时间的方案进行。

1. 初始灭菌性能测试包装内装物

用 4.25 in×6.75 in（10.8 cm×17.1 cm）的特殊包装密封敞开的培养皿，该特殊包装用于模拟包装中密封的一次性医疗器械，然后采用环氧乙烷（EO）给包装和内装物灭菌。每个包装均由密封于聚对苯二甲酸乙二酯薄膜的×××材料组成。

为确保在长期货架贮存前培养皿无菌，按照《美国药典》（USP）中厌氧菌和需氧菌的试验方法，随机测试试样的厌氧微生物污染，然后将培养皿从打开的包装中取出，置于含液体硫基乙酸盐培养基或大豆酪蛋白消化液的无菌袋内。

2. 大量添加细菌孢子的保存包装

将含无菌培养皿的包装保存在不受外界污染的柜内架子上，并且在控制的温度、湿度下保存。在整个 5 年测试期内，每 4 个月给每个包装喷上大剂量的均匀环状芽孢杆菌孢子。每个包装上的实际孢子量为 4 000 ～ 5 000 个。

3. 定期检查包装无菌状态

为检查包装无菌状态，每 6 个月从贮存架上随机取出 10 个包装，同时给 poly-Mylar®薄膜的外表面消毒。采用铅笔尖大小的热烙铁给 poly-Mylar®薄膜和培养皿穿一小孔，然后将 15 mL 无菌营养琼脂注入培养皿，用杀菌剂胶带封住入口。如果有孢子穿透×××材料盖，它们在培育后将在培养基上生长。研究过程中未在任何试样上检测到孢子。

4. 检查×××材料是否有可能的细菌生长

试验程序的最后部分确定了包装确实是受到了来自×××外的细菌孢子的挑战。从包装盖上切小部分×××样片，置于琼脂培养基上，细菌生长后，在显微镜下检查样片并计算环状芽孢杆菌的菌落。其作用是检查实际在×××表面上的活孢子数量，也保证了在多年试验期间始终保持孢子的密度。

（五）无菌屏障系统可能需要提供的其他和穿透有关的验证

例如，需要验证某些气体或光的穿透。气体穿透与透气性是两个不同概念，气体穿透是指气体分子以非常缓慢的方式穿透固体材料。

若医疗器械需要保持潮湿的环境或对潮湿非常敏感，或受氧气或其他气体影响，则要求包装材料能持续提供特定的气体或蒸气屏障。

水蒸气穿透在 ASTM F372 和 ASTM F1249 中有所描述，氧气穿透可以按照 ASTM D3985 的指南量化，光的穿透量化可以通过光谱学和预知所关注的光的波长完成。

二、生物相容性与毒理学性能

（1）包装材料的安全性可以系统地通过测试以及从包装供应商获得的认证中了解。无菌屏障系统材料和医疗器械之间的任何反应一般由医疗器械制造商单独确定。

（2）对无菌屏障系统和（或）包装系统及其成分的安全性的追溯通常由医用包装制造商保持，以用于调查确定任何不符合项的根本原因。

（3）包装材料应无毒。ISO 10993（GB/T 16886）、ASTM F2475 提供了评估生物相容性的指南。ISO 10993 有多个分标准，其中，ISO 10993-7（GB/T 16886.7）《医疗器械生物学评价 第 7 部分：环氧乙烷灭菌残留量》、ISO 10993-10（GB/T 16886.10）《医疗器械生物学评价 第 10 部分：刺激与皮肤致敏试验》、ISO 10993-11（GB/T 16886.11）《医疗器械生物学评价 第 11 部分：全身毒性试验》是关于这类产品的要求。另外，有一些医疗器械产品对包装材料的溶血性验证有特定要求。

（4）尽管医用包装法规没有要求，但在评价包装材料毒理学特性时通常首先参考食品包装法规，如 FDA 21CFR 170-189、BFR36 XXXVI，以及欧洲委员会关于预期与食品接触的材料和物品的 10/2011 号法规。生物相容性测试通常按照特定的使用情况进行。在欧洲根据纸张的特性通常有几项化学检测比较重要，如甲醛、多氯联苯、五氯苯酚、纸张杀菌剂的迁移等。有的还要求检测硫酸根和氯离子的残留等项目。由于灭菌包装材料不直接接触人体，一般符合直接接触性食品包装材料的要求就可以了，除非另有特殊用途的要求。包装材料生产厂家可参照 EN 868-2、EN 868-3、EN 868-6、EN 868-7 或 YY/T 0698.2、YY/T 0698.3、YY/T 0698.6、YY/T 0698.7 的相关要求出具报告。按 GB/T 7974 标准测定时，纸的荧光亮度（白度）应不大于 1%；UV 照射源在距离 25 cm 处照射，每 0.01 m^2 上轴长大于 1 mm 的荧光斑点的数量应不超过 5 处。

包装材料初始污染菌在我国有比较明确的要求，可参照被包装的无菌医疗器械初始污染菌的要求进行验证。

（5）基于安全考虑，以及可萃取物可能从包装材料中随时间而析出，潜在污染医疗器械或环境，ASTM D4754 标准提供了与可萃取物有关的指南，使用液膜蒸馏器（FDA）移动元件进行测试槽对塑料制品的双侧液体提取的标准试验方法用于可萃取物的测试。

最终包装材料应无毒。毒性评估的指导可从 ASTM F2475、医疗器件包装材料生物相容性评价标准指南以及 ANSI/AAMI/ISO 10993-1 评估和检测中获取。ASTM F2475 为相关无菌屏障系统和器械提供生物相容性测试的指导说明。由于材料与器械接触，灭菌过程对材料性能可能造成重大影响，应评价灭菌对生物相容性的影响。

（6）生物相容性的测试范围非常广泛，对于材料的社会关注也在增加。天然的橡胶乳液、动物源性材料、同种异体材料、增塑剂、加利福尼亚 65 号议案的致癌物（California Proposition 65 Carcinogens）以及重金属等都是需要关注的检测实例。ASTM D3335 标准中采用的原子吸收光谱检测涂料中低浓度铅、镉和钴的试验方法，或 ASTM D3718 标准中采用的原子吸收光谱检测涂料中低浓度铬的试验方法可以提供有关重金属的更多信息。美国东北州州长联合会（CONEG）的要求也是非常严格的，规定铅、镉、汞和六价铬的总量不得超过百万分之一百。

表 3-2 是个比较全面的测试内容举例：采用 ISO 10993 和《美国药典》（USP）的试验方法对某医疗包装材料进行生物学评价，应满足所有可接受的性能要求。材料试样通过环氧乙烷、γ 射线和电子束灭菌等方法灭菌后进行测试，证明包装材料在灭菌后满足所有合格性能指标。

表 3-2 某包装材料试样的毒理学评价结果

所进行的试验	未灭菌	环氧乙烷（EO）	γ 射线（25 kGy、50 kGy）	电子束辐射（25 kGy、50 kGy）	依据标准
烯烃类聚合物中萃取物的测定	低于最大容许比率				⑥
动物溶血性试验 – 兔血液 – ISO	非溶血性				①
L929 MEM 洗脱试验 – USP	非细胞毒素				④

续表

所进行的试验	未灭菌	环氧乙烷（EO）	γ 射线（25 kGy、50 kGy）	电子束辐射（25 kGy、50 kGy）	依据标准
ISO – 动物热原试验 – 兔（材料引起）			非热解		⑦
Kligman 皮肤致敏最大剂量化法 – ISO（CSO 与 NaCl 萃取）			非过敏		③
全身注射试验 – ISO			无生物反应		④
皮肤刺激试验 – ISO			非刺激性		③
短期肌肉植入试验 – ISO（14 天、28 天）			非刺激性		②
USP <88> 体内生物反应试验			I ~ VI 级		⑧

注：包装材料生物相容性及毒理学的评价基于以下标准进行试验：

① ISO 10993-4《医疗器械生物学评价 第 4 部分：与血液相互作用试验选择》。

② ISO 10993-6《医疗器械生物学评价 第 6 部分：植入后局部反应试验》。

③ ISO 10993-10《医疗器械生物学评价 第 10 部分：刺激与皮肤致敏试验》。

④ ISO 10993-11《医疗器械生物学评价 第 11 部分：全身毒性试验》。

⑤ ISO 10993-12《医疗器械生物学评价 第 12 部分：样品制备与参照材料》。

⑥ 美国联邦法规汇编第 21 篇 177.1520 有关烯烃类聚合物的规定，标题 21，第 1 章。

⑦ ASTM F981《用于评估外科植入物的生物材料与骨骼肌和插入物材料效应的兼容性的标准实施规程》。

⑧《美国药典（国家处方集）》USP <88> 体内生物反应性试验。

三、物理和化学特性

医疗器械的无菌屏障系统和（或）包装系统除了要承受灭菌过程外，还需要保护内包装物的无菌状态和功效直至被使用。医疗器械的外形和质量、保护性包装的类型、运输和存储系统等都给无菌屏障系统和（或）包装系统带来挑战。如何确立适用性的包装形式，最权威的方法是实际使用医疗器械进行模拟试验。若干标准的物理属性为判断包装材料是否适用于某种既定的潜在用途提供了方法。如果这些属性的任何一个被确认医疗器械可能会以任何方式给一个无菌屏障系统和（或）包装系统带来挑战，那么这种材料可能是不适用的。包装材料制造商会提供这些可能发生的参数，重要的是要认知并了解这些数值仅可以作为材料的筛选使用，且通常被认为是典型值，而非规格的极限值。

（1）抗穿透性。如果医疗器械包含锐边或突出物，可能刺穿包装材料，破坏其完整性，那么材料的抗穿透性可能是重点考虑的项目。ASTM D1709、ASTM D3420、ASTM F1306 以及 YY/T 0681.13 标准提供了指南。

（2）抗磨损性。抗磨损性是指表面可以承受重复的摩擦、磨损和刮蹭的能力。这种情况可能在分配期间发生在以下两者之间：

① 医疗器械和无菌屏障系统之间。

② 无菌屏障系统和无菌屏障系统之间。

③ 无菌屏障系统和保护性包装之间。

由于目前没有针对这种影响的测试方法，所以在实际中对医疗器械的无菌屏障系统和（或）包装系统进行性能测试通常是必需的。

（3）抗撕裂。材料抵抗撕裂和材料连续传递撕开的能力对无菌屏障系统的打开特性非常重要。例如，以撕开方式打开的无菌屏障系统的材料应在抗撕开区域具有阻力，可以稳定传递撕裂。评估抗撕裂的测试方法参见 ASTM D1922 和 ASTM D1938 标准。

（4）耐弯曲性。耐弯曲性是指材料可以承受重复的弯曲和折叠带来的损伤的能力。医疗器械类型、保护性包装的类型、运输系统将决定该属性的重要性。ASTM F392、YY/T 0681.12 标准提供了耐弯曲性能的测试方法。

（5）厚度。通常情况下，特定材料越厚，其耐用性越强。但是，随着厚度的增加，材料的硬度也会增加；当达到一定的临界点之后，随着厚度的增加，材料将更易因弯曲而折断（降低耐弯曲性能）。确定材料厚度的测试方法参见 ASTM F2251、ISO 534、GB/T 451.3 标准。

（6）抗张强度。材料的抗张强度是指可以撕断或撕裂材料的最大张力，通常也称为最终抗张强度，用单位面积上可以承受的最大张力来表示。尽管抗张强度保持一致，但对于特定材料，增加其厚度将增加抗张强度。因为抗张强度测量的是弹性极限或屈服点之外的点（使材料永久性变形的力的大小），其在预测耐用性方面的能力有限。实际上，抗张强度通常与耐用性负相关。ASTM D882、ISO 1924-2、GB/T 12914 标准提供了关于抗张强度的测试指南。

（7）延伸性。延伸性是指当材料遇到张力时长度的变化，用与原长度的百分比表示。通常需要知道伸长断裂率。伸长断裂率是超出弹性极性或屈服点之外的点（使材料永久性变形的力的大小），其在预测耐用性方面的能力有限。ASTM D882 标准提供了延伸性的测试指南。

（8）基本质量。基本质量是指材料单位面积的质量。ASTM D4321、ASTM D3776 标准提供了确定基本质量的测试方法。

（9）黏合强度。黏合强度是指分开材料层所需要的力的大小。ASTM F904 标准提供了关于测试黏合强度的指南。

（10）湿态强度。如果包装被暴露在湿热灭菌和 EO 灭菌等潮湿条件下，考虑湿态强度是非常重要的。

（11）另外，多个标准中的测试方法可用于比较包装材料和衡量材料是否满足医疗器械可见性和外观的要求。例如：

模糊：描述光通过材料时发生散射的情况，可以用 ASTM D1003、GB 2410 标准的指南测量。

光泽：指底面反射或发出的光泽，可以依据 ASTM D2457、GB/T 8807 标准确定。

不透明度：指材料阻挡光穿透的能力，可以在 ASTM D589 标准中获得相关信息。

（12）对于无菌屏障系统使用者而言，规定产品使用的各种强度要求已经成为一种惯例。所选择的包装材料或无菌屏障系统的强度必须足够高，以保持无菌屏障系统在配送、运输、存储系统中的完整性。预成型无菌屏障系统的密封强度应由该系统的生产商确定。

对于相关无菌医疗器械包装材料的基本参数，本书选择了几个主要参数及国际标准以供参考，如表3-3所示。

表 3-3 主要物理特性（英制、公制单位）

特 性	可比较的试验方法	英制单位	公制单位
基本质量	ASTM D3776 EN ISO 536	oz/yd^2	g/m^2
分层剥离强度	ASTM D2724	lbf/in	N/2.54 cm
葛尔莱法透气度	TAPPI T460 ISO 5636-5	s/100 mL	s/100 mL
本特生透气度	ISO 5636-3	mL/min	mL/min
湿气透过率	TAPPI T523	g/m^2/24 h	g/m^2/24 h
静水压头	AATCC TM 127 EN 20811	in H$_2$O	cm H$_2$O
抗张强度（MD）	ASTM D5035 EN ISO 1924-2	lbf/in	N/2.54 cm
抗张强度（CD）	ASTM D5035 EN ISO 1924-2	lbf/in	N/2.54 cm
伸长率（MD）	ASTM D5035 EN ISO 1924-2	%	%
伸长率（CD）	ASTM D5035 EN ISO 1924-2	%	%
Elmendorf 撕裂强度（MD）	ASTM D1424 EN 21974	lbf	N
Elmendorf 撕裂强度（CD）	ASTM D1424 EN 21974	lbf	N
Mullen 顶破强度	ASTM D774 ISO 2758	psi	kPa
Spencer 穿刺	ASTM D3420	in · lbf/in^2	J/m^2
不透明度	TAPPI T425 ISO 2471	%	%
厚度（个别）	ASTM D1777 EN 20534 EN ISO 534	mils	μm

（13）医疗包装材料对化学物质的稳定性也是需要考虑的重要因素。表 3-4 给出了某聚烯烃类无纺产品耐酸性与耐碱性验证，表 3-5 为某聚烯烃类无纺产品抗有机溶剂腐蚀性验证。

表 3-4　某聚烯烃类无纺产品耐酸性与耐碱性验证

反应试剂	暴露条件			对断裂强度的影响
	浓度/%	温度/℉	时间/h	
酸类硫酸	10.0	70	1 000	无变化
酸类硫酸	10.0	210	10	无变化
酸类硫酸	60.0	70	1 000	无变化
酸类硫酸	60.0	210	10	无变化
酸类硫酸	96.0	70	1 000	无变化
酸类盐酸	10.0	70	1 000	无变化
酸类盐酸	37.0	160	10	无变化
酸类硝酸	10.0	70	1 000	无变化
酸类硝酸	10.0	210	10	无变化
酸类硝酸	70.0	70	10	无变化/轻微变化
酸类硝酸	95.0	70	1 000	显著变化/轻微变化
酸类磷酸	10.0	70	1 000	无变化
酸类磷酸	10.0	210	10	无变化
酸类磷酸	85.0	70	10	无变化
酸类氢氟酸	10.0	70	10	无变化
酸类铬酸	10.0	70	10	无变化
酸类氢溴酸	10.0	70	10	无变化
碱类氢氧化铵	1.0	70	1 000	无变化
碱类氢氧化铵	58.0	70	1 000	无变化/轻微变化
碱类氢氧化钠	10.0	70	1 000	无变化
碱类氢氧化钠	10.0	210	10	无变化/轻微变化
碱类氢氧化钠	40.0	70	1 000	无变化
碱类氢氧化钠	40.0	210	10	无变化
碱类氢氧化钠	1.0	70	1 000	无变化
碱类氢氧化钠	1.0	210	10	无变化

注：因暴露引起的断裂强度变化：无变化 = 原有强度的 90% 至 100% 保留；轻微变化 = 原有强度的 80% 至 89% 保留；显著变化 = 原有强度的 20% 至 59% 保留。

表3-5　某聚烯烃类无纺产品抗有机溶剂腐蚀性验证

反应试剂	暴露条件			对断裂强度的影响
	浓度/%	温度/℉	时间/h	
乙酰胺	100	200	10	无变化
乙酸	100	70	1 000	无变化
丙酮	100	70	1 000	无变化
丙烯腈	100	70	1 000	无变化/轻微变化
醋酸正戊酯	100	70	1 000	无变化
醋酸正戊醇	100	70	1 000	无变化
苯胺	100	70	1 000	无变化
苯甲醛	100	70	1 000	无变化
苯	100	70	1 000	无变化
苯甲醇	100	70	1 000	无变化
苄基氯	100	70	1 000	无变化
二硫化碳	100	70	1 000	无变化
四氯化碳	100	70	1 000	无变化
一氯代苯	100	70	1 000	无变化
三氯甲烷	100	70	1 000	无变化
氯醇	100	70	1 000	无变化
煤焦油	100	70	1 000	无变化
棉籽油	100	70	1 000	无变化
间甲酚	100	70	1 000	无变化/轻微变化
环己酮	100	70	1 000	轻微变化/无变化
对二氯苯	100（粉末）	70	1 000	无变化
二甲替乙酰胺	100	70	1 000	无变化
二甲替甲酰胺	100	70	1 000	无变化
二甲亚砜	100	70	1 000	无变化
1,4-二氧己环	100	70	1 000	无变化
二乙醚	100	70	1 000	未试验/轻微变化
乙酸乙酯	100	70	1 000	无变化
乙醇	100	70	1 000	无变化

反应试剂	暴露条件			对断裂强度的影响
	浓度/%	温度/℉	时间/h	
乙二醇	100	70	1 000	无变化
甲醛	H₂O 中为10%	70	1 000	无变化
甲酸	H₂O 中为91%	70	1 000	无变化/轻微变化
Freon®-113 制冷剂	100	70	1 000	无变化
汽油（含铅）	100	70	1 000	无变化/轻微变化
丙三醇	100	70	1 000	无变化
煤油	100	70	1 000	无变化/轻微变化
亚麻仁油	100	70	1 000	无变化/轻微变化
甲醇	100	70	1 000	轻微变化/无变化
二氯甲烷	100	70	1 000	轻微变化/无变化
丁酮	100	70	1 000	无变化
矿物油	100	70	1 000	无变化
硝基苯	100	70	1 000	轻微变化/无变化
油酸（十八烯酸）	100	70	1 000	轻微变化
全氯乙烯	100	70	1 000	无变化
苯酚	100	200	10	无变化
松油	100	70	1 000	无变化
吡啶（氮杂苯）	100	70	1 000	无变化
斯托达德溶剂	100	70	1 000	轻微变化
三氯乙烷	100	70	1 000	无变化
三氯乙烯	100	70	1 000	无变化
三乙胺	100	70	1 000	无变化
三氟乙酸	100	70	1 000	无变化
松脂精	100	70	1 000	无变化

四、与预期灭菌过程的适应性

对预期灭菌过程的适应性要求分为两种情况：一种是根据预期使用的灭菌方式来决定将要使用的包装材料或预成型无菌屏障系统；另一种则相反，根据预期使用的包装材料或预成型无菌屏障系统来决定将要采用的灭菌方式。这两种情况在实际工作中都有可能出现。第一种情况较为常见，如医院要根据现有的灭菌器选择合适的包装材料或预成型无菌屏障系统。第二种情况是出于节约成本或方便采购考虑，或是为了应对供应不及时等情况，或是因为一次性无菌产品超过了无菌有效期，或是为了满足一般无菌产品在关键场合的使用要求。

1. 材料不能对灭菌过程产生不良影响（材料不能影响灭菌效果）

（1）对于包装材料供应商来说，应证实材料和预成型无菌屏障系统适宜预期使用的灭菌过程和循环参数。对无菌屏障系统和（或）包装系统来说，包装材料承受灭菌过程和保持结构完整性的能力则是关键的要求。同时，包装材料不能对灭菌效果产生影响。如环氧乙烷、湿热或其他气体灭菌过程要求去除空气，使灭菌剂穿透无菌屏障系统和（或）包装系统。气体灭菌要求高温高湿的条件，所选的材料必须与此相容。应评价气体灭菌对无菌屏障系统带来压强变化的挑战。因此，要求无菌屏障系统和（或）包装系统具有耐受性和充分的透气区域，并且在所有附加层中有充足的空间使无菌屏障系统膨胀。

（2）对于无菌医疗器械灭菌过程而言，包装材料适应灭菌过程的确认可与所采用的灭菌过程的确认同步进行。包装验证同灭菌过程验证同步进行，可以确保灭菌效果的有效性。

2. 灭菌过程不能对材料产生影响（材料必须能耐受灭菌过程）

包装材料供应商应评价材料的性能，以确保在经受规定的灭菌过程后材料的性能保持在规定的限度范围。理论上要对材料所有性能进行灭菌前后的数值比对，这是一项非常庞大的工作。为了减少工作量，通常可以在材料灭菌后对材料性能进行验证。

对灭菌前后指标变化范围的限度暂无标准要求，通常以最小值应满足现有规范的限量值为准。如果没有限量值要求，以灭菌前后差值不大于 15% 为宜（仅供参考）。若有规定值，则应确认是否都在规定范围内。

就灭菌方式对材料性能的潜在影响而言，环氧乙烷灭菌对包装材料的性能影响很小，其他如辐射灭菌和等离子气体灭菌对材料的属性可能带来影响，参见 AAMI TIR17 标准。辐射灭菌对高分子材料的影响巨大，高压蒸汽灭菌对材料的影响也很大，特别是透气性纤维材料的微生物屏障性能在灭菌后会有所下降，应关注供应商提供的有关报告。低温甲醛灭菌对材料的要求基本上等同于蒸汽灭菌，但由于甲醛气体的穿透能力较差，在选用包装材料前，最好做挑战性检测。低温甲醛蒸汽灭菌器随机配套的 Process Challenge Device（PCD）就是做挑战性试验用的（PCD 检测随低温甲醛蒸汽灭菌器而诞生，对低温甲醛蒸汽灭菌验证的意义远大于对普通蒸汽灭菌的验证）。含天然纤维的包装材料不能用于过氧化氢等离子灭菌，因分子中较强的诱导力会产生一些正电和负电基团，从而吸收带电的等离子，降低灭菌的效果，如纸张、纸质胶带、纸质的指示卡等。

对于预成型无菌屏障系统和无菌屏障系统的灭菌相容性除考虑以上因素外，还应考虑灭菌过程对包装完好性的影响。如封口强度灭菌前后的对比，要考虑生物相容性的要求、环氧乙烷残留的要求等。表 3-6、表 3-7、表 3-8、表 3-9 分别列出了各种灭菌方法灭菌前后某聚烯烃无纺布的强度和屏障特性。

表 3-6　环氧乙烷（EO）灭菌前后的强度和屏障特性

产品	灭菌状态	抗张强度 MD[1] lb/in（N/2.54cm）	微生物屏障 LRV[2]
某聚烯烃无纺布	未灭菌	44.0（196）	5.2
	灭菌后	46.0（205）	5.3

注：① 按照 ASTM D5035、EN ISO 1924-2。
　　② 按照 ASTM F1608 测试的对数下降值（LRV）。

表 3-7　包装产品经各种剂量[1]辐射前后的强度和微生物屏障特性试验结果

产　品	灭菌状态	剂　量	抗张强度 MD[2] lb/in（N/2.54 cm）	微生物屏障 LRV[3]
某聚烯烃无纺布	未灭菌	—	42.0（187）	5.2
	灭　菌	25 kGy	39.1（174）	5.2
		30 kGy	—	5.3
		50 kGy	35.8（159）	5.2
		60 kGy	—	5.4
		100 kGy	23.1（103）	5.1

注：① 25 kGy 和 30 kGy 为单次剂量；其他为加倍剂量的累计量，即 50 kGy 代表 25 kGy 的加倍剂量。
　　② 按照 ASTM D5035 和 EN ISO 1924-2。
　　③ 按照 ASTM F1608 测试的对数下降值（LRV）。

表 3-8　包装产品经各种剂量电子束辐射前后的强度和微生物屏障特性试验结果

产　品	灭菌状态	剂　量	抗张强度 MD[1] lb/in（N/2.54 cm）	微生物屏障 LRV[2]
某聚烯烃无纺布	未灭菌	—	42.0（187）	5.2
	灭　菌	50 kGy[3]	35.8（159）	5.2
		100 kGy[4]	21.5（96）	5.2

注：① 按照 ASTM D5035 和 EN ISO 1924-2。
　　② 按照 ASTM F1608 测试的对数下降值（LRV）。
　　③ 50 kGy 为单次剂量。
　　④ 100 kGy 为累计剂量，代表 50 kGy 的加倍剂量。

表 3-9　包装产品蒸汽灭菌前后的物理性质试验结果

产品	灭菌状态	剂　量	抗张强度 MD[1] lb/in（N/2.54cm）	微生物屏障 LRV[2]	收缩率（高压灭菌）/%	葛尔莱法[3] s/100 mL
某聚烯烃无纺布	未灭菌	—	41.9（186）	5.2	—	24
	灭菌 30min	250℉（121℃）	43.1（192）	4.8	0.5	24
		255℉（124℃）	48.4（215）	4.8	0.3	26
		260℉（127℃）	48.2（214）	5.2	1.4	25

注：① 按照 ASTM D5035 和 EN ISO 1924-2。
　　② 按照 ASTM F1608 测试的对数下降值（LRV）。
　　③ 按照 TAPPI T460 和 ISO 5636-5。

3. 灭菌相容性的实验方法

灭菌适应性的确定应使用参照有关国际标准或欧洲标准设计、生产和运行的灭菌器。作为选择灭菌过程的一部分，确认医疗器械最终无菌屏障系统所需的预期灭菌批数和类型是重要的因素。

目前，ISO 17665-1、ISO 11135、ISO 11137、ISO 14937、EN 285、EN 550、EN 552、EN 554、EN 1422、EN 14180 标准之间正处于协调中。使用的各种灭菌器（灭菌方式包括医院用的环氧乙烷、高温蒸汽、低温甲醛、过氧化氢、等离子灭菌等）应当在基于各种相关标准的基础上设计制造，才能保证灭菌过程验证的科学性和有效性，从而确保产品灭菌过程的安全有效。由于我国灭菌器标准尚不完善，若使用国产灭菌器进行验证则必须确认其符合相关的国际标准。具体试验方法参见 EN 868-5 标准的附录 A。

（1）试样的制备：取 10 个供试品（组合袋或卷材长度），各装入一半未压紧的脱脂棉纱布（参见YY 0331 标准）。

（2）步骤：按制造商的推荐用适宜的密封器密封试验样品。将试样放在灭菌器中，将运行循环调至包装材料生产商规定的极限。应在灭菌器制造商规定的极限对灭菌器提供蒸汽、空气、水等，进行运行循环后取出试样并进行目力检验。

注：灭菌器标准参见 YY 0503、YY 1007、EN 285、EN 1422 和 EN 14180 等。灭菌剂的通用要求和医疗器械一般灭菌过程的开发、确认和常规控制见 ISO 14937。

（3）试验报告：报告塑料结合层分离或发白的数量。

4. 灭菌相容性的验证和老化验证的关系

对预期用途适应性的确定应考虑材料在常规供应中发生的变化。材料在保存过程中性质的变化不应对灭菌效果产生影响，老化验证中应考虑与灭菌过程的相容性。

有的材料需要在灭菌前或灭菌后保存很长时间，或包装好的医疗器械非无菌提供，使用前由医疗机构灭菌后直接使用，这种情况则必须在灭菌前开展老化验证。

当产品用多个包裹或多层包装时，可以对内外层材料的性能设定不同的限量，如双层皱纹纸包装可采用不同的厚度等。

表3-10、表3-11列出了包装材料经环氧乙烷灭菌、γ 射线灭菌老化前后的物理性质变化情况。试验密封条件：温度为290 ℉（143 ℃），保持时间为 1 s，压力（通过薄膜的密封）为 90 lb/in^2（621 kPa）。

表 3-10　包装材料经环氧乙烷灭菌后 5 年实时老化前后的物理性质

特 性	试验方法	单 位	初始值	5 年后的值
分层剥离强度	ASTM D2724	lb/in （N/2.54 cm）	0.47 （2）	0.44 （2）
葛尔莱法透气度	TAPPI T460 ISO 5636-5	s/100 mL	37	37
静水压头	AATCC TM 127 EN 20811	in H$_2$O （cm H$_2$O）	59 + （150 +）	59 + （150 +）

续表

特　性	试验方法	单　位	初始值	5 年后的值
抗张强度 MD	ASTM D5035 EN ISO 1924-2	lb/in （N/2.54 cm）	44.0 （196）	45.1 （201）
密封强度	4	lb/in （N/2.54 cm）	1.53 （7）	1.57 （7）

表 3-11　包装材料经 γ 射线灭菌后加速老化和实时老化的密封强度

灭菌状态	老化时间	密封强度/（lb/in）
灭菌前	—	0.915
30 kGy γ 射线灭菌后	—	0.949
加速老化	2 周	0.931
加速老化	4 周	0.856
加速老化	6 周	0.953
加速老化	8 周	0.887
加速老化	10 周	0.848
实时老化	3 年	0.778

5. 规定的灭菌过程可包括多次经受同一灭菌过程或不同的灭菌过程

产品需要多次经受同一灭菌过程或不同灭菌过程的原因有很多，如某些产品的灭菌过程可能会失败，需要多次灭菌；某些器械先作为一个独立包装经受适当的灭菌过程，然后又作为某个综合器械包的配件需要经受另一个相同或不同的灭菌过程。显然，如果产品需要经受多次相同或不同的灭菌过程，则所使用的包装材料也必须满足这些要求。

五、灭菌前和灭菌后的贮存寿命

1. 材料老化验证和无菌有效期的验证

包装材料或预成型无菌屏障系统的生产商应提供产品的有效期，以及确定有效期的加速老化试验报告。根据 ISO 11607-1 标准的要求，实时老化试验和加速老化试验宜同时进行，使用单位可向包装材料生产商索取老化试验报告。产品有效期的验证过程是产品诸多性能在加速老化试验和实时老化试验前后的比对，比对的性能应至少包括微生物屏障性能、封口强度、完好性、力学性能等。老化前后各项性能数值应在标准规定的范围内，其差值最好不大于 15%（仅供参考）。产品有效期是指该产品可以使用的期限，与无菌有效期是两个概念。产品有效期由器械制造商提供且负全责。灭菌后的无菌有效期除和材料的自身性能有关外，还与包装系统的封口、包装形式、包装大小、运输存储密切相关，特别是运输存储环境的重要性甚至大于材料本身性能。因此，对于灭菌后的无菌有效期，应在包装材料生产商提供的验证报告基础上进行包装完整性验证和包装稳定性验证确定，并形成文件。

加速老化试验标准为 ASTM F1980，已转化为医疗器械行业标准 YY/T 0681.1。

×××材料加速老化与实时老化试验结果如表3-12、表3-13所示。

表3-12 ×××材料加速老化试验结果

加速老化试验项目/方法			×××材料试验结果		
特性	试验标准	单位	初始值	EO灭菌6次循环后的值	5年后的值
抗张强度（MD）	ASTM D5035 EN ISO 1924-2	lb/in （N/2.54cm）	42 （187）	42 （187）	40 （178）

表3-13 ×××材料实时老化试验结果

×××材料	抗张强度[2]/（N/2.54 cm）		微生物屏障 LRV[3]
	MD	CD	
50 kGy γ射线[1]灭菌前的原始值 初始值[4] 7年后的值	187 147 142	213 175 148	5.2 — 5.2
100 kGy γ射线[1]灭菌前的原始值 初始值[4] 7年后的值	187 125 103	213 151 130	5.2 — 5.1
50 kGy[1]电子束辐射灭菌前的原始值 初始值[4] 7年后的值	187 164 159	213 157 145	5.2 — 5.2
100 kGy[1]电子束辐射灭菌前的原始值 初始值[4] 7年后的值	187 120 96	213 120 113	5.2[4] — 5.2

注：① 50 kGy 为单次剂量。100 kGy 为累计量，表示 50 kGy 的加倍剂量。
② ASTM D5035 和 EN ISO 1924-2；根据速度和计量长度进行修改。
③ 根据 ASTM F1608 标准对数下降值（LRV）进行检测。
④ 初始值是灭菌后、老化试验开始时的数值。

2. 加速老化必须和实时老化同时进行

加速老化验证可使产品快速上市，但制造商必须同时做实时老化试验。待自然放置的样品达到规定的有效期时，进行各种性能试验，从而最终确定产品的有效期。放置过程中最好选取有代表性的时间节点进行测试，若只做最终时间的测试，验证过程的风险是非常高的。

值得关注的是，灭菌前的材料寿命不能涵盖灭菌后的材料寿命，也就是说，灭菌前5年有效期不能等同于灭菌前2年加灭菌后3年的材料有效期。应考虑材料在正常使用中可能发生的变化，分别确定灭菌前和灭菌后的有效期。

第三节　无菌医疗器械包装材料验证案例

在医疗包装材料验证过程中，大量的试验是必需的。其中，验证材料准备、验证资源支持、验证样本来源、验证样本的退回地点、验证机构、验证结果、验证记录、样本可追溯性等是保障验证可靠性的必要条件，按照相关标准测试是保证数据的准确性的重要条件。

有关医疗包装材料主要基本参数验证数据处理的软件很多，目前一般使用 Mini-tab。对于复杂的数据和海量的数据分析，JMP 的功能非常强大和灵活，也是常用的一个软件。对于数理统计的基本方法，参见本书第四章相关内容。

1. 医疗包装材料验证报告撰写要求

医疗包装材料验证报告的撰写是为了总结试验结果并得出结论，所有的验证要以相应的标准作为指导。验证的结果应包括以下内容：

（1）报告的原始数据包括：

① 验证人员。

② 验证的度量衡标准。

③ 验证环境的状况（温度、湿度、气压）。

④ 适用的验证方法。

⑤ 验证的配置设置，包括器具、仪器和用于标定该仪器的设备（如果有）。

⑥ 推荐使用照片附在报告记录中。

⑦ 验证日期、时间，包括验证的循环次数。

⑧ 结果的记录。

⑨ 如果有重复验证，记录每次验证，同时提交，并给出建议。

（2）如果试验方法中未明确规定，则试样应在温度为 23 ℃ ±1 ℃、湿度为 50% ±1% 的条件下保存 24 h。

（3）全部试样的试验应在受控的实验室环境中进行。如果医疗包装材料是疏水性产品，试验开始前，试样无须稳定 24 h。

2. 透气材料的验证案例（仅供参考）

研 究 题 目

×××医疗包装材料

特性功能等同性及非劣性的验证报告

试 验 样 品：_____

最 终 报 告 日 期：_____

研 究 实 验 室：_____

原 始 记 录 保 存 地：_____

委 托 方：_____

目　　录

1 概述

试验人员和监督人员：

试验人员：   监督人员：

批准人：

                                                     结束日期：

2 摘要

2.1 主要信息

制造商：

名称：×××测试样和对照样

试验时间：

2.2 检验和判定依据

×××

2.3 结果

测试材料和对照材料的均值之差（试验－对照）的90%双侧 t 置信区间。

测试材料和对照材料的均值之差（试验－对照）的95%单侧 t 置信区间下限。

置信区间值由检测数据统计学分析得出。

2.4 结论

所测结果符合功能等同性和非劣性的判定准则。

3 范围

（1）本报告的目的是验证×××产品的功能一致性和非劣性，样品由 AAA 提供。

（2）本试验仅对来（送）样负责。测试结果是在设定的试验环境中得出的，因此本中心不对全部产品以及产品在所有环境中的质量进行保证。

（3）如果产品的环境或生产工艺发生改变，则其质量控制和质量保证可能受到影响，因此必须重新评估产品的整体性能。

4 试验引用标准与设备

4.1 试验引用标准

测试项目	标 准
基本质量	ASTM D3776
葛尔莱法透气度	GB/T 458
分层剥离强度	ASTM D2724
耐破度	GB/T 454，ISO 2758

续表

测试项目	标准
抗张强度（纵向）	ASTM D5035
抗张强度（横向）	
静水压	GB/T 4744
微生物屏障特性	ASTM F1608

4.2 试验设备

5 试验周期与样品

5.1 试验周期

5.2 样品

5.2.1 样品贮存条件

温度：23 ℃ ±2 ℃；相对湿度：50% ±5%。

5.2.2 样品尺寸与数量

6 试验部分

6.1 基本质量

6.1.1 测试标准

ASTM D3776。

6.1.2 测试环境

温度：23 ℃ ±2 ℃；相对湿度：50% ±5%。

6.1.3 试验仪器

电子天平：METTLER TOLEDO AB204-S。

6.1.4 试验步骤

根据 ASTM D3776 标准要求，测量×××每个批次的每个样品的克重。

$$克重（g/m^2）= \frac{10^3 M}{LW}$$

其中：M—材料质量，单位：g

L—材料长度，单位：m

W—材料宽度，单位：m

6.1.5 试验结果

6.2 葛尔莱法透气度

6.3 分层剥离强度

6.4 耐破度

6.5 抗张强度

6.6 微生物屏障特性

7 结论

通过以上检验数据的分析得出×××产品符合功能等同性和非劣性的判定准则。

8　试验确认

研究中获得的数据符合试验确认评价标准。结果和结论仅适用于所测产品。本中心不再对试验结果做进一步评价。所有程序符合《×××管理手册》的规定。

9　记录保存

所有原始记录均在档案中保存 3 年。

10　质量检查保证书（仅供参考）

质量检查保证书

阶段	检测日期	审核员	向研究主管提供报告时间	向质量保证负责人提供报告时间
样品准备 原始数据 审定报告	YYY YYY UUU	CCC FFF RRR	20××年×月×日	20××年×月×日

本研究执行了《×××管理手册》所规定的条款。

质量保证负责人：_____

无菌医疗器械包装质量管理统计学应用

无菌医疗器械包装质量管理的统计学应用包括原材料的进货检验，封口和成型过程管理，以及最终成品的抽检。本章重点介绍原材料、产成品的统计质量控制（SQC）和成型过程的封口质量的统计控制管理（SPC）。

第一节　原材料和产成品抽样检验统计学原理和应用

在抽样检验中，抽样系统由一系列抽样方案组成。GB/T 2828 标准就是由批的大小范围、检查水平和接收质量限（AQL）检索的抽样系统。

下面就 GB/T 2828 标准抽样系统中涉及的若干要素及其在无菌医疗器械包装质量管理中的应用加以阐述。

一、抽样系统的设计原则

（1）AQL 是整个抽样系统的基础。在考虑过程平均的基础上，确定一个接收质量限（AQL）。

（2）采取了保护供方利益的接收准则。当供方提交了等于或者优于 AQL 的产品质量时，应当几乎全部接收交验的产品批。

（3）当供方提交的产品批质量坏于（有时甚至很坏于）AQL 值时，基于 AQL 的接收准则，一般不能对使用方进行令人满意的保护。为了弥补这个不足，在抽样系统中拟定了从正常检验转为加严检验的规则，从而保护了使用方的利益，这是基于 AQL 的整个抽样系统的核心。

（4）不合格分类是整个抽样系统的重要特点。对于 A 类不合格的接收准则，比对于 B 类不合格的接收准则要严格得多。也就是说，对于 A 类不合格，AQL 可以选得小一些；对于 B 类不合格，AQL 可以选得大一些。

（5）供方提供产品批的质量一贯好的时候，可以采用放宽检验方案，以便节约检验费用。但是能否放宽，应按转移规则而定。

（6）更多地根据实践经验，而不是单纯依靠数理统计学来确定批量与样本量之间的关系。对于从大批量产品中抽取随机样本的困难和错判为接收或拒收的一大批产品带来的严重后果，要给予足够的重视。

二、设计抽样表的目的及适用场合

（1）设计抽样表的目的如下：

① 通过调整检验的严格程度，促使生产方改进和提高产品质量。

② 使用方可按质量的好坏选择供应方。

（2）GB/T 2828 标准适用于连续批检验的下列场合：① 成品；② 部件和原材料；③ 操作；④ 在制品；⑤ 库存品；⑥ 维修操作；⑦ 资料或记录；⑧ 管理程序。

三、GB/T 2828 的若干要素及其应用

1. 过程平均

一定时期或一定量产品范围内的过程水平的平均值称为过程平均。在抽样检验中常将其解释为"一系列连续提交批的平均不合格品率""一系列初次提交检验批的平均质量（用每单位产品不合格品数或每百单位产品不合格数表示）"等。

"过程"是总体的概念，过程平均是不能计算或选择的，但是可以估计，即根据过去抽样检验的数据来估计过程平均。

过程平均是稳定生产前提下的过程平均不合格品率的简称，其理论表达式为：

$$\overline{P} = \frac{D_1 + D_2 + \cdots + D_k}{N_1 + N_2 + \cdots + N_k} \times 100\% = \frac{\sum\limits_{i=1}^{k} D_k}{k \atop \sum\limits_{i=1}^{k} N_k} \times 100\% \tag{4-1}$$

式中，$\overline{P}$ 为过程平均不合格品率，N_k 为第 k 批产品的批量，D_k 为第 k 批产品的不合格品数，k 为批数。

在实践中，$\overline{P}$ 值是不易得到的，一般可以利用抽样检验的结果来估计。

假设从上述 k 批产品中顺序抽取大小为 n_1，n_2，$\cdots$，n_k 的 k 个样本，其中出现的不合格品数依次为 d_1，d_2，$\cdots$，d_k，如果 $\dfrac{d_1}{n_1}$，$\dfrac{d_2}{n_2}$，$\cdots$，$\dfrac{d_k}{n_k}$ 之间没有显著差异，则计算公式为：

$$\overline{\hat{P}} = \frac{d_1 + d_2 + \cdots + d_k}{n_1 + n_2 + \cdots + n_k} \times 100\% \tag{4-2}$$

$\overline{\hat{P}}$ 称为样本的平均不合格品率，它是过程平均不合格品率 $\overline{P}$ 的一个优良估计值。

必须注意，如果采用二次抽检或多次抽检，在估计 $\overline{P}$ 时只能使用第一个样本。估计过程平均不合格品率是为了估计在正常情况下所提供的产品的不合格品率。

如果生产条件稳定，这个估计值 $\overline{\hat{P}}$ 可用来预测将要交检的产品不合格品率，应剔除在不正常情况下获得的检验数据。经过返工或挑选后，再次交检的批产品的检验数据不能用来估计过程平均不合格品率。另外，当对样本中部分样品的检验结果做出拒收决定时，为节省检验工作量即停止检验样本中的其余样品的这种截尾检验结果也不能用来估

计过程平均不合格品率。

用于估计过程平均不合格品率的批数一般不少于 20 批。如果是新产品，开始时可以用 5 ～ 10 批的抽验结果进行估计，以后至少用 20 批。在生产条件基本稳定的情况下，用于估计过程平均不合格品率的产品批数越多，检验的单位产品数量越大，对产品质量水平的估计越可靠。

2. 不合格的分类

不合格的分类是整个技术调整型抽样系统的重要特点。不合格分类的标志是质量特性的重要性或其不符合的严重程度。

一般按实际需要将不合格区分为 A 类、B 类和 C 类。在单位产品比较简单的情况下，可以分为两种类别的不合格，甚至不区分类别。在单位产品比较复杂的情况下，可以区分为多于三种类别的不合格。

不同类别的不合格或不合格品，一般采用不同的接收质量限，以确保更重要的不合格或不合格品能得到更加严格的控制。

GB/T 2828 标准抽样系统中规定的不合格可以分成下列三类：

A 类不合格：单位产品的极重要的质量特性不符合规定，或单位产品的质量特性极严重不符合规定，称为 A 类不合格。

B 类不合格：单位产品的重要质量特性不符合规定，或单位产品的质量特性严重不符合规定，称为 B 类不合格。

C 类不合格：单位产品的一般质量特性不符合规定，或单位产品的质量特性轻微不符合规定，称为 C 类不合格。

与这三类不合格相对应的不合格品有下列三类：

A 类不合格品：有一个或一个以上 A 类不合格，也可能还有 B 类不合格和（或）C 类不合格的单位产品，称为 A 类不合格品。

B 类不合格品：有一个或一个以上 B 类不合格，也可能还有 C 类不合格，但没有 A 类不合格的单位产品，称为 B 类不合格品。

C 类不合格品：有一个或一个以上 C 类不合格，但没有 A 类不合格，也没有 B 类不合格的单位产品，称为 C 类不合格品。

根据验证的结果提出原材料、中间产品和最终产品质量控制的项目、指标和方法，并按 A、B、C 原则进行分类。

验证只是一种手段，并不是目的，验证的目的是提出质量控制的手段。例如，原料纸的微生物屏障性能是一项非常关键的性能，将纸拿去做一个琼脂攻击法试验，结果合格，那就能证明每批纸的这项指标全合格吗？生产中每批纸都要拿去试验吗？还是配备这些生物学检测设备和专业人员？答案是否定的，可以通过材料验证找到相关联的物理和化学性质，通过物理和化学项目的控制间接证实材料的微生物屏障是否合格。YY/T 0698.6 标准给出了适合环氧乙烷灭菌的包装纸（非涂布）的物理和化学性能要求，其中孔径、疏水性、吸水性三项就是间接证实该材料微生物屏障性能的指标，如表4-1 所示。

表 4-1　适合环氧乙烷灭菌的包装纸（非涂布）的产品风险分类

序号	指　标	合格参数	统计类型	和验证类别的关联性		风险级别
1	脱色试验	是/否	二项分布	化学	生物相容性	B
2	克重	60 g/m²	正态分布	物理	器械适应性	C
3	pH	5～8	正态分布	化学	生物相容性	C
4	氯化物	0.05	正态分布	化学	生物相容性	C
5	硫酸盐	0.25	正态分布	化学	生物相容性	C
6	荧光白度	1%	正态分布	物理	生物相容性	B
7	撕裂度	300 mN	正态分布	物理	器械适应性	C
8	透气度	0.2	正态分布	物理	灭菌相容性	A
9	耐破度	200	正态分布	物理	器械适应性	C
10	湿耐破性	35	正态分布	物理	灭菌相容性	C
11	疏水性	20 s	正态分布	物理	微生物屏障	A
12	孔径	20	正态分布	物理	微生物屏障	A
13	抗张强度	竖4横2	正态分布	物理	灭菌相容性	C
14	湿抗张强度	竖0.8横0.4	正态分布	物理	灭菌相容性	C
15	Cobb 值	20	正态分布	物理	微生物屏障	A

注：A、B、C分类的确定是根据产品特征，以及对质量的要求和经验的积累确定的，不可盲目地把风险都定为 A，这样既加大了检验的工作量，提高了成本，同时 A 级风险指标过多会造成最重要的指标检验准确度下降。

国家医药行业标准给出了部分原材料的要求，但中间产品和最终产品目前没有标准，要根据上一章中提到的验证内容去归纳和总结，制定企业标准，并根据企业标准按本节所述内容实施质量管理。

依据 YY/T 0698.7 标准，以下通过对某医疗器械制造商在线包装使用的卷纸的进货检验，说明如何根据本节的理论对适合环氧乙烷灭菌的包装纸（涂布）产品进行风险分类。

（1）确定标准。

确定检验标准为 YY/T 0698.7。

（2）对标准中的指标进行分类。

可根据标准要求进行风险类别的分析，见表4-1。

① 纸应不脱色。按 GB/T 1545.2 标准用制备的热抽提液进行目力检验证实其符合性。

② 按 GB/T 451.2 标准试验时，状态调节后的纸每 1 m² 的平均质量应在生产商标称值的 ±7.5% 范围内。

③ 按 GB/T 1545.2 标准中热抽提液法试验时，纸抽提液的 pH 应不小于 5 且不大于 8。

④ 按 ISO 9197 标准试验时，用 ISO 6588-2 标准中的 7.2 条制备的热抽提液（加的 2 mL 氯化钾溶液除外）的氯化物含量（以氯化钠计）应不超过 0.05%（500 mg/kg）。

⑤ 按 GB/T 2678.6 标准试验时，用 ISO 6588-2 标准中的 7.2 条制备的热抽提液（加的 2 mL 氯化钾溶液除外）的硫酸盐含量（以硫酸钠计）应不超过 0.25%（2 500 mg/kg）。

⑥ 按 GB/T 7974 标准测定时，包装材料的荧光亮度（白度）应不大于 1%。UV 照射源在距离 25 cm 处照射到一块 100 mm × 100 mm 大小的包装材料上，测定长度大于 1 mm 的荧光斑点的数量应不超过 5 处。

⑦ 按 GB/T 455 标准试验时，状态调节后纸的机器方向和横向上的撕裂度应不小于 300 mN。

⑧ 按 GB/T 2679.13 标准试验时，状态调节后纸的透气性应不小于 0.2 μm/（Pa·s）且不大于 6.0 μm/（Pa·s）。

⑨ 按 GB/T 454 标准试验时，状态调节后纸的耐破度应不小于 200 kPa。

⑩ 按 GB/T 465.1 标准用 10 min 浸泡时间试验时，纸的湿态耐破度应不小于 35 kPa。

⑪ 按 YY/T 0698.7 标准附录 A 试验时，纸的疏水性应达到穿透时间不小于 20 s。

⑫ 按 YY/T 0698.7 标准附录 B 试验时，10 个涂胶试件的平均孔径应不超过 20 μm，且无大于 30 μm 的值。

⑬ 按 YY/T 0698.7 标准附录 C 试验和检验时，涂胶层应连续并有规则，涂层图案中没有会造成密封区内的缺口或通道的无涂胶区或不连续。

⑭ 按 GB/T 12914 标准试验时，状态调节后的纸的抗张强度机器方向应不小于 4.0 kN/m，横向应不小于 2.0 kN/m。

⑮ 按 GB/T 465.2 标准试验时，纸的湿抗张强度机器方向应不小于 0.80 kN/m，横向应不小于 0.40 kN/m。

⑯ 按 GB/T 1540 标准使用 60 s 的测试时间（Cobb 法）试验时，纸张各面的吸水性能应不大于 20 g/m²。

⑰ 按 YY/T 0698.7 标准附录 D 试验时，单位面积的胶层质量应在制造商标称值的 ±2 g/m² 范围内。

⑱ 按 YY/T 0698.7 标准附录 E 试验时，涂胶纸的密封强度应大于 0.08 kN/m（1.20 N/15 mm），但不能引起纤维撕裂。

对材料的严格性管理风险可按表 4-2 进行分类。

表 4-2　材料严格性管理风险类别

风险类别	性能要求
A	6，8，11，12，13，16，17，18
B	3
C	1，2，7，9，10，14，15
极低风险只做形式检查	4，5

只对微生物屏障性能非常关注，但强度指标非关键时可按表4-3进行分类。

表4-3　材料微生物屏障性能管理风险类别

风险类别	性能要求
A	11，12，16
B	3，6，7，8，9，10，13，14，15，17，18
C	1，2
极低风险只做形式检查	4，5

以材料的所有要求经过长期检验且结果均为满意时可按表4-4进行分类。

表4-4　材料长期检验结果管理风险分类

风险类别	性能要求
A	18
B	6，8，11，12，16
C	3，7，9，10，13，14，15
极低风险只做形式检查	1，2，4，5，17

总而言之，要根据产品特征以及对质量的要求和以往的经验确定风险等级。

3. 接收质量限（AQL）

AQL定义：在抽样检验中，认为满意的系列连续提交检验批的过程平均上限值。

在GB/T 2828标准中，AQL称为接收质量限。在ISO 2859-1标准中，AQL称为可接收质量极限（Acceptance Quality Limit）。

AQL是计数调整型抽样系统的基础。该抽样系统中的抽样表就是按照AQL设计的。

AQL是对所希望的生产过程的一种要求，是描述过程平均质量的参数，不应把它与描述制造过程的作业水平混同。

AQL是可接收的和不可接收的过程平均的分界线。当生产方的过程平均优于AQL时，可能会有某些批的质量劣于AQL，但抽样方案可以保证让大部分（95%以上）的产品批抽检合格。当生产方的过程平均劣于AQL时，会有不少产品批在转换到加严检验之前被接收。随着拒收批的增加，由正常检验转换到加严检验，甚至停止检验。应当指出，即使转换到加严检验之后，还可能有某些产品批被接收。但是，只要对生产方的过程平均质量要求控制在等于或小于AQL上，从长远看，使用方会得到平均质量等于或优于AQL的产品批。可见，计数调整型抽样检验重点是放在长期平均质量保证上，而不是针对各个批的质量保证。

AQL是计数调整型抽样检验的质量指标，是明确可容忍过程的一个有用的量值，也就是说，它是指定的、根据使用的抽样方案能接收绝大多数提交批的不合格品率或每百单位产品不合格数。

AQL是制订抽样方案的重要参数，可用于检索抽样方案。AQL也是对生产方进行质量认证时的关键参数。

确定 AQL 时，应考虑对生产方的认知程度（如过程平均、质量信誉）、使用方的质量要求（如性能、功能、寿命、互换性等）、产品复杂程度、产品质量不合格类别、检验项目的数量和经济性（如最小总成本）等因素。下面介绍几种确定 AQL 的方法：

（1）根据过程平均确定。

使用生产方近期提交的初检产品批的样本检验结果对过程平均的上限加以估计，与此值相等或稍大的标称值如能被使用方接收，则以此作为 AQL 值。

（2）根据不合格类别确定。

对于不同的不合格类别的产品，分别规定不同的 AQL 值。越是重要的检验项目，验收后的不合格品造成的损失越大，越应规定严格的 AQL 值。原则上对 A 类规定的接收质量限要小于对 B 类规定的接收质量限，对 C 类规定的接收质量限要大于对 B 类规定的接收质量限。另外，可以考虑在同类中对部分或单个不合格再规定接收质量限，也可以考虑在不同类别之间再规定接收质量限。如美国海军根据缺陷的类别来确定对购入产品检验的 AQL 值，如表 4-5 所示。

表 4-5　根据缺陷的类别确定 AQL 值

缺陷类别*	AQL（%）**
致命	0.10
严重	0.25，1.0
轻微	2.5

注：*美国军用标准按缺陷分类。

　　**产品缺陷类别的 AQL。如产品由 k 个部分组成，则每个组成部分的 AQL 还需分解下去。

（3）根据检验项目数确定。

同一类的检验数目有多个（如同属 B 类不合格的检验项目有 3 个）时，AQL 的规定值应比只有一个检验项目时的规定值适当大一些。如美国陆军按检验项目数来规定的 AQL 值如表 4-6 所示。

表 4-6　检验/试验项目数缺陷 AQL 值

严重缺陷		轻微缺陷	
检验/试验项目数	AQL（%）	检验/试验项目数	AQL（%）
1～2	0.25	1	0.65
3～4	0.40	2	1.0
5～7	0.65	3～4	1.5
8～11	1.0	5～7	2.5
12～19	1.5	8～18	4.0
20～48	2.5	≥19	6.5
≥49	4.0		

（4）双方共同确定。

确定 AQL 值应主要考虑的是使用方的要求。但是，AQL 又意味着是使用方期望得到的和能买得起的质量之间的一种折中。从这个意义上来说，为使用户要求的质量同供方的过程能力协调，双方需要彼此信赖，共同协商，合理确定一个标称的 AQL 值。这样可以减少由 AQL 值引起的一些纠纷。应当指出，迄今还没有十全十美、能适用于一切不同场合的一种确定 AQL 的方法。

在 GB/T 2828 标准中，AQL（％）采用 0.01，0.015，…，1 000 共 26 档。这些都是优先数值。其中，小于或等于 10 的 AQL 值可以是每百单位产品不合格品数，也可以是每百单位产品不合格数；大于 10 的 AQL 值仅仅是每百单位产品不合格数。如果规定的 AQL 不是优先数值，则这些抽样表均不适用。

供需双方共同确定的 AQL 必须写入技术标准或订货合同，并规定其有效期。

4. 批量的确定

批量是指提交检验批中单位产品的数量。从抽样检验的观点来看，大批量的优点是从大批中抽取大样本是经济的，而大样本对批质量有着较高的判断力。当 AQL 相同时，样本量在大批中的比例比在小批中的比例要小。但是大批量不是无条件的，应由生产条件和生产时间基本相同的同型号、同等级、同种类（尺寸、特性、成分等）的单位产品数组成。

在 GB/T 2828 标准抽样系统中规定的是批量范围，由 "1 ～ 8" "9 ～ 15" … "150 001 ～ 500 000" "≥500 001" 等 15 档组成。批量与检验批密不可分。检验批可以和投产批、销售批、运输批相同或不同。

批的组成、批量及提出和识别批的方式由供货方与订货方协商确定。必要时，供货方应对每个提交检验批提供适当的储存场所，提供识别批质量所需的设备以及管理和取样所需的人员。

5. 检验水平（IL）

检验水平反映了批量（N）和样本量（n）之间的关系。GB/T 2828 标准中，将一般检验分为 Ⅰ、Ⅱ、Ⅲ 三个检验水平。水平 Ⅱ 为正常检验水平，无特殊要求时均采用水平 Ⅱ。当需要的判别力比较低时，可规定使用一般检验水平 Ⅰ。当需要的判别力比较高时，可规定使用一般检验水平 Ⅲ。特殊检验规定了 S-1、S-2、S-3、S-4 四个检验水平。特殊检验水平所抽取的样品较少，适用于必须用较小样本而且允许有较大误判风险的场合。

原则上按不合格的分类规定检验水平，但必须注意检验水平与接收质量限之间的协调一致。例如，在规定特殊检验水平 S-1 至 S-4 时，在 S-1 中，样本量字码没有超过 D，相当于正常检验一次抽样方案的样本量最多等于 8。若规定 AQL（％）= 0.10，则正常检验一次抽样方案的最小样本量为 125。这就是说，规定的检验水平同规定的 AQL 发生了矛盾。因此，在规定 AQL（％）= 0.10 的情况下，不能规定使用特殊检验水平 S-1。

GB/T 2828 标准中，检验水平的设计原则是：如果批量增大，样本量一般也随之增大，大批量中样本量所占的比例比小批量中样本量所占的比例要小。检验水平 Ⅰ、Ⅱ、Ⅲ 的样本量比约为 0.4∶1∶1.6。例如，一般检验水平 Ⅱ，当批量 N 由 4 增至 27，则样

本量 n 由 2 增至 8，但是 n/N 的比值却由 0.5（2/4）降至 0.3（8/27）。这说明在同一检验水平下，批量增加，样本量也相应增加，但是 n 与 N 的比值反而减小，即大批量中样本量所占的比例小于小批量中样本量所占的比例，符合 GB/T 2828 标准对检验水平的设计原则。表 4-7 给出了检验水平的批量与样本量之间的关系。

表 4-7　检验水平的批量与样本量之间的关系（一次正常抽检）

$\dfrac{n}{N}$（%）	N						
	S-1	S-2	S-3	S-4	I	II	III
≤50	≥4	≥4	≥4	≥4	≥4	≥4	≥10
≤30	≥7	≥7	≥7	≥7	≥7	≥27	≥167
≤20	≥10	≥10	≥10	≥10	≥10	≥160	≥625
≤10	≥20	≥20	≥30	≥50	≥50	≥1 250	≥2 000
≤5	≥60	≥60	≥100	≥260	≥640	≥4 000	≥6 300
≤1	≥300	≥500	≥1 300	≥3 200	≥12 500	≥50 000	≥80 000

检验水平高（如 III）时，判别优质批与劣质批的能力强；而检验水平低（如 I）时，判别优质批与劣质批的能力弱。因此，检验水平的确定对使用方来说非常重要。选择检验水平时应考虑以下几点：

（1）产品的复杂程度与价格：构造简单、价格低廉的产品应比构造复杂、价格昂贵的产品的检验水平低。

（2）破坏性检验：适于选用低检验水平，甚至选用特殊检验水平。

（3）保证用户的利益：如果想让大于 AQL 的劣质批尽量不合格，宜选用高检验水平。

（4）生产的稳定性：稳定连续性生产宜选用低检验水平，不稳定或新产品生产则选用高检验水平。

（5）各批之间质量波动的大小：批间质量波动比标准规定的波动幅度小的，宜用低检验水平。

（6）批内产品质量波动的大小：批内质量波动比标准规定的波动幅度小的，宜采用低检验水平。如冲压成型件、金属模型铸件等可用低检验水平。

6. 检验的严格度与转移规则

（1）检验的严格度。

检验的严格度是指交检批所接收抽样检验的宽严程度。计数调整型抽样系统通常有下列三种不同严格度的检验：

① 正常检验。正常检验的设计原则是：当过程质量优于 AQL 时，应以很高的概率接收检验批，以保护生产方的利益。此外还鼓励生产方交出大批量的产品批，即当 AQL 相同时，批量越大，则接收概率越高。

② 加严检验。加严检验是为保护使用方的利益而设立的。一般情况下，让加严检验的样本量同正常检验的样本量一致而降低合格判定数。只有当接收数（Ac）为 0 和 1 时，才采用二者 Ac 值不变而增大加严检验的样本量的做法，这样不至于使抽检特性变

坏。加严检验是带强制性的。

③ 放宽检验。放宽检验的设计原则是：当批质量一贯很好时，为了尽快得到批质量的信息并获得经济利益，以减少样本量为宜。因此，放宽检验的样本量要小，一般仅是正常检验样本量的 40%。放宽检验是非强制性的。

GB/T 2828 标准中规定了正常、加严和放宽检验三种不同严格程度的检验，并按下述原则确定提交检验批应接收何种严格度的检验：

① 除非另有规定，在检验开始时应使用正常检验。

② 除需要按转移规则改变检验的严格度外，下一批检验的严格度继续保持不变。检验严格度的改变，原则上按各种不同类型不合格分别进行，允许在不同类型不合格之间给出改变检验严格度的统一规定。

③ 加严检验开始后，若不合格批数（不包括再次提交检验批）累积到 5 批（不包括以前转到加严检验出现的不合格批数），则暂时停止按照本标准所进行的检验。

④ 在暂停检验后，若供货方确实采取了措施，使提交检验批达到或超过所规定的质量要求，则经主管质量部门同意后，可恢复检验，一般应从加严检验开始。

（2）转移规则。

设计转移规则的重要原则是：检验严格度之间的转移要准确，误转概率要尽量小。即当批质量好时，由正常检验误转为加严检验或停止检验的概率，以及当批质量变坏时，由正常检验转为放宽检验，或由加严检验转为正常检验的概率都应尽量地小。GB/T 2828 标准的转移规则如图 4-1 所示。

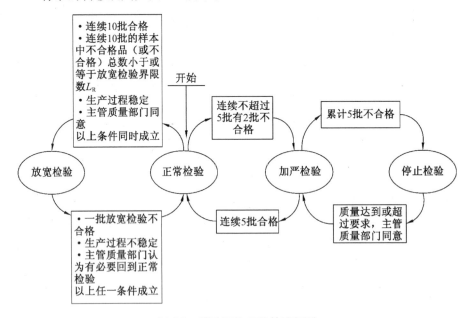

图 4-1　检验严格度的转移规则

【例 4-1】　对批量为 4 000 的某产品，采用 AQL(%) = 1.5，检验水平为 Ⅲ 的一次正常检验，连续 25 批的检验记录如表 4-8 所示，试探讨检验的宽严调整。

表 4-8　连续 25 批检验水平Ⅲ的一次正常检验记录

批号	抽样方案				检验结果		
	N	n	Ac	Re	不合格品数	批合格与否	结论
1	4 000	315	10	11	7	合格	接收
2	4 000	315	10	11	2	合格	接收
3	4 000	315	10	11	4	合格	接收
4	4 000	315	10	11	11	不合格	拒收
5	4 000	315	10	11	9	合格	接收
6	4 000	315	10	11	4	合格	接收
7	4 000	315	10	11	7	合格	接收
8	4 000	315	10	11	3	合格	接收
9	4 000	315	10	11	2	合格	接收
10	4 000	315	10	11	12	不合格	拒收
11	4 000	315	10	11	8	合格	接收
12	4 000	315	10	11	11	不合格	拒收
13	4 000	315	8	9	7	合格	接收
14	4 000	315	8	9	8	合格	接收
15	4 000	315	8	9	4	合格	接收
16	4 000	315	8	9	9	不合格	拒收
17	4 000	315	8	9	3	合格	接收
18	4 000	315	8	9	5	合格	接收
19	4 000	315	8	9	3	合格	接收
20	4 000	315	8	9	1	合格	接收
21	4 000	315	8	9	6	合格	接收
22	4 000	315	10	11	7	合格	接收
23	4 000	315	10	11	2	合格	接收
24	4 000	315	10	11	5	合格	接收
25	4 000	315	10	11	3	合格	接收

讨论：从正常检验开始，第 4 批和第 10 批遭拒收，但未造成转换为加严检验条件。但从第 8 批起到第 12 批为止，在这连续 5 批中有 2 批不合格，符合转换为加严检验的条件。因此，从第 13 批开始由正常检验转为加严检验。但是从第 17 批起到第 21 批为止，5 批加严检验合格，因此从第 22 批开始由加严检验恢复为正常检验。

【例 4-2】　对批量为 4 000 的某产品，采用 AQL（％）＝10，检验水平为Ⅰ的一次正常检验，最近连续 13 批的检验记录如表 4-9 所示，试探讨检验的宽严调整。

表 4-9　连续 13 批检验水平 I 的一次正常检验记录

批号	抽样方案				检验结果		
	N	n	Ac	Re	不合格品数	批合格与否	结论
41	4 000	80	14	15	7	合格	接收
42	4 000	80	14	15	5	合格	接收
43	4 000	80	14	15	7	合格	接收
44	4 000	80	14	15	6	合格	接收
45	4 000	80	14	15	9	合格	接收
46	4 000	80	14	15	2	合格	接收
47	4 000	80	14	15	3	合格	接收
48	4 000	80	14	15	3	合格	接收
49	4 000	80	14	15	2	合格	接收
50	4 000	80	14	15	2	合格	接收
51	4 000	80	14	15	4	合格	接收
52	4 000	80	14	15	3	合格	接收
53	4 000	80	14	15	1	合格	接收

讨论：从第 41 批起到第 50 批为止，一共 10 批在正常检验下均合格，把这 10 批中发现的不合格品累计一下，一共是 46 个。从表 4-10 中累计样本量为 800～999 一行与 AQL(％)＝10 一列的相交栏中查出 L_R＝39，由于不合格品总数大于 L_R 值，从第 51 批开始仍然进行正常检验。但从第 46 批起到第 53 批为止，发现质量一直比较好，所以再从第 44 批起到第 53 批为止，计算这 10 批样本中发现的不合格品总数为 35，小于放宽检验界限数 L_R＝39。这时又认为生产过程是稳定的，因此经主管质量部门同意，决定从第 54 批起由正常检验转为放宽检验。

表 4-10　界限数 L_R 表格

累计样本大小	接收质量限（AQL）						
	4.0	6.5	10	15，25，40，65	100	150，250，400，650	1 000
10～12	＋	＋	＋	略	2	略	50
13～799	略	略	略	略	略	略	略
800～999	15	25	39	略	略	略	略
1 000～4 999	略	略	略	略	略	略	略
≥5 000	略	略	略	略	略	略	略

7. 抽样方案类型

GB/T 2828 标准中分别规定了一次、二次和五次三种抽样方案类型。

（1）一次抽样方案：只抽取 1 个样本就应做出"批合格与否"的结论的抽样方案。其抽样程序如图 4-2 所示。

（2）二次抽样方案：至多抽取 2 个样本就应做出"批合格与否"的结论的抽样方案。其抽样程序如图 4-3 所示。

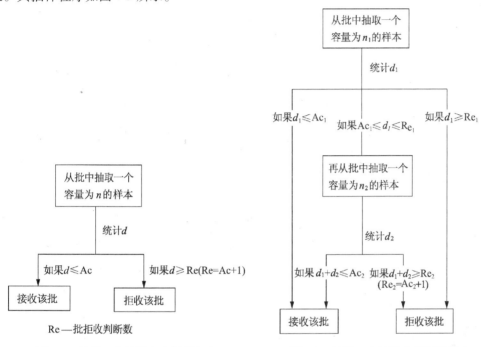

图 4-2　计数一次抽样方案判断程序　　　图 4-3　计数二次抽样方案判断程序

（3）五次抽样方案：至多抽取 5 个样本就应做出"批合格与否"的结论的抽样方案。其抽样程序可仿图 4-3 做出。

规定二次和五次抽样方案是为了节约平均样本量（ASN）。表 4-11 列出了一次和二次抽样方案的优缺点比较。

表 4-11　一次、二次抽样方案的优缺点比较

项　　目	一次抽样方案	二次抽样方案
管理要求	简单	较复杂
对检验人员的抽检知识要求	较低	较高
对供应方心理上的影响	最差	较好
检验负荷的变异（波动性）	不变	变动
对每批产品质量估计的准确性	最好	较差
对过程平均值（数）估计的速度	最快	较慢

项　目	一次抽样方案	二次抽样方案
检验人员和设备的利用率	最佳	较差
每批平均检验个数（ASN）	最大	较小
总检验费用	最多	较少
行政费用（含人员、训练、记录和抽样等）	最少	较多
对产品批的质量保证	几乎相同	

对于给定的一组接收质量限和检验水平，可以使用不同类型的对应的抽样方案。通常根据表4-11所列的优缺点与自身的实际情况相互对比，决定采用一次、二次和五次抽样方案中的某一种。但是，只要规定的接收质量限和检验水平相同，不论使用何种类型的抽样方案进行检验，其对批质量的判别力基本相同。另外，还要注意，放宽检验同特宽检验的抽样方案类型应保持一致。

样本量通过样本量字码确定。对给定的批量和规定的检验水平，使用表4-12检索适用的字码。

表 4-12　样本量字码

批量范围	特殊检验水平				一般检验水平		
	S-1	S-2	S-3	S-4	Ⅰ	Ⅱ	Ⅲ
1 ～ 8	A	A	A	A	A	A	B
9 ～ 15	A	A	A	A	A	B	C
16 ～ 25	A	A	B	B	B	C	D
26 ～ 50	A	B	B	C	C	D	E
51 ～ 90	B	B	C	C	C	E	F
91 ～ 150	B	B	C	D	D	F	G
151 ～ 280	R	C	D	E	E	G	H
281 ～ 500	B	C	D	E	F	H	J
501 ～ 1 200	C	C	E	F	G	J	K
1 201 ～ 3 200	C	D	E	G	H	K	L
3 201 ～ 10 000	C	D	F	G	J	L	M
10 001 ～ 35 000	C	D	F	H	K	M	N
35 001 ～ 150 000	D	E	G	J	L	N	P
150 001 ～ 500 000	D	E	G	J	M	P	Q
≥500 001	D	E	H	K	N	Q	R

正常检验一次抽样方案表、加严检验一次抽样方案表、放宽检验一次抽样方案表和特宽检验一次抽样方案表可参见 GB/T 2828 标准。

四、统计学知识的运用

依据 YY/T 0698.6 标准，说明如何使用本节理论对原材料进行统计质量控制（SQC）。

（1）确定标准：YY/T 0698.6。

（2）对标准中的指标进行分类。如表 4-1 所示，A 有 4 个，B 有 2 个，C 有 9 个。

（3）查 GB/T 2828 标准抽样方案表对不同风险类别的指标分别设定 AQL 值。A 都是 AQL（%）=0.1；B 为 2 个时 AQL（%）=0.25；C 为 9 个时 AQL（%）=4.0。

（4）确定不同项目的检验水平：一般检验水平 Ⅱ。

（5）采取一次抽样法，确定组批原则。例如，1 000 m/卷，10 卷为 1 批，最小质量控制单元为 1 m。如果进了 400 卷纸，共 40 批，每批样本量 N = 1 000 m/卷 × 10 卷 = 10 000 m，样本总量就是 40N = 400 000 m。

（6）查表 4-12 确定样本大量字码为 L，再查正常检查一次抽样方案表，n = 200。

（7）查检验水平表（表 4-7），n = 200 时，取样量达到 2%，符合一般检验水平。

（8）10 卷中取 200 m，每卷取 20 m，每个样为 1 m。

（9）查正常检查一次抽样方案表，A 类 AQL（%）=0.1 时方案要移动，如向上移，减少取样量至 125 m，不合格品个数 ≤0 时判定整批合格，不合格品个数 ≥1 时判定整批不合格；B 类 AQL（%）=0.25，正常取样时，不合格品个数 ≤1 时判定整批合格，不合格品个数 ≥2 时判定整批不合格；C 类 AQL（%）=4.0，正常取样时，不合格品个数 ≤14 时判定整批合格，不合格品个数 ≥15 时判定整批不合格。

（10）做好数据记录工作，实时调整检验工作。

（11）如果以卷为单位，400 卷产品，10 卷/批，样本太小是无法控制到 AQL（%）=0.1 的，只有 400 卷/批可以操作，但这样做的后果是一旦出现拒收，400 卷产品就要全部被拒收，损失将更大。另一方面，以卷为单位时其测试单位是卷，取样如果还是 1 m，则测试样品和实际样品存在较大的差距，测试样品的代表性将受到质疑（测试样品能否代表样品？），须进行样本分析，否则必须对整卷样品进行全数测试，这显然是不可能的，所以这也是国外产品包括计数、计价都以米计算的原因。

（12）如以 400 卷/批，检查水平为正常 Ⅱ，查表字头为 H，正常取样量为 50 卷，但要达到 AQL（%）=0.1，取样量要放大到至少 125 卷，AQL（%）=0.25 和 AQL（%）=4.0 时是可以取 50 卷的。如测试卷每卷取 1 m，共 125 m，400 000 m 的产品总取样量为 125 m，取样量是极低的，前提是每卷产品 1 000 m 内要保持各项指标的高度一致性。

（13）如以 150 000 m/批，检查水平为正常 Ⅰ，查表字头为 L，正常取样量为 200 m，查表要达到 AQL（%）=0.1，取样量可缩小至 125 m，150 000 m 是 150 卷，这样随机在 125 卷中各取 1 m 样品即可满足标准要求，因此按米取样是可行的方案。

第二节　密封过程质量控制的统计学原理和应用

一、有关密封过程质量控制的统计学原理

（一）无菌医疗器械对无菌保持性提出严格的质量要求

常用的、典型的无菌医疗器械初包装有以下几种形式：

（1）预成型的硬盘和盖材。硬盘通常用热成型或压成型工艺使其预成型。盖材可以是透气的或不透气的。典型的工艺是把密封层将盖材热封于硬盘上。这种带盖的硬盘一般用于外形较大和较重的器械，如外科矫形植入物、心脏起搏器和手术器械包等。

（2）易剥离组合袋。组合袋的典型结构为一面是膜，另一面是膜、纸或非织造布。组合袋常以预成型的形式供应，除留有一个开口（一般是底封）外，其他所有的密封都已形成。保留的开口便于装入器械后进行最终封口。由于组合袋可以加工成各种不同的规格，许多体积小、质量轻的器械都采用组合袋作为无菌屏障系统。

（3）灭菌纸袋。灭菌纸袋用医用级多孔纸制成，折成一个长的无折边或有折边的管袋状（平面的或立体的）。管袋在其长度方向上用双线涂胶密封，然后切成所需规格，一端用一层或多层黏合剂密封，多次折叠也可用于提高闭合强度。开口端通常有一个错边或一个拇指切，以便于打开。纸袋的最终闭合在灭菌前形成。

（4）顶头袋。顶头袋主要由两个不透气但相容的膜面组成，一个膜面通常比另一面短几英寸并热封有涂胶的透气材料。透气材料用来在最终使用时剥开袋体。顶头袋主要用来包装较大体积的器械，如器械包等。

（5）成型-装入-密封（FFS）的包装过程。这种FFS过程中生产出来的无菌屏障系统，其形式有组合袋式、带盖硬盘式或有一个已吸塑成型的软底模。在FSS过程中，上下包装部分放入FFS机器中，包装机器对下部分包装进行成型，装入器械，盖上包装面材后密封形成无菌屏障系统。

（6）四边密封（4SS）过程包装。4SS是像流水包装一样的不间断的包装过程。最为常见的是使用一种旋转密封设备来形成密封。在4SS过程中，下包装部分和上包装部分放在4SS包装机器上，产品放在下包装部分，再将上包装面材放在产品上，最后进行四边密封。如手套和创面敷料的包装便是采用4SS的包装形式。

以上列出的无菌屏障系统未包含全部的包装形式，但无论采用哪种包装形式，确保产品的无菌性能最关键的是密封过程的质量问题。为使无菌屏障系统能够保持产品灭菌的有效性（10^{-6}）和包装的完整性，保证产品安全有效，从现代质量管理技术的应用来讲，运用过程能力分析方法和六西格玛管理方法无疑是可靠性较高的一种控制模式。

所谓过程能力也称为工序能力，是衡量过程加工质量内在的一致性、最稳状态下的最小波动性的有效分析方法。当过程处于稳定状态时，产品的质量特性值有99.73%散布在区间 $[\mu-3\sigma, \mu+3\sigma]$（其中，$\mu$ 为产品特性值的总体均值，σ 为产品特性值总体标准差），即几乎全部产品特性值都落在 $\pm3\sigma$ 的范围内，这样就达到了一般生产质量的

要求。

"σ"是希腊字母，在统计学上用来表示标准偏差值，用以描述总体中的个体离均值的偏离程度。测量出的σ表征诸如单位缺陷、百万缺陷或错误的概率性，σ值越小，缺陷或错误就越少。6σ质量水平意味着在所有的过程和结果中，99.999 66%是无缺陷的，也就是说，做100万件事情，其中只有3.4件是有缺陷的。σ越小，过程的波动越小，过程以最低的成本损失、最短的时间周期满足顾客要求的能力就越强。大多数企业在3σ～4σ间运转，也就是说每百万产品失败数在6 210～66 800之间，这个失败的概率对于无菌医疗器械的无菌保持性而言是远远不够的。

近年来，由于科学技术的发展，产品的不合格品率迅速降低，如电子产品的不合格品率由过去的百分之一、千分之一降到百万分之一（ppm，parts per million，10^{-6}）乃至十亿分之一（ppb，parts per billion，10^{-9}），生产控制方式由过去的3σ控制方式演进为6σ控制方式。3σ控制方式的过程均值无偏移不合格品率为2.7×10^{-3}，过程均值偏移1.5σ的不合格品率为66 807 ppm。限于当前的科技水平，由种种因素造成过程的实际漂移大约为1.5σ。6σ控制方式的过程均值无偏移不合格品率为$0.002 \times 10^{-6} = 2.0 \times 10^{-9}$，过程均值偏移1.5σ的不合格品率为3.4 ppm（图4-4）。故将6σ控制方式与3σ控制方式相比较，在均值无偏移条件下不合格品率降低了$2.7 \times 10^{-3} / (2.0 \times 10^{-9}) = 1.35 \times 10^{6}$，即135万倍！在均值偏移1.5σ的条件下不合格品率也降低了66 807/3.4 = 19 649.12 ≈ 20 000，即2万倍！可称之为超严格质量要求。各种产品都有相应的超严格质量要求。例如，冰箱与空调的重要部件压缩机不合格品率的国际水平为200 ppm，无菌产品的阳性率为1×10^{-6}，如果还用传统的3σ的过程控制方法显然不合适。另外，密封质量的检测均为破坏性检测，而且检测单元一般只有1.5 cm，1.5 cm的不合格足以导致整个产品的不合格。因此，不可能利用抽样原则进行一般的检测作为密封质量的控制手段，通常把这样的过程称为"特殊过程"。由于"特殊过程"的质量情况在加工完成后无法通过正常的抽样检验完成，所以"特殊过程"的质量控制一定要采取SPC。

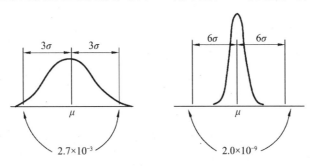

图4-4　3σ控制方式与6σ控制方式的比较

无菌医疗器械产品要想在国际市场上立于不败之地，无菌的属性要求就要满足超严格质量要求，就需要采用先进的科学技术与先进的管理科学。一般说来，先进的科学技术可以提高产品质量指标的绝对值，而先进的管理科学则可以在现有的条件下将其质量波动控制到最小。

（二）统计过程控制（SPC）的基本概念

做好质量管理应明确下列两点：

（1）贯彻预防为主的原则，这是现代质量管理的核心与精髓。

（2）对于质量管理所提出的原则、方针、目标要有科学的措施与方法来保证它们的实现。这是质量管理科学一个十分重要的特点，充分体现了质量管理的科学性。

上述第（1）点在 ISO 13485 标准中已有充分的反映。但上述第（2）点则非广为人知，缺乏这方面系统的科学知识，这也是造成目前质量体系管理中形式主义泛滥的根源之一。

1. SPC 的含义

SPC 是英文 Statistical Process Control（统计过程控制）的简称。所谓 SPC，是指为了贯彻预防为主的原则，应用统计技术对过程的各个阶段进行评估和监察，从而保证产品与服务满足要求的均匀性。

统计技术虽然涉及数理统计的许多分支，但 SPC 中的主要工具是控制图理论。因此，推行 SPC 必须对控制图有较为深入的了解，否则就不可能通过 SPC 取得真正的实践。

2. SPC 的特点

（1）与质量体系管理相同，强调全员参加，而不是只依靠少数质量管理人员。

（2）强调应用统计方法来保证预防原则的实现。

（3）SPC 不是用来解决个别工序采用什么控制图的问题，而是强调从整个过程、整个体系出发来解决问题。SPC 的重点就在于"P（Process，过程）"。

3. SPC 的发展

SPC 可以判断过程的异常，及时告警，但 SPC 也有其局限性，它不能告知异常由什么因素引起，发生于何处，即不能进行诊断。而现场迫切需要解决诊断问题，否则即使想纠正异常也无从下手。故现场与理论都迫切需要将 SPC 发展为 SPD（Statistical Process Diagnosis，统计过程诊断）。

SPD 不但具有 SPC 及时告警进行控制的功能，而且具有 SPC 所没有的诊断功能，故 SPD 是 SPC 进一步发展的新阶段。SPD 就是利用统计技术对过程中的各个阶段进行监控与诊断，从而达到缩短诊断异常的时间，以便迅速采取纠正措施，减少损失、降低成本，保证产品质量的目的。SPD 是 20 世纪 80 年代发展起来的。

（三）控制图的结构

控制图（Control Chart）是对过程质量特性值进行测定、记录、评估，从而监察过程是否处于受控状态的一种用统计方法设计的图。控制图上有中心线（CL，Central Line）、上控制限（UCL，Upper Control Limit）和下控制限（LCL，Lower Control Limit），并有按时间顺序抽取的样本统计量数值的描点序列，见图 4-5。UCL、CL 与 LCL 统称为控制线（Control Line）。若控制图中的描点落在 UCL 与 LCL 之外或描点在 UCL 与 LCL 之间的排列不随机，则表明过程异常。控制图有一个很大的优点，即在图中将所描绘的点与控制界限或规范界限相比较，从而能够直观地看到产品或服务的质量。

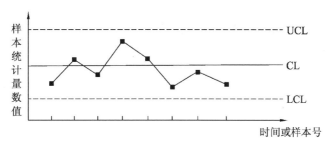

图 4-5　控制图示例

控制图是贯彻预防原则的 SPC 与 SPD 的重要工具。控制图可用以直接控制与诊断过程，故为质量管理七个工具的核心。常用的质量管理七个工具分别为因果图（Cause-effect Diagram）、排列图（Pareto Diagram）、直方图（Histogram）、散布图（Scatter Diagram）、控制图（Control Chart）、分层法（Stratification）、检查表（Check List）。

（四）产品质量的统计观点

产品质量的统计观点是现代质量管理的基本观点之一，产品质量的统计观点包含下列内容：

1. 产品的质量具有变异性

产品质量具有一定的变异性这是众所周知的事实，但在工业革命以后，人们一开始误认为现在由机器来进行生产，生产的产品应该是一致的。经过多年的实践，随着测量理论与测量工具的进步，人类才终于认识到尽管是机器生产，还是会造成产品质量的不一致。

2. 产品质量的变异具有统计规律

产品质量的变异也是有规律性的，但它不是通常的确定性现象的确定性规律，而是随机现象的统计规律。

所谓确定性现象，就是在一定条件下，必然发生或不可能发生的事件。但在质量方面，我们经常遇到的却是随机现象，即在一定条件下事件可能发生也可能不发生。如我们无法预知电灯泡的寿命一定是 1 000 h，但是在大量的统计数据的基础上我们可以说电灯泡的寿命有 80% 的可能大于 1 000 h，这就是对随机现象的一种科学的描述。

对于随机现象，通常用分布（Distribution）来描述，分布可以告诉我们变异的幅度有多大，出现这么大幅度的可能性（概率，Probability）就有多大，这就是统计规律。对于计量特性值，如长度、质量、时间、强度、纯度、成分、收率等连续性数据，最常见的是正态分布（Normal Distribution），见图 4-6。对于计件特性值，如特性测量的结果只有合格与不合格两种情形的离散性数据，最常见的是二项分布（Binomial Distribution），见图 4-7。对于计点特性值，如铸件的沙眼数、布匹上的疵点数、电视机中的焊接不合格数等离散性数据，最常见的是泊松分布（Poisson Distribution），见图 4-8。计件值与计点值又统称计数值，都是可以 0 个，1 个，2 个……这样数下去的数据。掌握这些数据的统计

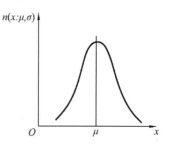

图 4-6　正态分布密度

规律可以保证和提高产品质量。

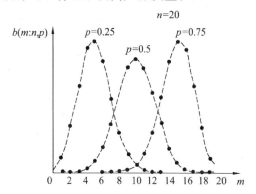

图 4-7　二项分布（p 为不合格品率）

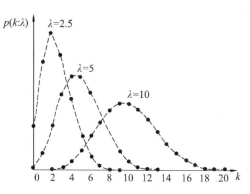

图 4-8　泊松分布（λ 为单位缺陷数）

（五）控制图原理

1. 正态分布的基础知识

数据越多，分组越密，则直方图越趋近一条光滑曲线，如图 4-9 所示。连续值最常见的分布为正态分布，其特点为中间高、两头低、左右对称并延伸到无穷。

正态分布是一条曲线，一般采用两个参数来表示，即平均值（μ）

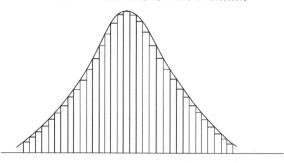

图 4-9　直方图趋近光滑曲线

和标准差（σ）。平均值（μ）与标准差（σ）的变化对于正态分布曲线的影响分别参见图 4-10 与图 4-11 所示。由图 4-11 可见，标准差（σ）越大，则加工质量特性值越分散。要关注标准差（σ）与质量有着密切的关系。

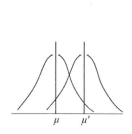

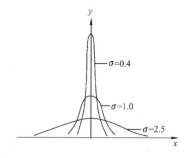

图 4-10　正态曲线随着平均值（μ）变化　　图 4-11　正态曲线随着标准差（σ）变化

正态分布的两个参数平均值（μ）与标准差（σ）是互相独立的。事实上，不论平均值（μ）如何变化，都不会改变正态分布的形状，即标准差（σ）；反之，不论正态分布的形状即标准差（σ）如何变化，也不会影响数据的对称中心，即平均值（μ）。

正态分布有一个事实在质量管理中经常用到，即不论 μ 与 σ 取值为何，产品质量特性值落在 $[\mu - 3\sigma,\ \mu + 3\sigma]$ 范围内的概率为 99.73%，这是数学计算的精确值，见图 4-12。于是产品质量特性值落在 $[\mu - 3\sigma,\ \mu + 3\sigma]$ 范围外的概率为 1 − 99.73% =

0.27%，而落在大于 $\mu+3\sigma$ 一侧的概率为 0.27%/
2 = 0.135% ≈ 1‰。

控制图的形成：首先把图 4-12 按顺时针方向
转 90°，如图 4-13（a）所示。由于图中数值上小、
下大不符合常规，故再将图 4-13（a）上下翻转
180°，成为图 4-13（b），这样就得到了一张控制
图，具体说是单值（X）控制图，参见图 4-14。图
4-14 中的 UCL = $\mu+3\sigma$ 为上控制限，CL = μ 为中
心线，LCL = $\mu-3\sigma$ 为下控制限。

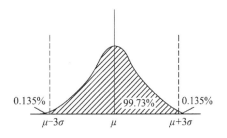

图 4-12　正态分布曲线下的面积

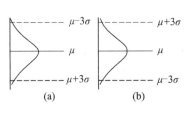

图 4-13　控制图的演变

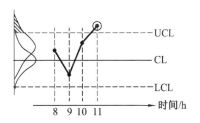

图 4-14　X 控制图

2. 控制图原理的第一种解释

控制纸塑袋密封的质量，每隔 1 h 随机抽取一个 1.5 cm 长的纸塑封口样品，测量其
剥离强度，在图 4-14 上描点，并用直线段将点连接，以便观察点的变化趋势。由
图 4-14 可看出，前 3 个点都在控制限内，但第 4 个点却超出了 UCL。为了醒目，把第 4
个点用小圆圈圈起来，表示第 4 个样品的剥离强度过大了，应引起注意。现在对这第 4
个点应做出什么判断呢？摆在我们面前的有两种可能性：

（1）若过程正常，即分布不变，则点超过 UCL 的概率只有 1‰左右。

（2）若过程异常，如设异常原因为磨具上有异物，则随着热封的进行，加工的封
口强度将逐渐变大，μ 逐渐增大，于是分布曲线上移，点超过 UCL 的概率将大为增加，
可能为 1‰的几十乃至几百倍。

现在第 4 个点已经超出 UCL，那么应为上述两种情形中的哪一种呢？由于情形（2）
发生的可能性要比情形（1）大几十乃至几百倍，故我们认为上述异常是由情形（2）
造成的。由此可得出结论：点出界就判异！

用数学语言来说，这就是小概率事件原理。小概率事件实际上不发生，若发生即判
断异常。控制图就是统计假设检验的图上作业法。在控制图上每描一个点就是做一次统
计假设检验。

3. 控制图原理的第二种解释

现在换个角度再来研究一下控制图原理。根据来源的不同，质量因素可分为人、
机、料、法、环、测 6 个方面。但从对产品质量的影响大小来分，质量因素可分为偶然
因素（简称偶因）与异常因素（简称异因，也称为可查明因素或系统因素）两类。偶
因是过程固有的，始终存在，对质量的影响微小，但难以除去，如制袋机开动时的轻微
振动等。异因则非过程固有，有时存在，有时不存在，对质量影响较大，但不难除去，

如磨具或垫圈磨损等。

偶因引起质量的偶然波动（简称偶波），异因引起质量的异常波动（简称异波）。偶波是不可避免的，但对质量的影响微小，故可把它看作背景噪声而听之任之。异波则不然，它对质量的影响较大，且采取措施不难消除，故在过程中异波及造成异波的异因是关注的重点，一旦发生，就要尽快采取措施加以消除，并纳入标准规范，保证不再出现。

偶波与异波都是产品质量的波动，如何发现异波？可以这样设想：假定在过程中，异波已经消除，只剩下偶波，这当然是最小波动。根据这个最小波动，应用统计学原理设计控制图相应的控制界限。当异波发生时，点就会落在界外，若点频频出界就表明存在异波。控制图上的控制界限就是区分偶波与异波的科学界限。

综上所述，控制图的实质是区分偶然因素与异常因素，要把质量波动区分为偶波与异波两类并分别采取不同的对待策略。

（六）控制图在贯彻预防原则中的作用

对于控制图在贯彻预防为主的原则中的作用可以按下述情形分别讨论：

（1）应用控制图对生产过程进行监控，如出现如图 4-15 所示的上升倾向，则显然过程有问题，故异因刚一露头，即可发现，并可以及时采取措施加以消除，这当然是预防，但现场较少出现这种情形。

（2）较常出现的是控制图上点突然出界，显示异常。这时必须按照"20 字方针"去做，即"查出异因，采取措施，加以消除，不再出现，纳入标准"。每执行一次这"20 字方针"，就消灭一个异因，于是对此异因而言，就起到了预防作用。不按这"20 字方针"执行，控制图就形同虚设。

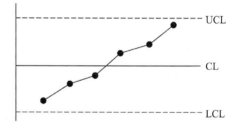

图 4-15　控制图点子形成倾向

控制图的作用是及时报警，但只在控制图上描点是不可能起到预防作用的。因此，要求现场第一线的工程技术人员推行 SPC 与 SPD，把执行上述"20 字方针"作为日常工作的一部分。

（七）稳态

（1）所有的控制都有一个标准作为基准，若过程不处于此基准的状态，则必须立即采取措施，将其恢复到此基准。统计过程控制（SPC）当然也采取一种标准（统计标准）作为其基准，这就是统计控制状态或稳态。

（2）统计控制状态简称控制状态，是指过程中只有偶因而无异因产生的变异状态。

（3）控制状态是生产追求的目标，因为在控制状态下有下列几大好处：

① 对产品质量有完全的把握。通常，控制图的控制界限都在规范界限之内，故至少有 99.73% 的产品是合格品。

② 生产也是最经济的。偶因和异因都可能造成不合格品，由偶因造成的不合格品极少，只有 2.7‰，不合格品主要是由异因造成的。故在受控状态下所生产的不合格品最少。

③ 在控制状态下，过程的变异最小。

（4）推行 SPC 能够保证实现全过程的预防。一道工序达到受控状态称为稳定工序，每道工序都达到受控状态称为全稳生产线。SPC 之所以能够保证实现全过程的预防，依靠的就是全稳生产线。

（八）两种错误

控制图对过程的监察是通过抽查来进行的，但抽查就不可能不存在差错。控制图通常会出现两种错误：

1. 第一种错误：虚发警报（False Alarm）

生产正常而点偶然超出界外，根据点出界就判异，于是就犯了第一种错误。通常犯第一种错误的概率记以 α，见图 4-16。第一种错误将造成寻找根本不存在的异因的损失。

2. 第二种错误：漏发警报（Alarm Missing）

过程已经异常，但仍会有部分产品其质

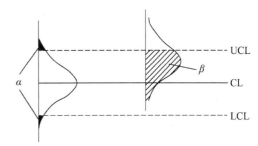

图 4-16　控制图的两种错误

量特性值的数值大小偶然位于控制界限内。如果抽取到这样的产品，点就会在界内，从而犯了第二种错误，即漏发警报。通常犯第二种错误的概率记以 β，见图 4-16。第二种错误将造成废次品增加的损失。

3. 如何减少两种错误所造成的损失

控制图共有三条线，一般正态分布的 CL 居中不动，UCL 与 LCL 互相平行，故只能改动 UCL 与 LCL 二者之间的间隔距离。从图 4-16 可见，若此间隔距离增加，则 α 减小，β 增大；反之则相反。故无论如何调整上下控制限的间隔，两种错误都是不可避免的。

解决办法是：根据使两种错误造成的总损失最小这一点来确定 UCL 与 LCL 二者之间的最优间隔距离。经验证明休哈特所提出的 3σ 方式较好，在不少情况下，3σ 方式都接近最优间隔距离。

（九）3σ 方式

3σ 方式的公式如下：

$$UCL = \mu + 3\sigma$$
$$CL = \mu$$
$$LCL = \mu - 3\sigma$$

式中，μ、σ 为统计量的总体参数。

这是休哈特控制图的总公式，真正应用时需要经过下列两个步骤：

（1）具体化。

（2）对总体参数进行估计。

要注意总体参数与样本参数不能混为一谈。总体包括过去已制成的产品、现在正在制造的产品以及未来将要制造的产品的全体，而样本只是过去已制成产品的一部分。故总体参数的数值是不可能精确知道的，只能通过已知的数据加以估计，而样本参数的数值则是已知的。

还必须注意，规范界限不能用作控制界限。规范界限用以区分合格与不合格，控制界限则用以区分偶波与异波，二者完全是两码事，不能混为一谈。

（十）常用的休哈特控制图

常用的休哈特控制图如表 4-13 所示（GB/T 4091）。分析表 4-13 可知，实质上只有四种控制图：$\bar{X}\text{-}s$ 图、$X\text{-}R_s$ 图、np_T 图、c_T 图。

表 4-13　常规控制图

分布	控制图代号	控制图名称	控制图界限	备注
正态分布（计量值）	$\bar{X}\text{-}R$	均值-极差控制图	$\text{UCL}_{\bar{X}} = \bar{\bar{X}} + A_2\bar{R}$ $\text{UCL}_R = D_4\bar{R}$ $\text{LCL}_R = D_3\bar{R}$	1. 正态分布的参数 μ 与 σ 互相独立，控制正态分布需要分别控制 μ 与 σ，故正态分布控制图都有两张控制图，前者控制 μ，后者控制 σ。二项分布与泊松分布则并非如此 2. $\bar{X}\text{-}R$ 图可由 $\bar{X}\text{-}s$ 图代替 3. Me-R 图可淘汰 4. 故只剩下 $\bar{X}\text{-}s$ 图与 $X\text{-}R_s$ 图
	$\bar{X}\text{-}s$	均值-标准差控制图	$\text{UCL}_{\bar{X}} = \bar{\bar{X}} + A_3\bar{s}$ $\text{UCL}_s = B_4\bar{s}$ $\text{LCL}_s = B_3\bar{s}$	
	Me-R	中位数-极差控制图	$\text{UCL}_{Me} = \bar{Me} + A_4\bar{R}$ $\text{UCL}_R = D_4\bar{R}$ $\text{LCL}_R = D_3\bar{R}$	
	$X\text{-}R_s$	单值-移动极差控制图	$\text{UCL}_X = \bar{X} + E_2\bar{R}_S$ $\text{UCL}_{R_S} = D_3\bar{R}_S$ $\text{LCL}_{R_S} = -D_4\bar{R}_S$	
二项分布（计件值）	p	不合格品率控制图	$\text{UCL}_p = \bar{p} + 3\sqrt{\bar{p}(1-\bar{p})/n}$	左列两图可由通用不合格品数 np_T 图代替
	np	不合格品数控制图	$\text{UCL}_{np} = \overline{np} + 3\sqrt{\overline{np}(1-\bar{p})}$	
泊松分布（计点值）	u	单位不合格数控制图	$\text{UCL}_u = \bar{u} + 3\sqrt{\bar{u}/u}$	1. 缺陷数现改称为"不合格数" 2. 左列两图可由通用不合格数 c_T 图代替
	c	不合格数控制图	$\text{UCL}_c = \bar{c} + 3\sqrt{\bar{c}}$	

（十一）分析用控制图与控制用控制图

一道工序开始应用控制图时，几乎总不会恰巧处于稳态，即总是存在异因。如果以这种非稳态状态下的参数来建立控制图，控制图界限之间的间隔一定较宽，以这样的控制图来控制未来，将会导致错误的结论。因此，开始时需要将非稳态的过程调整到稳态，这就是分析用控制图的阶段。等到过程调整到稳态后，才能延长控制图的控制线作为控制用控制图，这就是控制用控制图的阶段。根据使用目的的不同，控制图可分为分析用控制图与控制用控制图。

1. 分析用控制图

分析用控制图主要用于分析以下两点：

（1）所分析的过程是否为统计控制状态。

（2）该过程的过程能力指数（Process Capability Index）是否满足要求。

荷兰学者维尔达（S. L. Wievda）把过程能力指数满足要求称为技术稳态（State in Technical Control）。

由于 C_p 值必须在稳态下计算，故必须先将过程调整到统计稳态，然后再调整到技术控制状态。

根据统计控制状态与技术控制状态是否达到可以分为如表4-14所示的四种情况：

（1）状态 I：统计控制状态与技术控制状态同时达到，最理想。

（2）状态 II：统计控制状态未达到，技术控制状态达到。

（3）状态 III：统计控制状态达到，技术控制状态未达到。

（4）状态 IV：统计控制状态与技术控制状态均未达到，最不理想。

表4-14　控制图状态分类

技术控制状态		统计控制状态	
		是	否
技术稳态	是	I	II
	否	III	IV

由表4-14可见，从状态 IV 达到状态 I 的途径有两个：状态 IV ⇒ 状态 II ⇒ 状态 I，或状态 IV ⇒ 状态 III ⇒ 状态 I。究竟通过哪条途径应由具体的技术经济分析来决定。虽然从计算 C_p 值上讲，应该先达到状态 III，但有时为了更加经济，保持在状态 II 也是有的。当然，在生产线的末道工序一般以保持状态 I 为宜。显然，状态 IV 最不理想，也是现场所不能容忍的，需要加以调整，使之逐步达到状态 I。分析用控制图的调整过程即质量不断改进的过程。

2. 控制用控制图

当过程达到所确定的状态后，才能将分析用控制图的控制线延长作为控制用控制图。由于后者相当于生产中的立法，故由前者转为后者时应有正式交接手续。这里要用到判断稳态的准则（简称判稳准则），在稳定之前还要用到判断异常的准则（简称判异准则）。

在日常管理中，关键是保持所确定的状态。若经过一个阶段后可能又出现异常，这时应按照前面提到的"20字方针"去做调整，使之恢复到所确定的状态。

（十二）休哈特控制图的设计思想

休哈特控制图的设计思想是先定 α，再看 β。

（1）按照 3α 方式确定 UCL、CL、LCL，就等于确定 $\alpha_0 = 0.27\%$。

（2）通常的统计一般采用 $\alpha = 1\%$，5%，10% 三级。但休哈特为了增加使用者的信心，把休图的 α 取得特别小（α 取为零是不可能的，事实上若 α 取零，则 UCL 与 LCL

之间的间隔将为无穷大，从而 β 为1，必然漏报），这样 β 就大，需要增加第二类判异准则，即界内点排列不随机判异。

（十三）判稳准则

1. 判稳准则的思路

对于判异来说，"点出界就判异"虽不是百发百中，也是千发九百九十七中，相对可靠。但在控制图上如一个点未出界，可否判稳？正常情况下一个点未出界有两种可能：一是过程稳定，二是漏报（这里由于 α 小，所以 β 大）。故一个点未出界不能立即判稳。但若连续 m（$m \gg 1$）个点都未出界，则情况就大不相同，这时整个点系列的 $\beta_{总} = \beta^m$ 要比个别点的 β 小很多，可以忽略不计。于是只剩下一种可能，即过程稳定。如果连续在控制界内的点更多，则即使有个别点偶然出界，过程仍可看作是稳态的。上述就是判稳准则的思路。

2. 判稳准则的内容

在点随机排列的情况下，符合下列情况之一即可判稳：

（1）连续25个点，界外点数 $d = 0$。

（2）连续35个点，界外点数 $d \leq 1$。

（3）连续100个点，界外点数 $d \leq 2$。

3. 分析上述判稳准则的 α

判稳准则也是对随机现象加以判定，故也可能发生两种错误。以上述判稳准则（2）为例分析该准则的 α，即 α_2。

设过程正常，则

$$P\ (连续35点，d \leq 1) = \binom{35}{0}\ (0.997\ 3)^{35} + \binom{35}{1}\ (0.997\ 3)^{34}\ (0.002\ 7)$$
$$= 0.995\ 9$$

$P\ (连续35点，d > 1) = 1 - P\ (连续35点，d \leq 1) = 1 - 0.995\ 9 = 0.004\ 1 = \alpha_2$

上式表示，在过程正常的情况下，连续35点出现 $d > 1$ 是小概率事件，实际上不发生，若发生即判断过程不稳（失控）。α_2 就是执行第（2）条判稳准则犯第一种错误的概率，也称为显著性水平。类似情况下可求出 α_1 与 α_3。

于是有 $\alpha_1 = 0.065\ 4$，$\alpha_2 = 0.004\ 1$，$\alpha_3 = 0.002\ 6$。

由于 α_1 要比 α_2、α_3 大得多，有的专家认为，应将第一条判稳准则舍去，但 GB/T 4091 标准并未这样要求，这显然是考虑了经济因素的缘故。

（十四）判异准则

判异准则有两类：① 点出界就判异；② 界内点排列不随机判异。

由于点的数目未加限制，故后者的模式原则上可以有无穷多种，但现场保留下来继续使用的只有具有明显物料意义的若干种，在控制图的判断中要注意对这些模式加以识别。

GB/T 4091 标准规定了常规控制图的 8 种判异准则：

准则1：1 个点落在 A 区以外（图4-17）。

在许多应用中，准则1甚至是唯一的判异准则。准则1可对参数 μ 的变化或参数 σ

的变化给出信号，变化越大，则给出信号越快。准则 1 还可以对过程中的单个失控做出反应，如计算错误、测量误差、原材料不合格、设备故障等。准则 1 犯第一种错误的概率（或称显著性水平）记为 $\alpha_0 = 0.0027$。

准则 2：连续 9 个点落在中心线同一侧（图 4-18）。

此准则是为了补充准则 1 而设计的，以改进控制图的灵敏度。选择 9 个点是为了使其犯第一种错误的概率 α 与准则 1 的 $\alpha_0 = 0.0027$ 大体相仿。出现如图 4-18 所示准则 2 的现象，主要是分布的 μ 减小的缘故。

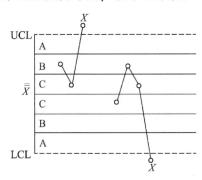

图 4-17　准则 1 的图示

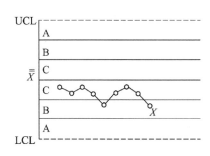

图 4-18　准则 2 的图示

准则 3：连续 6 个点递增或递减（图 4-19）。

此准则是针对过程平均值的趋势进行设计的，它判定过程平均值的较小趋势要比准则 2 更为灵敏。产生趋势的原因可能是工具逐渐磨损、维修逐渐变坏、操作人员技能逐渐提高等，从而使得参数 α 随着时间而变化。

准则 4：连续 14 个点中相邻点上下交替（图 4-20）。

出现这种现象是由于轮流使用两台设备或由两位人员轮流进行操作而引起的系统效应。实际上这是存在一个数据分层不够的问题。选择 14 个点是通过统计模拟试验而得出的，以使其 α 大体与准则 1 的 $\alpha_0 = 0.0027$ 相当。

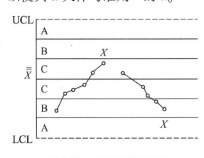

图 4-19　准则 3 的图示

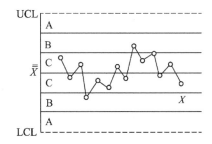

图 4-20　准则 4 的图示

准则 5：连续 3 个点中有 2 个点落在中心线同一侧的 B 区以外（图 4-21）。

过程平均值的变化通常可由本准则判定，它对于变异的增加也较灵敏。这里需要说明：3 个点中的 2 个点可以是任何 2 个点，第 3 个点可以在任何处，甚至可以根本不存在。出现准则 5 的现象是由于分布的参数 μ 发生了变化。

准则 6：连续 5 个点中有 4 个点落在中心线同一侧的 C 区以外（图 4-22）。

与准则 5 类似，第 5 个点可在任何处。本准则对于过程平均值的偏移也是较灵敏的。出现这种现象也是由于参数 μ 发生了变化。

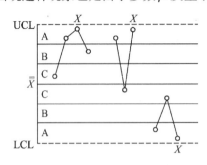

图 4-21　准则 5 的图示

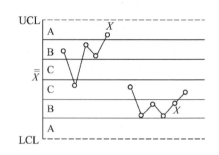

图 4-22　准则 6 的图示

准则 7：连续 15 个点在 C 区中心线上下（图 4-23）。

出现这种现象是由于参数 σ 变小。对这种情况不要被它良好的"外貌"所迷惑，而应注意它的非随机性，造成这种现象的原因可能是数据虚假或数据分层不够等。

准则 8：连续 8 个点在中心线两侧，但无一在 C 区中（图 4-24）。

造成这种现象的主要原因是数据分层不够，本准则即为此而设计。

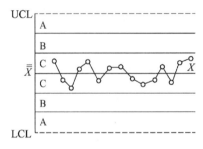

图 4-23　准则 7 的图示

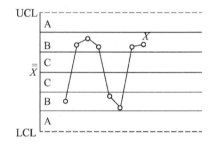

图 4-24　准则 8 的图示

（十五）局部问题对策与系统改进

1. 局部问题对策

由异因造成的质量变异可由控制图发现，通常由过程人员负责处理，称为局部问题的对策。这类问题约占过程问题的 15%。虽然局部问题只占 15%，但是一个系统早期出现的问题却往往是局部问题。

2. 系统改进

由偶因造成的质量变异可通过分析过程能力来发现，但其改善往往需要耗费大量资金，须由高一级管理人员决定，称为系统改进。这类问题约占过程问题的 85%。

二、密封过程质量控制的统计学原理应用

在无菌医疗器械屏障系统中吸塑包装成型是一个比较典型的工艺，下面以吸塑包装成型产品的封口强度为例说明理论知识的相关应用。

（1）步骤 1：确定控制对象为 5 mL 注射器吸塑包装成型后的热封强度。

选择控制对象的原则：

① 选择技术上最重要的。

② 如果指标之间有因果关系，选择因变量。

③ 控制对象要明确，并为业内广泛理解和接受。

④ 控制对象必须能以数字来表示。

⑤ 控制对象要容易测量并容易采取措施改进。

（2）步骤2：取预备数据。

按 8 h 一个班的封口数据做统计学分析，每隔 20 min 采集一组样，一共采集 25 组，每组样采集 5 个数据，5 个数据采集时间间隔应尽量短。

取预备数据的原则：

① 至少取 25 组［根据判稳准则（1）］。

② 根据国家规范推荐量，样本量为 4 或 5。

③ 合理子组原则：组内差异只由偶因造成，组间差异主要由异因造成。前半句的意思是为保证控制图上、下控制界限的间隔距离 6σ 为最小，从而对异因能及时发出统计信号。在取样本组时应在短间隔内取，避免异因进入。后半句的意思是为了方便发现异因，在过程不稳、变化激烈时应多取样本，而在过程平稳时少取样本。

（3）步骤3：计算 $\overline{X}_i$、R_i。

$\overline{X}_i$ 是 5 个数据的平均值，R_i 是极差（5 个数据中最大值与最小值的差），如表4-15所示。

表 4-15　数据与 $\overline{X}$-R 图计算表　　　单位：N/15 mm

序号	观测值					$\sum\limits_{j=1}^{5} X_{ij}$	$\overline{X}_i$	R_i	备注
	X_{i1}	X_{i2}	X_{i3}	X_{i4}	X_{i5}				
1	1.540	1.740	1.640	1.660	1.620	8.200	1.640	0.200 0	
2	1.660	1.700	1.620	1.660	1.640	8.280	1.656	0.080 00	
3	1.680	1.660	1.600	1.620	1.600	8.160	1.632	0.080 00	
4	1.680	1.640	1.700	1.640	1.660	8.320	1.664	0.060 00	
5	1.530	1.650	1.620	1.650	1.670	8.120	1.624	0.140 0	
6	1.640	1.580	1.620	1.720	1.680	8.240	1.648	0.140 0	
7	1.670	1.690	1.590	1.750	1.650	8.350	1.670	0.160 0	
8	1.580	1.600	1.620	1.640	1.660	8.100	1.620	0.080 00	
9	1.560	1.620	1.640	1.520	1.640	7.980	1.596	0.120 0	
10	1.740	1.620	1.620	1.560	1.740	8.280	1.656	0.180 0	
11	1.680	1.740	1.660	1.600	1.660	9.340	1.668	0.140 0	
12	1.480	1.600	1.620	1.640	1.700	8.040	1.608	0.220 0	
13	1.650	1.590	1.470	1.530	1.510	7.750	1.550	0.180 0	超出 $\overline{X}$ 图下控界

续表

序号	观测值					$\sum_{j=1}^{5} X_{ij}$	$\overline{X}_i$	R_i	备注
	X_{i1}	X_{i2}	X_{i3}	X_{i4}	X_{i5}				
14	1.640	1.660	1.640	1.700	1.640	8.280	1.656	0.060 00	
15	1.620	1.580	1.540	1.680	1.720	8.140	1.628	0.180 0	
16	1.580	1.620	1.560	1.640	1.520	7.920	1.584	0.120 0	
17	1.510	1.580	1.540	1.810	1.680	8.120	1.624	0.300 0	超出 R 图上控界
18	1.660	1.660	1.720	1.640	1.620	8.300	1.660	0.100 0	
19	1.700	1.700	1.660	1.600	1.600	8.260	1.652	0.100 0	
20	1.680	1.600	1.620	1.540	1.600	8.040	1.608	0.140 0	
21	1.620	1.640	1.650	1.690	1.530	8.130	1.626	0.160 0	
22	1.660	1.600	1.700	1.720	1.580	8.260	1.652	0.140 0	
23	1.720	1.640	1.590	1.670	1.600	8.220	1.644	0.130 0	
24	1.740	1.640	1.660	1.570	1.620	8.230	1.646	0.170 0	
25	1.510	1.600	1.640	1.580	1.700	8.030	1.606	0.190 0	
					累计		40.82	3.570	
					均值		1.633	0.142 8	

（4）步骤4：计算样本总均值 $\overline{\overline{X}}$ 与平均样本极差 $\overline{R}$。

由于 $\sum \overline{X}_i = 4\,082.2$，$\sum R_i = 357$，参见表4-15末行，故

$$\overline{\overline{X}} = 1.633，\overline{R} = 0.142\,8$$

（5）步骤5：计算 R 图控制线并作图。

先计算 R 图的参数。从表4-15可知，样本大小 $n = 5$，则 $D_4 = 2.114$，$D_3 = 0$，代入 R 图的公式，得

$$\mathrm{UCL}_R = D_4 \overline{R} = 2.114 \times 0.142\,8 = 0.301\,9$$

$$\mathrm{CL}_R = \overline{R} = 0.142\,8$$

$$\mathrm{LCL}_R = D_3 \overline{R} = 0$$

（6）步骤6：将数据点绘在 R 图中，判稳。

若稳，则进行步骤7；若不稳，则执行"20字方针"后转入步骤2重新开始。

如图4-25所示，R 图可判稳。

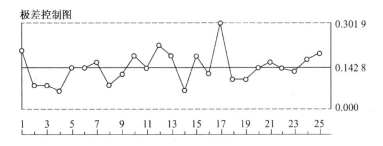

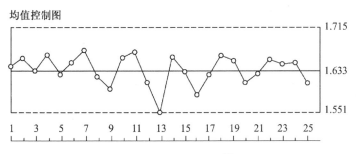

图 4-25　本例的第一次 $\overline{X}$-R 图

（7）步骤 7：建立 $\overline{X}$ 图。将数据点绘在 $\overline{X}$ 图中，判稳。

若稳，则进行步骤 8；若不稳，则执行"20 字方针"后转入步骤 2 重新开始。

由于 $n = 5$，则 $A_2 = 0.577$，再将 $\overline{\overline{X}} = 1.633$，$\overline{R} = 0.1428$ 代入 $\overline{X}$ 图的公式，得

$$\mathrm{UCL}_{\overline{X}} = \overline{\overline{X}} + A_2 \overline{R} = 1.633 + 0.577 \times 0.1428 \approx 1.715$$

$$\mathrm{CL}_{\overline{X}} = \overline{\overline{X}} = 1.633$$

$$\mathrm{LCL}_{\overline{X}} = \overline{\overline{X}} - A_2 \overline{R} = 1.633 - 0.577 \times 0.1428 \approx 1.551$$

可见，第 13 组的 $\overline{X}$ 值为 1.550，小于 $\mathrm{LCL}_{\overline{X}}$，故过程的均值失控。经调查其原因后，改进模具，并采取措施防止这种现象再次发生。然后去掉第 13 组数据，再重新计算 R 图与 $\overline{X}$ 图的参数。此时

$$\overline{R}' = \frac{\sum R}{24} = \frac{3.570 - 0.1800}{24} = \frac{3.390}{24} = 0.14125 \approx 0.1413$$

$$\overline{\overline{X}}' = \frac{\sum \overline{X}}{24} = \frac{40.82 - 1.550}{24} \approx 1.636$$

代入 R 图与 $\overline{X}$ 图的公式，得

$$\mathrm{UCL}_R = D_4 \overline{R}' = 2.114 \times 0.14125 = 0.2986$$

$$\mathrm{CL}_R = \overline{R}' = 0.14125 \approx 0.1413$$

$$\mathrm{LCL}_R = D_3 \overline{R}' = 0$$

由表 4-15 可见，R 图中第 17 组 $R = 0.3000$ 出界。于是再次执行"20 字方针"后舍去第 17 组数据，重新计算如下：

$$\overline{R}'' = \frac{\sum R}{23} = \frac{3.390 - 0.3000}{23} = \frac{3.090}{23} \approx 0.1343$$

$$\overline{\overline{X}}'' = \frac{\sum \overline{X}}{23} = \frac{39.272 - 1.624}{23} = \frac{37.65}{23} \approx 1.637$$

$$\mathrm{UCL}_R = D_4 \overline{R}'' = 2.114 \times 0.134\,3 \approx 0.283\,9$$

$$\mathrm{CL}_R = \overline{R}'' = 0.134\,3$$

$$\mathrm{LCL}_R = D_3 \overline{R}'' = 0$$

由表 4-15 可见，R 图可判稳。于是计算 $\overline{X}$ 图如下：

$$\mathrm{UCL}_{\overline{X}} = \overline{\overline{X}}'' + A_2 \overline{R}'' = 1.637 + 0.577 \times 0.134\,3 \approx 1.714$$

$$\mathrm{CL}_{\overline{X}} = \overline{\overline{X}}'' = 1.637$$

$$\mathrm{LCL}_{\overline{X}} = \overline{\overline{X}}'' - A_2 \overline{R}'' = 1.637 - 0.577 \times 0.134\,3 \approx 1.559$$

将其余 23 组样本的极差值与均值分别打点于 R 图与 $\overline{X}$ 图上（图 4-26），根据判稳准则，可知此时过程的变异度与均值均处于稳态。

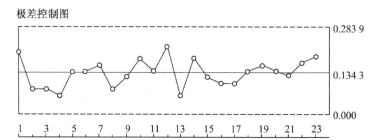

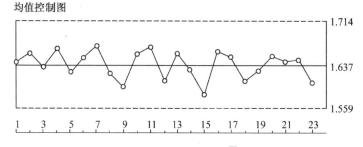

图 4-26　本例的第二次 $\overline{X}$-R 图

（8）步骤 8：计算过程能力指数，与规范进行比较。

如果过程能力指数满足技术或规范要求，则转入步骤 9。

如果过程能力指数不能满足技术或规范要求，则需要调整过程直至过程能力指数满足技术或规范要求。

假如已经给定规范界为：$T_L = 1.5$ N/15 mm，$T_U = 3.0$ N/15 mm，现应用全部预备数据作直方图并与规范进行比较，见图 4-26。

由图 4-26 可见，数据的分布与规范界相比较有较多的余量。因此，虽然其平均值并未对准规范界中心，不加以调整问题也不会太大。若加以调整，则还可提高过程能力指数，降低不合格品率，或者也可从技术角度出发考虑适当减小规范界范围。当然，若加以调整则需要重新计算相应的 $\overline{X}$-R 图。

如果过程的平均值没有偏移，则按以下公式计算：

$$C_p = \frac{USL - LSL}{6\sigma}$$

其中，USL 为规范上限，为 2.0；LSL 为规范下限，为 1.5；σ 为样本标准差。
方差统计表如表 4-16 所示。

表 4-16　方差统计表

序号	$(\overline{X}_i - \overline{\overline{X}}'') \times 10^2$	$(\overline{X}_i - \overline{\overline{X}}'') \times 10^4$	序号	$(\overline{X}_i - \overline{\overline{X}}'') \times 10^2$	$(\overline{X}_i - \overline{\overline{X}}'')^2 \times 10^4$
1	$164.0 - 163.7 = 0.3$	0.09	14	$165.6 - 163.7 = 1.9$	3.61
2	$165.6 - 163.7 = 1.9$	3.61	15	$162.8 - 163.7 = -0.9$	0.81
3	$163.2 - 163.7 = -0.5$	0.25	16	$158.4 - 163.7 = -5.3$	28.09
4	$166.4 - 163.7 = 2.7$	7.29	17	$162.4 - 163.7 = -1.3$（不统计）	
5	$162.4 - 163.7 = -1.3$	1.69	18	$166.0 - 163.7 = 2.3$	5.29
6	$164.8 - 163.7 = 1.1$	1.21	19	$165.2 - 163.7 = 1.5$	2.25
7	$167.0 - 163.7 = 3.3$	10.89	20	$160.8 - 163.7 = -2.9$	8.41
8	$162.0 - 163.7 = -1.7$	2.89	21	$162.6 - 163.7 = -1.1$	1.21
9	$159.6 - 163.7 = -4.1$	16.81	22	$165.2 - 163.7 = 1.5$	2.25
10	$165.6 - 163.7 = 1.9$	3.61	23	$16420 - 163.7 = -0.7$	0.49
11	$166.8 - 163.7 = 3.1$	9.61	24	$164.6 - 163.7 = 0.9$	0.81
12	$160.8 - 163.7 = -2.9$	8.41	25	$160.6 - 163.7 = -3.1$	9.61
13	$155.0 - 163.7 = -8.7$（不统计）		和		129.19

$$\sigma = \sqrt{\frac{129.19 \times 10^{-4}}{23}} = 0.023\,70$$

$$C_p = \frac{2.0 - 1.5}{6 \times 0.023\,7} = 3.516$$

如果过程的平均值是偏移的，则按以下公式计算：

$$C_{pk} = \frac{CSL - X}{3\sigma}$$

其中，CSL 为最近规范极限上限或下限，为 2.0；$\overline{\overline{X}}''$为过程均值，为 1.637。

$$C_{pk} = \frac{2.0 - 1.637}{3 \times 0.023\,7} = 5.105$$

当使用规范极限上限或下限计算出来的 C_{pk} 实际应该叫 P_{pk}。C_{pk} 值举例见表 4-17。

表 4-17 C_{pk} 值举例

状况	C_{pk}	Sigma 水平（σ）	过程良率	过程不良率（ppm）
—	0.33	1	68.27%	317 311
—	0.67	2	95.45%	45 500
—	1.00	3	99.73%	2 700
目标	1.33	4	99.99%	63
更好	1.67	5	99.999 9%	1
最好	2.00	6 +	99.999 999 8%	0.002

（9）步骤 9：延长上述 $\overline{X}$-R 图的控制线，对工序进行日常控制。

每日观察，均值偏差 ≥ 1.5σ 时判异，每日计算 σ。

$$\sigma^2 = \frac{1}{n-1} \sum_{i=1}^{n} (\overline{X}_i - \overline{\overline{X}}'')^2$$

$$n = \frac{\text{UCL}_{\overline{X}} - \text{LCL}_{\overline{X}}}{2\sigma}$$

满足下列条件时说明过程能力达到 6σ 的统计学管理水平：

$$6\sigma < \frac{\text{UCL}_{\overline{X}} - \text{LCL}_{\overline{X}}}{2}$$

封口强度的规范要求是下限要求，统计学的下限 LCL 可以大于或等于规范下限 LSL（1.5 N/15 mm），但不能小于规范下限。当 LCL = LSL 时，技术或规范控制稳态和统计稳态重合，这种情况是极难遇到的，必须在满足统计稳态的前提下才能计算 C_{pk}，通过 C_{pk} 检查统计稳态满足技术或规范的程度，并最终比较这一程度是否达到可接收水平。

$$n = \frac{\text{UCL}_{\overline{X}} - \text{LCL}_{\overline{X}}}{2\sigma}$$

对于不同的 n，查图 4-27 可知产品的不良率。

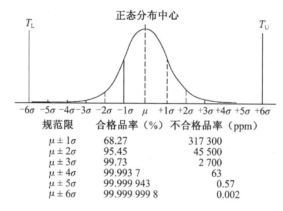

图 4-27 正态分布中心与规范中心重合时 $\overline{X}$ 超出规范限 $\mu \pm k\sigma$ 的不合格品率

可以看出，C_{pk} 导出更大的指导意义是 PQ 的过程，它和 SPC 是两回事。计算 C_{pk} 的上限 USL 和下限 LSL 是指规范的上限和下限，规范的上限和下限是根据试验结果人为制定或根据标准制定的。SPC 是一定要计算出 UCL 和 LCL 的，而 SPC 过程的上限 UCL 和下限 LCL 是由运行的数据按统计学原理计算出来的。当无法确定过程是否进入统计学稳态，在这种情况下计算出来的 C_{pk} 也就没有任何指导意义。当计算出 UCL 和 LCL 并确认过程进入统计学稳态以后，只要 LCL 大于或等于 LSL 且 UCL 小于或等于 USL 时，过程一定优于 C_{pk} 计算的结果，因此 USL 和 LSL 就像高速公路两面的护栏，是绝对不能触碰的，而 UCL 和 LCL 则是行车道的白线，这个白线的边缘应小于护栏的宽度。如对小件的环氧乙烷灭菌的技术要求可以制定为大于 1.5 N/mm 且小于 3.0 N/mm，大件的蒸汽灭菌的技术要求可能要制定为大于 3.5 N/mm 且小于 6.5 N/mm 等。

无菌医疗器械包装成型
设备和过程确认

无菌包装机械是指为实现无菌包装目的而采用的能完成全部或部分包装过程的机械。有许多形式的无菌屏障系统用于无菌医疗器械的包装（本章不讨论无菌液路的包装）。

第一节　包装成型设备种类简介

一、封口机

无菌医疗器械包装的质量在很大程度上取决于封口的质量，封口的好坏将直接影响无菌屏障系统的有效性和产品的外观。因此，封口设备至关重要。

按加热原理和封口方式的不同，封口机可分为以下几种类型：

1. 热板式加压封合

封口板采用电加热，包装袋放在下模上，封口板下降实现加热加压封口。这种形式的封口机理论上可用于第四章第二节中描述的第一到第四种形式的封口，封口质量较好，但效率较低。

2. 热辊式/环带式加压封合

热辊或环带采用电加热，包装袋送入滚轮或环带间，在输送的过程中被加热封口。这种形式的封口机一般用于薄膜袋的封口，封口质量一般，但效率较高。

3. 脉冲式/高频式加热封合

封口板采用瞬间大电流脉冲加热，或通以高频电流并利用包材的感应阻抗使其发热，同时适当加压实现封口。这种形式的封口机主要用于易受热变形或分解的薄膜袋或底盘和盖的封口。

二、泡罩包装机

泡罩包装机（Blister Packaging Machine）是指以塑料薄膜或薄片形成泡罩，用热封合、黏合等方法将产品封合在泡罩内的机器，用于第四章第二节中描述的第五种形式的包装（FFS）。

从总体结构及工作原理上划分，泡罩包装机一般可以分为三大系列：

1. 辊式泡罩包装机

泡罩成型模具、热封模具和步进装置均为辊筒型，真空成型。辊式泡罩包装机适用于小口径、小拉伸比、简单形状的硬片（PVC/PET 等）包装，如药片包装。

2. 辊板式泡罩包装机

泡罩成型模具为板式结构，热封模具仍为辊筒型，是辊式泡罩包装机的变种，适用于略大型腔的硬片包装，如胶囊、大片剂药品等。

3. 平板式泡罩包装机

泡罩成型模具与热封模具均为平板式，包材间断式送进，可正负压复合成型，对包装规格的适应性强，排列灵活，成型面积大，可进行大拉伸比及复杂型腔的成型与包装，其结构如图5-1所示。

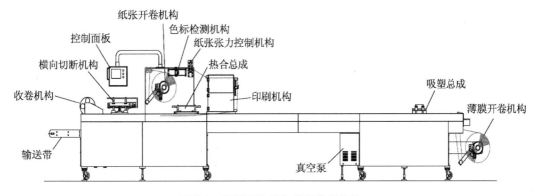

图 5-1　平板式泡罩包装机典型结构

平板式泡罩包装机由于其成型的灵活性和填料的方便性，广泛用于一次性医疗产品（如注射器、注射针、输液器、输血袋、纱布片、手术巾、绷带等）的包装，也可用于食品、纺织品、药品、玩具、牙刷等产品的包装。

三、四面封包装机

四面封包装机的上下层包装材料连续送进，无成型工位，热封模具为平板式，上下层包材中间放入薄片状的产品。四面封包装机只能包装扁平状的器械，如单层纱布片。

第二节　平板式泡罩包装设备性能评价

平板式泡罩包装机根据底层包材的送进方式不同，可以分为有夹持链牵引型和无夹持链牵引型。无夹持链型为早期的产品，只能用于硬膜。由于其底膜的送进是由一对夹爪夹住片材后做往复运动送进，步进精度低，尤其不适合需要经常停机的工况，且设备的各个工位均为机械联动，工艺参数不能自由设置，目前已逐步被有夹持链牵引的机型所替代。下面重点对有夹持链牵引的平板式泡罩包装机进行性能分析及评价。

一、薄膜的夹持

薄膜被夹持后应平整、紧绷、无皱纹、无变形，链夹应全部夹持住薄膜，无破损、无异物。夹持链为位于包材两侧的两根带夹子的链条，夹子朝向设备内侧，用于夹持底层包材的边缘。也有极少数设备采用一根夹持链以实现单侧夹持牵引，这种方式当产品型腔形状略为复杂时容易脱模而不可靠，且由于成型及封合处温度的影响，包材的收缩将导致型腔间距不准确，故不推荐选用。

底层包材开卷后被夹持链牵引，并由伺服电机驱动依次通过各工位，在此过程中包材应平整、紧绷，不得有皱纹等影响成型质量的缺陷。夹持链的精度和可靠性在很大程度上影响包装机工作的稳定性及产品外观。

1. 夹持链的结构

各种夹持链的结构如图 5-2 所示。常规设备使用的夹持链的夹子可以打开约 3 mm。当使用的包材较厚较硬时，需选用后仰式夹持链，其夹子在张开时可以向后仰，方便包材的咬入。通常情况下，当使用的软膜厚度大于 0.2 mm 时，建议选用后仰式夹持链；当底膜使用硬质片材（PVC、PET、PS）时，也需选用后仰式夹持链。

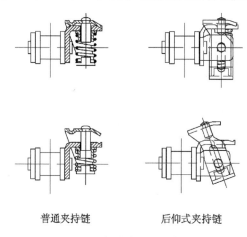

普通夹持链　　　　　　　后仰式夹持链

图 5-2　各种夹持链的结构

2. 步进精度

一般夹持链的节距为 12.7 mm 或 15.875 mm，设备长度为 7 m 左右，单根夹持链的长度为 13 ~ 14 m，节数在 1 000 节以上。当夹持链磨损后，节距将变长，上千节的误差积累导致实际送进长度比设定长度要长，而且链条节距的磨损是不均匀的，导致的结果是成型后的泡罩走到封合工位时发生周期性的前后偏移。即便是新链条，节距误差也是客观存在的，因此这个偏移量是不可避免的。新机器泡罩的漂移量应不大于 ±1 mm，使用几年后当漂移量达到 ±2 ~ ±3 mm 后，应考虑更换链条。

由此可见，夹持链的节距精度控制非常重要。夹持链有中国大陆产、中国台湾产、日本产、欧洲产等。目前中国大陆产的夹持链经过多年的改进，可以基本满足软膜使用要求，是相对经济实用的选择。中国台湾产的夹持链一般选用后仰式机构，夹爪开合动作比中国大陆产的夹持链可靠，主要用于硬片包装。日本及欧洲产的夹持链则是更高端的选择。

二、开卷机构

开卷机构应确保包材在开卷过程中始终保持张紧，包材应能做轴向调整，在工作过程中包材不得有轴向的窜动，刹车机构应能将包材可靠制动，并不应有较大的抖动。

开卷机构分为薄膜开卷机构和纸张开卷机构（图5-3），两者结构基本相同。开卷机构负责将卷筒纸或薄膜开卷并始终保持张紧。当走纸时摇臂升起，刹车气缸松开，使纸卷/膜卷能随着辊筒转动，完成开卷；走纸过程完成后，摇臂落下，刹车气缸动作刹住辊筒，使纸卷/膜卷停止转动，同时摇臂张紧纸张或薄膜，刹车应可靠柔和。包材在最大卷时应能被可靠制动，同时又应有适度的缓冲行程以防止包材抖动造成夹膜故障或对版故障等可靠性问题。

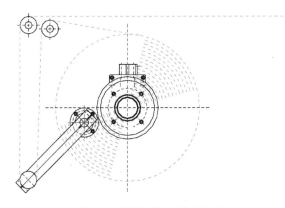

图5-3　纸张开卷机构示意图

纸卷或膜卷固定在开卷轴上，固定方式有两端顶紧型、手动涨紧型（图5-4）、气动涨紧型（图5-5）等。前两种方式为手动固定纸卷，与气动涨紧型相比稍有不便。开卷轴还需具备一个重要功能，即包材的轴向位置微调能力。由于包材本身切割、卷制的误差，即使每次都安装在固定的位置，还是需要对其轴向位置进行微调，以确保设备工作正常。由于机构设计的原因，手动固定型都可以实现轴向微调功能，而气动涨紧型需较复杂的结构才能实现此功能。目前经济型的设备若采用气涨轴结构，往往不具备轴向微调功能，实际工作时需要放气后用手推动纸卷，调整不方便。

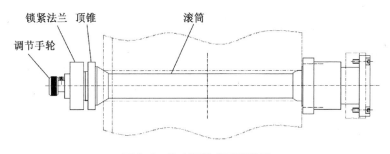

图5-4　锥度顶紧式开卷滚筒

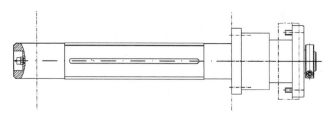

图 5-5　气涨轴式开卷滚筒

三、成型工位

薄膜成型后，泡罩形状应符合设计尺寸，厚度应均匀，泡罩不得出现收缩变形，薄膜应无破损、无异物。

成型工位负责将薄膜成型至预定的形状，包括加热机构、成型模具、升降机构及真空机构等（图5-6）。吸塑模具装在升降机构上，气缸驱动升降机构升起，使模具紧压在加热机构上，薄膜处于加热机构与模具之间；真空泵在模具内抽真空，同时薄膜上方附加吹气，使薄膜在短时间内成型至模具内型腔的形状。吸塑总成应可在机架上移动，以适应不同包装规格的要求。

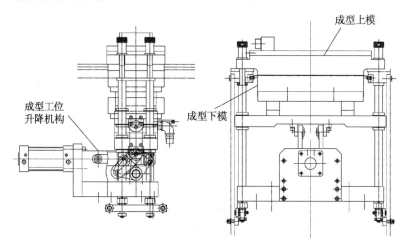

图 5-6　成型工位示意图

常规的设备采取上加热方式，也可选用下加热、上下夹持加热、带加热的预冲成型等方式（图5-7）。上加热一般用于软膜简单型腔的成型，如注射器、纱布等包装。加热板在成型模具的上方，先将薄膜向上吸在加热板上加热，然后直接向下吸塑成型。这种成型方式结构简单，工艺参数调整方便，成本较低，但是薄膜成型后的厚度均匀性较差，型腔底部四角处是最薄的位置。影响上加热方式成型效果的因素除了模具设计外，可调整的参数包括加热温度、加热时间、成型时间，前两个参数对成型效果影响较大，可通过极值法确定工艺参数区间。

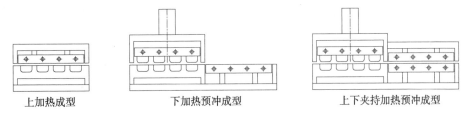

图 5-7　常规设备的加热形式

当型腔较复杂或拉伸比例较大时（如绷带包装），可以采用预冲成型的方式，即在吸塑前先用配套的冲头将加热过的薄膜向下冲到一定的深度，然后再吸塑成型。预冲的目的是将型腔的侧面材料拉薄，以增加底部的厚度。预冲结构决定了必须采用下加热的方式，以腾出成型模具上方的空间给冲头用。预冲成型的型腔厚度比较均匀，通过调整冲头冲入的深度，可以调节型腔各部位的薄膜厚度，甚至可以做到底部比侧面更厚。预冲成型可调整的参数有：薄膜加热温度、薄膜加热时间、薄膜送进速度、冲头加热温度、冲头冲入深度、冲头冲入速度、成型时间。由于影响成型效果的参数较多，很难通过极值法确定工艺参数区间，只能固定加热温度、时间、送进速度等参数以方便确定工艺参数区间，同时需尽量确保设备供气、供电、供水的充足稳定。当包材厚度大于0.3 mm时，需采用上下夹持加热的方式，以改善加热的均匀性。

四、封合工位

泡罩封合处应无破损，纸张平整，网纹清晰均匀，撕开后封合面应完整，纸张不得破损，无碎屑，无撕裂，无肉眼可见的空洞等缺陷。

封合工位负责将上层纸张与下层薄膜加热加压黏合。封合工位包括加热机构、加压机构、热合模具、升降机构等（图 5-8）。热合模具装在升降机构上，气缸驱动升降机构升起，使模具贴住薄膜；加压机构将一定形状的加热板紧压住模具，纸张与薄膜处于加热板与模具之间，热量及压力使纸张与薄膜按设计的位置黏合。

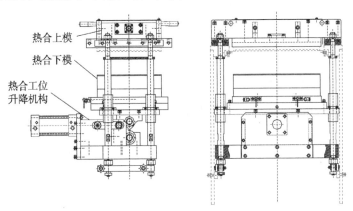

图 5-8　封合工位示意图

加压机构有两种，即气囊式和气缸式。压力等于气压乘以作用面积，因此气囊式具有大压力、短行程的特点，更适合用于封合工位的加压。

常规设备上方为固定的加热板，热合下模的下面布置气囊机构，升降机构升直后气囊机构加压，将热合下模紧压在上方的压板上完成封口。有些场合（如真空包装）需将气囊机构放到热合上模内，即热合下模升起后不动，热合上模在气囊的驱动下下压完成封口，此时需关注气囊机构的隔热处理（图5-9）。

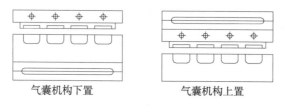

气囊机构下置　　　　　　气囊机构上置

图 5-9　气囊机构示意图

升降机构有单连杆型、双连杆型、四连杆型。其中刚性最好、成本最高、工作最可靠的为四连杆升降机构，机构升降时有4组连杆同时曲升，连杆升直后机构可以承受8 t以上的压力（图5-10）。

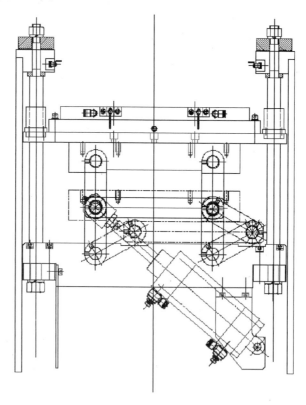

图 5-10　四连杆升降机构示意图

五、对版机构

对版机构负责完成包装纸的对版检测，确保印刷内容与包装切割一一对应，包括色标传感器、导轨等。色标传感器可在导轨上做两轴移动，调整传感器至正确位置，以后在走纸过程中控制系统便能每次判读色标，完成对版包装。

对版包装时，纸张走动应平稳，不得出现抖动，否则将导致色标传感器的误动作。同时，应确保色标传感器的正确安装及设定。

纸张印刷的误差以及环境温度、湿度造成纸张长度的变化，导致对版包装时型腔在封口模具内的漂移。当纸卷由大卷变为小卷时，漂移量会变大，一旦超过模具的设计允许误差，就需要调整模具的位置。这些误差可以通过印刷工艺的改善及环境控制加以减小，但是不可消除。

值得一提的是，目前国内有的生产厂家的包装机上已安装了纸张张力控制机构，其核心是一套与色标检测机构配合动作的纸张制动机构。在走纸过程中，在不同的时间点动作，从而调整顶层包材的张力。调整张力的目的在于实现精确的定长对版包装，即使纸张印刷有误差，最终设备还是走定长以确保型腔与封口的对位，印刷的误差通过纸张的张力调整加以消除。

在选购泡罩包装机时建议优先选购具备张力控制功能的设备，将会对对版包装的使用连贯性有非常大的帮助。

六、横切机构

横切机构应确保将包材按设定的方式横向切断，切口应无纸屑、无粘连。当底膜采用软膜时，常规的横切方式为滚轮压断式［图 5-11(a)、图 5-12］，即下方直线刀升起后，上方压轮在气缸推动下压住刃口并做横向移动，将包材压断，此方式可长时间不用更换底刀。也可选用刀片划断式［图 5-11(b)、图 5-12］横切或锯齿穿刺式［图 5-11(c)、图 5-13］横切。刀片划断式可以确保切口的上下层包材不粘连，但刀片寿命较短。锯齿穿刺式也可确保切口的上下层包材不粘连，刀片寿命较长，适用于某些客户的特殊要求。

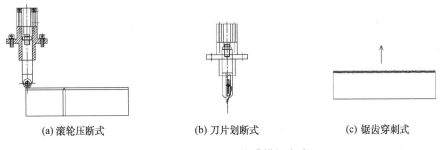

(a) 滚轮压断式　　　　　　(b) 刀片划断式　　　　　　(c) 锯齿穿刺式

图 5-11　三种不同的软膜横切方式

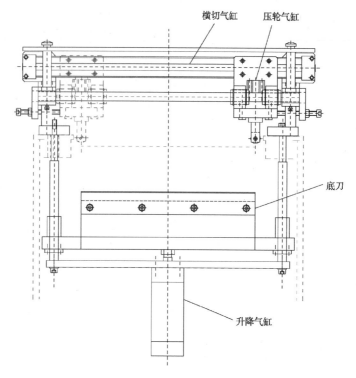

横切气缸

压轮气缸

底刀

升降气缸

图5-12　软膜直线横切

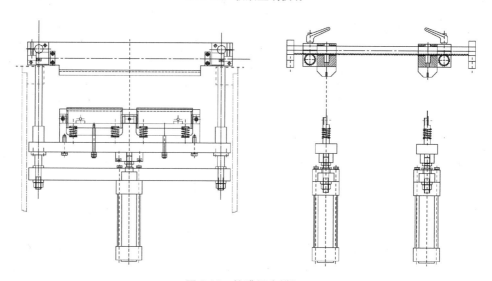

图5-13　软膜锯齿横切

当底膜采用硬片时，由于包装需要切割圆角，因此需选用硬片横切机构。硬片横切机构分为压断式和冲断式两种。

压断式通过圆角压刀与直线压刀的组合，在油缸施加很大的压力下，将包材压断，废料从圆角压刀的中间排出（图5-14）。

冲断式通过凸模与凹模将包材冲掉一定宽度，横切的边缘更光滑。硬片横切机构和纵切机构配合，可以生产带圆角的硬片包装。

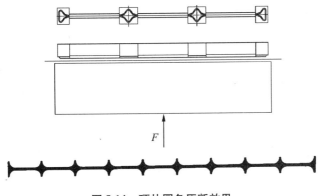

图 5-14　硬片圆角压断效果

七、纵切机构

纵切机构应确保包材在设定的位置纵向切开，将横切完成后的包装裁切成预定的宽度，从而获得预定规格的产品。切口应光滑、无纸屑、无粘连。

纵切机构有两种形式：气压刀滚切压断式及剪切刀对滚剪断式。气压刀滚切压断式纵向切断机构包括皮碗座、滚筒以及若干套纵切刀片（图 5-15）。随着牵引链的运动，辊筒跟着旋转，浮动滚刀内的滚刀片在气压的作用下紧紧地顶在辊筒上，滚刀片随着辊筒旋转，从而将包装纸和薄膜切断，最多可安装 21 把纵切刀。使用时需调整滚切刀的气压，能可靠切断即可，过大的气压将导致刀片过早磨损。这种形式的纵切机构适合于宽度较窄的包装，且可切割虚线。

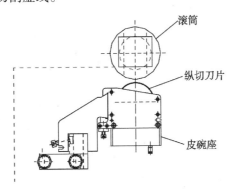

图 5-15　气压刀滚切压断式

剪切刀对滚剪断式（图 5-16）使用上下圆刀片对滚的剪切方式，切割光滑，纸屑少，虚切效果不如气压刀滚切压断式，且最小间距为 35 mm。

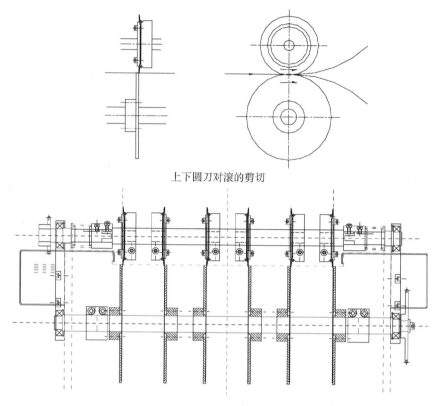

上下圆刀对滚的剪切

图5-16 剪切刀对滚剪断式

八、可定制的功能

应根据需要生产的产品选择相应的包装设备，不必追求最多的功能，否则将导致使用维护成本增加，但是也不能一味追求价格便宜，而要综合考虑生产厂家的技术能力，主要看设备能否满足用户进一步的技术改造需求，能否满足高端用户的技术要求，以及不同时期生产设备的兼容性、生产现场的质量管理情况等。以下列出了一些可能需用到的功能供参考：

（1）欠压报警功能。

（2）欠温或超温报警功能。

（3）冷却水断流报警功能。

（4）可选冷水机，制冷并循环冷却水，并具有冷却水排空功能。

（5）底膜除静电功能。

（6）日志功能，包含每一模的封口温度、封口气压及封口时间。

（7）真空包装功能、充气包装功能。

（8）包材跑偏检测功能、包材拼接检测功能、包材用完检测功能。

（9）产品浮出检测功能。

（10）产品缺料计数功能。

（11）热合下模抽真空功能。

（12）喷码打印功能，可分为喷顶膜外侧和内侧。

（13）可选印刷机、打码机。

（14）可选钢印机构，可分为冷压与热压。

（15）可选冲孔机构。

（16）可选飞刀纵切机构。

（17）可选硬片冲模机构。

（18）出料口筛选功能。

（19）注射器/针自动摆料机。

九、在线印刷机

当顶层包材采用医用透析纸时，可以采用配套的在线印刷机。

在线印刷机有两种形式，即平板式和滚筒式（图5-17）。在线印刷机一般都只能单色印刷，印刷效果和厂家印刷有一定差距，但是能满足一次性医疗产品的包装要求。其采用柔性字版，根据不同的场合可使用醇类油墨或水性油墨。醇类油墨附着力强，印刷文字锐利；水性油墨颜色丰富，印刷色块较饱满。

平板式印刷机是指将柔性版粘贴在平板上，在包装机走纸完成后的停顿时间进行上墨和印刷的形式，适合印刷较小的产品，印刷内容以文字类为佳。

滚筒式印刷机是指将柔性版粘贴在滚筒上，在包装机走纸的过程中同时完成印刷的形式，其在停顿时间完成上墨，适合印刷较大的产品，色块的印刷效果非常饱满。

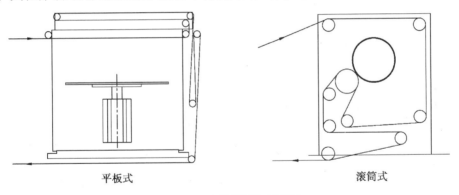

平板式　　　　　　　　　　　　　滚筒式

图 5-17　在线印刷机示意图

第三节　包装过程设备的安装确认

无菌医疗器械生产包装过程是一个特殊过程，如果使用新的包装设备，必须执行安装确认（Installation Qualification，IQ）；如果使用现有设备，是否需要重新确认，可参见本章第六节中的相关内容。

应对安装确认（IQ）活动进行策划并形成文件。如果所用设备的安装确认（IQ）之前已经执行，则应评估确定其是否满足当前确认活动的要求。

包装过程的安装确认（IQ）包括设备供应商提供的技术规范和按照其规范进行设备安装的证据，并形成文件的过程。安装确认一般针对设备而言，但并不是全部，如软件的变更等。

安装确认（IQ）过程文件的形成应遵从 ISO 11607-2《最终灭菌医疗器械的包装第2部分：成型、密封和装配过程的确认要求》标准。该标准规定了最终灭菌医疗器械包装过程的开发与确认要求，这些过程包括预成型无菌屏障系统、屏障系统和包装系统的成型、密封和装配。该标准适用于工业、医疗机构对医疗器械的包装和灭菌。

安装确认由包装设备的使用厂家进行确认，设备制造商负责提供必要的技术文件资料，对于配套仪器及传感器的校准一般由使用厂家负责。

（1）安装确认应考虑确认：

① 设备试验特点。

② 安装条件，如布线、效用、功能等。

③ 安全性。

④ 设备在标称的设计参数下运行。

⑤ 随附的文件、印刷品、图纸和手册。

⑥ 配件清单。

⑦ 软件确认。

⑧ 环境条件，如洁净度、温度和湿度。

⑨ 形成文件的操作者培训。

⑩ 操作手册和程序。

（2）应规定关键过程参数。

（3）关键过程参数应得到控制和监视。

（4）报警和警示系统或停机应在经受关键过程参数超出预先确定的事件中得到验证。

（5）关键过程仪器、传感器、显示器、控制器等应经过校准并有校准时间表。校准宜在性能确认前和鉴定后进行。

（6）应有书面的维护保养和清洗时间计划。

（7）程序逻辑控制器、数据采集、检验系统等软件系统的应用应得到确认，确保其预期功能。应进行功能试验以验证软件、硬件，特别是界面功能是否正确。系统应经过核查（如输入正确和不正确的数据、模拟输入电压的降低）以测定数据或记录的有效性、可靠性、一致性、精确性和可追溯性。

（8）设备使用厂家可根据 ISO 11607-2 标准制定确认文件。

（9）如果之前的安装确认（IQ）过程不适应，则更广泛的安装确认（IQ）活动可参考 ISO 11607-2 标准中 5.2 的要求：

① 建立安装检查表：

a. 设备设计特点。

b. 安装条件。

c. 安全特性。

d. 供应商文件、印刷物、图纸和手册。

e. 维修部件清单。

② 确认设备在设计参数下操作。

③ 执行软件确认。

④ 建立环境条件。

⑤ 为设备操作建立批准的标准作业指导书 SOP（Standard Operation Procedure），并保持操作者培训记录。

⑥ 确认关键过程参数受控并有监测。例如：

a. 温度。

b. 压强。

c. 保压时间。

⑦ 建立校准程序和计划。

⑧ 建立预防性维护清洁程序和计划。

（10）参考案例：见本章附件 1。

第四节　包装过程设备的运行确认

无菌医疗器械生产包装过程的 OQ 是指过程的运行确认（Operational Qualification），即获取安装后的包装设备按运行程序使用时其运行是否在预期确定的限度内的证据，并形成文件的过程。

运行确认（OQ）是研究以建立最坏情况的操作窗口，确认在操作极限条件下生产的无菌屏障系统是否能可靠地达到已确定的接收准则。通常这是操作窗口的极限情况，如最低或最高温度、最低或最高压强、最短或最长保压时间等。应对窗口进行评估以核实最合适的过程能力，得到的结论应予以保持。

用于运行确认的样品其性能测试应包含在最坏情况下生产的样品，这样将保证整个过程窗口得到确认（见 ISO 11607-1 标准中的 6.3.4 条）。在运行确认中使用的样品如果与性能确认中确定的样品一样都是生产条件的样品，则该样品同样可以用于性能确认。

一、关于最坏情况的要求

1. 医疗器械最坏情况构型

ISO 11607-1 标准中的 6.1.6 条指出：当相似的医疗器械使用相同的包装系统时，应阐述确立相似性和识别最坏情况构型的基本原理并形成文件。作为最低限度，在确定与 ISO 11607-1 标准该部分的符合性时，应考虑使用的最坏情况。

在医疗器械产品群（相似但不相同的医疗器械）中，可以使用共同的无菌屏障系统来保护多种医疗器械。包装系统最容易损坏的医疗器械可以确定为最坏情况。最坏情况构型可能是其他普通的医疗器械或物品中体积最大或最重的物品，或带有附件或医疗器械特性最多的器械。最坏情况的确定通常是清楚的。然而，某些情况下可能必须对多个医疗器械进行测试，如最重的医疗器械和附件最多的医疗器械，以确保包装系统获得最大挑战。进行书面描述和评价最坏情况构型，将确保其产品群中的其他医疗器械同样受到包装系统的适当保护。

2. 无菌屏障系统有关产品的最坏情况

ISO 11607-1 标准中的 6.3.4 条提供了更多关于包装系统性能测试的最坏情况的测试指导。性能测试应使用最坏情况的无菌屏障系统，即在特定的极限参数下成型和密封过程后，又暴露在所有特定的灭菌过程后的无菌屏障系统。有两种主要的方法可以解决这部分的关键问题：

第一种是最通用的方法，主要涉及采购的预成型无菌屏障系统，即在采购过程中通过验证所采购的产品的样品确定最坏情况。首先，密封加工过程必须是经过确认的预成型无菌屏障系统，找出过程能力最差的产品作样品。其次，对在验证过程中的典型的操作条件下生产的批量无菌屏障系统进行测试和评估。从多批中选择一个合适的样本量（通常为 3 个），在给定的置信水平上，可以保证代表全方位的包装特性，如密封强度等。因此，对样品量的选择和批次的数量应用统计学原理进行评估是一项非常重要的工作。

第二种方法涉及在最坏情况的条件下生产无菌屏障系统，这个最坏条件通常是指已验证过的过程极端条件。在某些情况下，无菌屏障系统可能是在经确认的最低温度下限、压强下限、保压时间下限和最坏情况的密封质量下制造的，如采用运行确认（OQ）中确定的参数生产用于评估包装系统性能的无菌屏障系统。因为需要在最坏情况下进行特定、单独地生产无菌屏障系统，这种方法的成本可能比较昂贵。

除了这两种方法外，可在特定密封过程极限值或极限值之外进行最后闭合密封（包括预成型无菌屏障系统，托盘、盖子和无菌屏障系统的成型、填充、密封），以保证所生产的无菌屏障系统属于最坏情况。

不同医疗器械制造商获得与 ISO 11607-1 标准符合性的方法也不相同，但无论在什么情况下，所选择的方法应有适当的基本原理支持，并包含在包装确认方案内。这种选择应基于公司的风险控制水平和经济承担能力考虑。

3. 无菌屏障系统制造过程的最坏情况

ISO 11607-2 标准中的 5.1.5 条对最坏情况构型也进行了讨论："当确认相似的预成型无菌屏障系统和无菌屏障系统的制造过程时，确立相似性和最坏情况构型应充分论证并应形成文件，至少应使最坏情况构型按 ISO 11607 的本部分进行确认。"在这种情况下，最坏情况构型适用于无菌屏障系统制造过程，而非医疗器械本身。在确认制造过程时，（预）成型无菌屏障系统可能作为一组，如纸塑袋大小不同的顶端和底部可视为一组。为了保证确认对整个无菌屏障系统有意义，需要识别（预）成型无菌屏障系统群的最坏情况的构型。热封时，关注密封区域的极限状况非常重要，如考虑纸塑袋上密封宽度的大小、泡罩包装密封尺寸、热成型的托盘和盖材的密封区的总平方厘米数（即密封滚筒下的总平方厘米数）。这种方法可以对密封过度和密封不足的最坏情况予以确认，同时对温度与压强的分布也需进行评估。

考虑密封过程的最坏情况的包装构型可能与灭菌验证的最坏情况不同，但它们同样重要。应确认所有的风险管理过程中确定的控制方法，并确认运行是否有效。

二、运行确认的基本要求

运行确认（OQ）文件的形成，应遵从 ISO 11607-2《最终灭菌医疗器械的包装 第 2 部分：成型、密封和装配过程的确认要求》标准。该标准规定了最终灭菌医疗器械包装过程的开发与确认要求，这些过程包括了预成型无菌屏障系统、屏障系统和包装系统的成型、密封和装配。该标准适用于工业、医疗机构对医疗器械的包装和灭菌。

应对包装运行确认（OQ）活动进行策划并形成文件，确定接收准则。这些预先确定的要求通常包括：尺寸、密封强度、密封完整性、打开特性和材料完整性。

运行确认（OQ）应由设备的使用厂家进行确认。过程参数应经受所有预期生产条件的挑战，以确保能生产出满足规定要求的预成型无菌屏障系统。

应在上极限参数和下极限参数下生产预成型无菌屏障系统，并满足预先确定的要求。应重点考虑以下质量特性：

（1）对于成型和组装：

① 完全形成/装配成无菌屏障系统。

② 产品适于装入该无菌屏障系统。

③ 满足基本的尺寸。

（2）对于密封：

① 规定密封宽度的完整密封。

② 通道或开封。

③ 穿孔或撕开。

④ 材料分层或分离。

注：密封宽度技术规范的示例见 EN 868-5 中的 4.3.2。

（3）对于其他闭合系统：

① 连续闭合。

② 穿孔或撕开。

③ 材料分层或分离。

设备使用厂家可根据 ISO 11607-2 标准制定确认文件。

（4）参考案例：见本章附件 2。

第五节　包装过程设备的性能确认

无菌医疗器械生产包装过程的 PQ 是指过程的性能确认。应评价三次成功的生产运行，三次性能确认运行需要成功且中间没有失败，以确认生产的无菌屏障系统满足协议中规定的接收准则。这些是在正常工作条件下的运行，并可以被设备的其他制造过程打断，要考虑充分的运行时间和转换过程的影响，如间断、多次换班等。

应对性能确认（PQ）活动进行策划并形成文件，确定接收准则。这些预先确定的要求通常包括：尺寸、密封强度、密封完整性、打开特性和材料完整性。

一、确认计划

确定无菌屏障系统评价的基本原理包括确认计划应形成书面文件。通常对特定的材料组合可引用有关的历史数据，但应对这些信息进行评价以确定是否适用，保持基本原理的参考文件。确认计划应由授权人员进行评审并得到批准，计划中应描述需确认的性能要求。

二、确认过程结果的评估

根据 ISO 11607-2 标准要求对 4.7.2 条中的确认活动、5.4.7 和 5.5 条中的确认结果进行评估，确认其是否符合标准 4.7.1.4 和 4.7.1.5 条中所描述的接收准则，记录任何偏离的情况，并进行评审。过程确认由适宜的人员进行评审和批准，以确定是否达到目标要求。

三、建立形成文件的不间断过程控制和监测

无菌医疗器械生产企业应按照 ISO 11607-2 标准中 5.6 条的要求对包装过程建立不间断的过程监测和控制的文件，通常包括：

（1）监测和记录关键过程参数。

（2）按照质量体系的控制要求对无菌屏障系统进行过程测试。

注：所选监测设备必须适合监测过程。

四、包装系统的合格/失败状态

（1）完成测试后，确定包装系统是否符合可行性试验方案中规定的接收准则。

（2）如果包装系统符合测试方案中所规定的接收准则，则包装系统通过可行性测试，说明设计正确，下一步可以开始准备包装系统确认。

（3）如果包装系统无法满足测试方案中规定的接收准则，应确定失效模式并进行调查，针对失效模式采取纠正措施。可能包括重新设计概念和重复可行性试验。

五、无菌屏障系统的测试方法

（1）根据 ISO 11607-1 标准中的 6.3.2 条，将包含经确认的测试方法的测试方案形成文件。

（2）测试方法中应包括接收准则。

（3）无菌屏障系统测试使用的样品在制造时应参考 ISO 11607-1 标准中 6.3.4 条的要求考虑最坏情况。

（4）样品应按照 ISO 11607-1 标准中的 6.3.5 条，经过模拟预期分配环境的动态测试。

六、预成型无菌屏障系统和无菌屏障系统过程参数的确定

在进行无菌医疗器械包装性能确认时应确定关键过程参数，包括范围和公差，必须在所有预期的生产条件下保证产品满足规定的要求，这些关键过程参数应采用有效的统计技术来确定。可用的统计技术工具包括：故障模式和效应分析（FMEA）、实验设计（DOE）、热封曲线分析、视觉属性。

1. 故障模式和效应分析（FMEA）

以托盘的成型和封盖举例说明故障模式和效应分析是研究故障的系统方法，可以用于产品的设计开发和过程控制，也可以用来确定故障模式的严重度和概率。采用 FMEA 可以确定潜在故障模式的严重度和概率，这些潜在故障模式通常是通过以往相似产品或过程的经验而识别的。在这种情况下（产品设计开发），FMEA 可用于为制造、装载、密封和包装过程的设备建立过程参数。其程序涉及以下几个阶段：

（1）识别导致产品拒收（失效模式）的缺陷。

（2）确定失效模式的原因和其发生的概率。

（3）确定失效模式的结果。

（4）为严重度、发生概率和每个失效模式的探测度进行分级。

（5）识别现有控制措施和探测失效的概率。

（6）使用表 5-1 计算每个失效模式的风险优先数（RPN）。

$$RPN = 严重度 \times 概率 \times 探测度$$

表 5-1　失效模式和效应的分析

过程	功能	失效模式	效应	严重度	原因	概率	控制措施	探测度	RPN	改进措施
成型	托盘成型	成型孔不规则	损害产品	10	机器错误设置	2	漏气测试	2	40	
密封	热封材料	打开的密封	产品完整性	10	机器错误设置	1	漏气测试	3	30	
密封	热封材料	密封有通道	产品完整性	10	材料褶皱	4	目力检测	3	120	
密封	热封材料	密封有通道	产品完整性	10	机器错误设置	4	漏气测试	5	200	
密封	热封材料	密封有斑点	产品完整性	10	机器错误设置	3	目力检测	1	30	
条形码扫描器	包装限制	无法识别	机器无法运行	1	软件错误或打印质量差	1	机器无法运行	1	1	

（7）降低 RPN 的措施。

2. 实验设计（DOE）

实验设计是用于确定最优过程参数的过程，即得到能保证连续生产良好质量的产品

的过程条件。在该阶段获得的信息越多，过程控制就越容易。托盘的成型和后续的盖子的热封要求对温度、压强和保压时间进行考虑。在这两种情况下，都必须找到对无菌屏障系统影响最小的过程条件的范围。例如，在密封盖子时，过程条件必须保证可接收的密封强度，应有良好的密封质量，且密封强度波动应最小。

从简单的线性筛选到确定不同参数对密封结果的相关效应，再到复杂的部分因子二次研究，可以进行多个实验。通常先进行一个简单、线性的实验确定参数的显著性，然后再使用中间点进行更加复杂的研究，来保证密封过程与数据吻合的良好的过程数学模型。正常情况下，温度是最重要的变量，其次是时间，最后是压强，压强在较大范围内没有显著影响。

关于实验设计（DOE）有很多专业的论述，可以参考相关科学文献。实验设计（DOE）是一种在性能确认（PQ）过程中被广泛采用的试验方案的设计工具，对于多个参数可导致同一结果的试验或需要测试多个变化水平对同一结果产生影响的试验使用这一工具可以减少试验次数，否则试验工作将消耗大量的时间和材料成本。

用于为包装热封过程建立最优条件的设计工具还有：热封曲线分析、密封区域的目力评估、密封区域的目力评估和热封曲线分析的组合、过程能力的确定、密封完整性、密封质量（目力评估）。

3. 热封曲线分析（过程范围评估）

热封曲线分析是温度、压强和保压时间的矩阵如何影响密封强度的评价，可以通过构建曲线来确定多个参数的影响，一般认为压强和保压时间对密封质量的影响较小。因此，在温度波动时，压强和保压时间作为恒定的参数，通过在某一范围内密封强度满足规范要求建立过程极限。当密封强度超出过程极限时，无菌屏障系统应仍然能保持包装完整性，但密封已能显示出可见的缺陷，如图5-18所示。

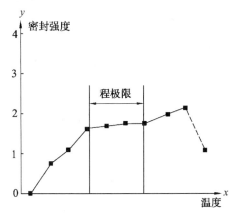

图5-18　最优过程参数的热封曲线

4. 密封的目力打分评价

将密封按照在过程范围两侧的缺陷进行分级，高分表示良好的质量，如表5-2、表5-3所示。

表5-2　密封范围下限

等级	缺陷
0	密封打开（未密封）
1	小于密封宽度规定值的50%
2	有斑点密封区域 >25%
3	有斑点密封区域 ≤25%
4	密封宽度轻微小于规定的值，有轻微的斑点
5	密封质量良好

表 5-3　密封范围上限

等级	缺　陷
0	聚合物（膜）出现洞
1	焊接的密封聚合物熔化 托盘边缘严重卷曲 在非织物盖子上的聚合物产生严重的透明化 纸基盖子严重的纤维撕裂
2	中度的托盘边缘卷曲 在非织物盖子上的聚合物产生中度的透明化 纸基盖子明显的纤维撕裂
3	密封区有斑点 纸基盖子中度的纤维撕裂
4	托盘边缘轻微卷曲 在非织物盖子上的聚合物产生轻微的透明化 密封区偶尔有斑点 纸基盖子轻微的纤维撕裂
5	密封质量良好

5. 热封曲线分析和目力打分结合

热封分析的结果可以与目力打分法结合并生成，如图 5-19 所示。

6. 过程能力的确定

确定过程能力的目的是表明过程在统计学控制下可以连续生产满足规定要求的产品。最科学的方法是计算过程能力 C_p/C_{pk}。

当过程均值无偏移时，按以下公式计算：

$$C_p = \frac{USL - LSL}{6\sigma}$$

其中，σ 为样本标准差，USL 为规范上限，LSL 为规范下限。

当过程均值有偏移时，按以下公式计算：

$$C_{pk} = \frac{CSL - \overline{X}}{3\sigma}$$

其中，CSL 为最接近均值的规范极限，$\overline{X}$ 为过程均值。

C_p/C_{pk} 值的指导原则见表 4-17。

如何使 C_p/C_{pk} 最大化，有两个基本条件：一是保持符合规范的合理的波动范围尽可能最大，二是取得最小的波动率。换言之，即在这些范围内密封的完整性应得到保证，且包装应可以承受灭菌过程和抵抗运输、分配和存储过程中的损害。鉴于这些原因，正确理解特定材料和密封设备的过程验证是至关重要的。

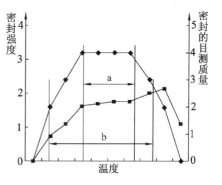

a. 推荐的过程极限；b. 推荐的规定极限

图 5-19　密封强度、目测质量与温度的关系

如果进行研究后仍然无法达到所需最小的 C_{pk}，应进行过程分析，查明造成超范围波动的主要根源。通常可以从材料厚度波动、温度偏差、密封表面的平整度和超出波动范围的温度控制器等方面进行检查。

在进入正式确认活动前，应为过程准备稳定的样本，可采用多批次材料，这样可以充分地代表所预期的波动。

第六节　包装系统的再确认

当医疗器械、包装系统、过程或设备发生影响最初确认的变更时，需要进行再确认。变更的因素通常涉及无菌屏障系统所包含的医疗器械的物理特性、过程、地点、配方、方法、设备类型或制造商和所采用的统计技术，即 ISO 11607-2 标准中 5.7 条的要求。

再确认的内容要在质量体系程序文件或初始确认计划中说明。再确认通常与设计控制和相关变更控制程序有关，再确认的范围取决于变更的性质，以及变更对过程或医疗器械的影响程度。再确认应考虑对过程、医疗器械、包装系统进行评审，以保证多个不需要确认的微小变更对包装系统没有影响。

 附　件

本章附件 1、附件 2 给出了泡罩包装机安装确认（IQ）、运行确认（OQ）的参考示例。

附件 1：XB40B 型泡罩包装机安装确认参考示例

1. 设备的识别

设备的识别如表 5-4 所示。

表 5-4　设备的识别

设备名称	XB40B 型泡罩包装机　#机
安装日期	
确认场地	
确认承担部门	
主要机能说明	泡罩成型、与涂胶纸封合、切割形成单个产品

2. 安装确认的内容和结果

安装确认的内容和结果如表 5-5 所示。

表5-5 安装确认的内容和结果

项 目	机 能	判 定	
安装条件确认	电源供给确认	□合格	□不合格
	气流供给、排气确认	□合格	□不合格
	水供给、排水确认	□合格	□不合格
安全性确认	作业安全性	□合格	□不合格
	紧急停止开关	□合格	□不合格
	安全防护罩	□合格	□不合格
功能确认	PLC I/O 点测试	□合格	□不合格
	基本操作性	□合格	□不合格
设备软件确认	功能的实现	□合格	□不合格
关键部位检查	关键部位检查	□合格	□不合格
仪表校正	仪表校正	□合格	□不合格
维修保养确认	维修保养资料	□合格	□不合格
设备安装状态确认	整机状态及机械清洁度等	□合格	□不合格

3. 记录保存

针对上述确认内容，应在附页上详情记录确认的结果并予以保存。

4. 确认结论

表5-6 设备安装确认书：安装条件确认

设备名称：XB40B 型泡罩包装机　　　#机		检验员：
项　　目：安装条件确认		日　　期：

判定表示：○（合格）；△（修正合格）；×（不合格）；—（不需要）。
　　　　　对标有△的内容，把修正的内容记录到备注栏里。
　　　　　对标有×的内容，向设备管理负责人报告，得到指示后，记录到备注栏里。

确认内容		判定方法	结果判定
电源供给容量、方法是否适合	□ 供给电压 AC380V ± 10%（运转时测定值_____V）	电压表测定	
	□ 配线容量_____A（实际使用量/开关容量 = _____A/_____A）	电流表测定	
	□ 相数：3　　□ 接地　　□ 连接端子的拧紧状态	目视	
	□ 配管的防锈处理　□ 防止灰尘落下　□ 供给电压的表示 □ 配线的保护	目视	
	□ 配线经路不妨碍生产作业、设备和机床的清扫	目视	

续表

确认内容		判定方法	结果判定
压缩空气的供给和排气的内容、方法是否适合	□ 供给气流压力_____MPa	压力确认	
	□ 运转时压力变动_____MPa	压力确认	
	□ 是否采用了无油润滑的元器件　　□ 总进气不得安装油雾器	目视	
	□ 异常声音、振动　　□ 气流泄漏	触诊、听诊	
	□ 配管经路不妨碍生产作业、设备和机床的清扫	目视	
冷却水的供给和排水的内容、方法是否适合	□ 供给水压力_____MPa	压力确认	
	□ 供给水流量_____L/min 以上	流量确认	
	□ 配管防锈处理和固定　　□ 排水能力	目视	
	□ 防止结露的材料　　□ 与机器的连接方法　　□是否漏水	目视	
	□ 异常声音、振动　　□ 气流泄漏	触诊、听诊	
	□ 配线经路不妨碍生产作业、设备和机床的清扫	目视	

根据上述确认结果，判断设备处在以下状态：
□ 按照上述项目进行确认，全部合格，设备安装正确。
□ 按照上述项目进行确认，有一个以上项目不合格时，设备安装不正确，应向设备管理负责人报告，得到指示后，记录到备注栏里。

备注：

表 5-7　设备安装确认书：安全性确认

设备名称：XB40B 型泡罩包装机　#机	检验员：
项　　目：安全性确认	日　期：

判定表示：○（合格）；△（修正合格）；×（不合格）；—（不需要）。
　　　　　对标有△的内容，把修正的内容记录到备注栏里。
　　　　　对标有×的内容，向设备管理负责人报告，得到指示后，记录到备注栏里。

确认内容		判定方法	结果判定
作业安全性的确认	□ 有没有被机器卷进去的部分	目视	
	□ 刀刃等锐利部分是否露出	目视	
	□ 是否有烧伤和冻伤的危险	目视	
	□ 配线保护是否得当	目视	
	□ 自动装置是否具备适当的安全装置	目视	
紧急停止开关功能的确认	□ 是否安装在工作者操作可能的范围	目视	
	□ 机器的即时停止是否有效	实际操作	
	□ 非常停止时是否能表示（红）	目视	
	□ 非常停止时重新启动是否被禁止	实际操作	

续表

确认内容		判定方法	结果判定
安全防护罩	□ 打开时机器能否紧急停止	实际操作	
	□ 打开时驱动部能否停止	实际操作	
	□ 是否成为禁止启动的条件	实际操作	
备注:			

表 5-8 设备安装确认书:功能确认(PLC I/O 点测试)

设备名称:XB40B 型泡罩包装机 #机		检验员:
项 目:功能确认(PLC I/O 点测试)		日 期:
记录要领:对设备的 PLC 输入输出地址逐一进行实际动作确认。 对已被确认的动作,在附加电路图或 I/O 清单的输入输出地址中进行标记。 对没有被确认的内容,向设备管理负责人报告,得到指示后,记录到备注栏里。		
确认结果判断如下: □ 对 PLC 的 I/O 进行确认的结果:所有输入输出地址动作已被确认,符合电路图设计要求。 □ 对 PLC 的 I/O 进行确认的结果:有一个以上的项目没有合格,应向设备管理负责人报告,得到指示后,记录到备注栏里。		
备注:		

表 5-9 设备安装确认书:功能确认(基本操作性)

设备名称:XB40B 型泡罩包装机 #机		检验员:
项 目:功能确认(基本操作性)		日 期:
判定表示:○(合格);△(修正合格);×(不合格);—(不需要)。 对标有△的内容,把修正的内容记录到备注栏里。 对标有×的内容,向设备管理负责人报告,得到指示后,记录到备注栏里。		

确认内容		判定方法	结果判定
自动启动	□ 作为启动条件的动作模式是否被选择	实际操作	
	□ 作为启动条件是否把包括紧急停止的异常作为条件	实际操作	
	□ 作为启动条件是否把包括防护罩的异常作为条件	实际操作	
	□ 启动警报能否响	实际操作	
	□ 启动过程中启动指示灯是否点亮	目视	
自动停止	□ 是否停止在可能重新启动的位置	实际操作	
	□ 启动指示灯是否熄灭	实际操作	

续表

确认内容		判定方法	结果判定
异常重新设置	□ 正在解除异常时能否解除异常记忆	实际操作	
	□ 异常表示能否用重新设置按钮来解除	实际操作	
警报	□ 异常发生时的警报能否响起	实际操作	
	□ 异常发生时的警灯能否点亮	实际操作	
备注：			

表 5-10   设备安装确认书：设备软件确认

设备名称：XB40B 型泡罩包装机 #机		检验员：
项 目：设备软件确认		日 期：

判定表示：○（合格）；△（修正合格）；×（不合格）；—（不需要）。
　　　　　对标有△的内容，把修正的内容记录到备注栏里。
　　　　　对标有×的内容，向设备管理负责人报告，得到指示后，记录到备注栏里。

确认内容	判定方法	结果判定
□ 通电后，触摸屏能否正常启动	实际操作	
□ 触摸屏能否与 PLC 正常通信	实际操作	
□ 通电后，能否对成型及封合工位的加热功能进行设置及选择	实际操作	
□ 成型、封合的加热功能选择及能否加热	实际操作	
□ 能否对部分工位选择工作或关闭	实际操作	
□ 牵引链的移动量是否能达到设定值	实际操作	
□ 当成型与封合温度未达到设定值时设备是否不能启动	实际操作	
□ 设备异常时能否报警停机	实际操作	
□ 触摸屏操作键能否与设定页面及功能对应	实际操作	
□ 成型、封合工位的温控参数能否进行调整设定	实际操作	
□ 设备定购时的特殊要求	实际操作	
备注：		

表 5-11　设备安装确认书：关键部位检查

| 设备名称：**XB40B** 型泡罩包装机　　#机 | | | 检验员： | |
| 项　　目：关键部位检查 | | | 日　　期： | |

判定表示：○（合格）；△（修正合格）；×（不合格）；—（不需要）。
　　　　　对标有△的内容，把修正的内容记录到备注栏里。
　　　　　对标有×的内容，向设备管理负责人报告，得到指示后，记录到备注栏里。

确认内容		判定方法	结果判定
成型工位	□ 模具有无漏水漏气	目视	
	□ 模具升降有无异响	目视、听诊	
	□ 泡罩成型效果是否理想	目视	
开卷机构	□ 包材能否可靠锁紧	实际操作	
	□ 各滚筒能否灵活转动	实际操作	
	□ 刹车机构能否可靠制动包材	实际操作	
封合工位	□ 模具有无漏水漏气	目视	
	□ 模具升降有无异响	目视、听诊	
	□ 撕开后封合面是否完整，网纹是否清晰均匀	目视	
	□ 封合气囊有无漏气或异响	听诊	
薄膜牵引	□底膜咬入是否平整可靠，无跑偏	目视	
横切工位	□ 切口是否平整，无过量纸屑	目视	
	□ 机构动作有无异响	目视、听诊	
纵切工位	□ 切口是否平整，无过量纸屑	目视	
	□ 机构动作有无异响	目视、听诊	

备注：

表5-12　设备安装确认书：仪表校正

设备名称：XB40B 型泡罩包装机　#机			检验员：
项　　目：仪表校正			日　　期：

判定表示：○（合格）；△（修正合格）；×（不合格）；—（不需要）。
　　　　　对标有△的内容，把修正的内容记录到备注栏里。
　　　　　对标有×的内容，向设备管理负责人报告，得到指示后，记录到备注栏里。

确认内容			结果判定
温度传感器及温控仪（温控模块）	成型工位	□ 温度传感器需拆卸并送计量部门鉴定	
		□ 温度传感器在温控仪上的显示值与在标准仪表上的显示值之差不大于 ±2 ℃	
		□ 温度传感器在温控仪上的显示值与表面温度计的测得值之差不大于 ±5 ℃	
	封合工位	□ 温度传感器需拆卸并送计量部门鉴定	
		□ 温度传感器在温控仪上的显示值与在标准仪表上的显示值之差不大于 ±2 ℃	
		□ 温度传感器在温控仪上的显示值与表面温度计的测得值之差不大于 ±5 ℃	
压力表	总进气压力表	□ 压力表的显示值与标准压力表的读取值之差不大于 ±0.05 MPa	
	封合压力表	□ 压力表的显示值与标准压力表的读取值之差不大于 ±0.05 MPa	
	切刀压力表	□ 压力表的显示值与标准压力表的读取值之差不大于 ±0.05 MPa	
备注：			

注：对温度传感器的测定，可在 100 ℃、120 ℃、140 ℃ 三个温度下各测定 3 组数据。
　　对压力表的测定，可在 0.2 MPa、0.3 MPa、0.4 MPa、0.5 MPa 四个气压下各测定 1 组数据。
　　具体测试数据另附表记录。

表 5-13　设备安装确认书：维修保养确认

设备名称：XB40B 型泡罩包装机　#机		检验员：
项　　目：维修保养确认		日　期：
判定表示：○（合格）；△（修正合格）；×（不合格）；—（不需要）。 　　　　　对标有△的内容，把修正的内容记录到备注栏里。 　　　　　对标有×的内容，向设备管理负责人报告，得到指示后，记录到备注栏里。		
确认内容	保管部门	结果判定
□ XB40B 型泡罩包装机使用说明书		
□ XB40B 型泡罩包装机电气原理图		
□ XB40B 型泡罩包装机电气接线图		
□ XB40B 型泡罩包装机气路图		
□ XB40B 型泡罩包装机冷却水路图		
□ 外购件说明书		
□ 产品合格证		
备注：		

表 5-14　设备安装确认书：设备安装状态确认

设备名称：XB40B 型泡罩包装机　#机			检验员：
项　　目：设备安装状态确认			日　期：
判定表示：○（合格；）△（修正合格）；×（不合格；）—（不需要）。 　　　　　对标有△的内容，把修正的内容记录到备注栏里。 　　　　　对标有×的内容，向设备管理负责人报告，得到指示后，记录到备注栏里。			
确认内容		判定方法	结果判定
整机状态确认	□ 整机是否调整水平	水平尺	
	□ 整机是否为一直线	拉线	
机械 清洁度确认	□ 机器有没有破损、弯曲等损伤	目视	
	□ 是否有机械表面油漆剥落、生锈等情况的发生	目视	
	□ 设备内部的碎末、油污是否清除干净	目视	
	□ 电器柜内的碎末、油污是否清除干净	目视	
	□ 设备表面的碎末、油污是否清除干净	目视	
	□ 设备工作是否可能会产生碎末或油污污染产品	目视	
备注：			

附件 2：XB40B 型泡罩包装机运行确认计划书参考示例

1. 项目背景

_____年____月____日，XB40B 型泡罩包装机在_____场地完成安装调制，并经安装确认，现计划进行运行确认。

2. 评价对象

（1）包装材料。

包装材料如表 5-15 所示。

表 5-15　包装材料

材料	材质	厚度/克重	幅宽	生产厂家
底膜	PP/PE 复合膜		421 mm	
顶膜	透析纸		405 mm	

（2）泡罩设计尺寸。

泡罩设计尺寸如图 5-20 所示。

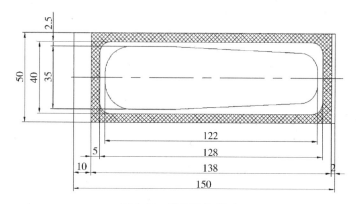

图 5-20　泡罩设计尺寸

3. 关键工艺参数的确定

（1）关键工艺参数。

① 成型加热温度、成型加热时间、成型时间为泡罩成型的关键工艺参数。

② 封合加热温度、封合时间、封合气压为封合的关键工艺参数。通常认为模具封合面是平整的。

底膜和透析纸的材质、厚度、涂胶成分、生产厂家等都对成型与封合参数的确定具有影响，但对于本确认书中评价对象的包材应具备一致性。

（2）设置初始关键工艺参数。

初始设置的高、中、低参数可从实际生产经验、有价值的历史经验数据或供应商提供的资料信息中获得。上述 6 个参数是基于对 PP/PE 复合膜和透析纸的物理化学性能数据的分析和以往的历史经验设置的。

（3）寻找最佳参数区域。

① 采用初始工艺参数，做 2 ~ 5 模泡罩成型，观察泡罩成型情况。若合格，则裁切 6 个样品，2 个用于泡罩尺寸确认；2 个用于渗透试验，向泡罩内注入渗透液，观察泡罩是否有微孔；2 个用于测量泡罩各处厚度，每个泡罩测量 6 个点。若其中任意一个数据不合格，则继续调节参数直至全部合格，并假设此参数为最佳参数区域的中值。

② 采用初始工艺参数，做 2 个样品观察涂胶转移情况。若合格，再做 4 个样品，2 个用于热封强度实验，每个泡罩测量 6 个点；2 个用于罗丹明溶液测试。若其中任意一个数据不合格，则继续调节参数直至全部合格，并假设此参数为最佳参数区域的中值。

③ 根据上述参数中值，相应增加和降低参数数值，初步确定最佳工艺参数区域。

4. 样品制作条件

根据上述最佳工艺参数区域初步的确定原则，样品制作的关键工艺参数如表 5-16 所示（数值仅供参考）。

表 5-16　样品制作的关键工艺参数

实验组	成型温度	成型加热时间	成型时间	实验组	封合温度	封合时间	封合气压
上限（A）	105 ℃	2.0 s	1.5 s	上限（A）	140 ℃	2.5 s	0.50 MPa
中间（B）	100 ℃	1.5 s	1.0 s	中间（B）	135 ℃	2.0 s	0.45 MPa
下限（C）	95 ℃	1.0 s	0.7 s	下限（C）	130 ℃	1.5 s	0.40 MPa

5. 最佳参数的确认方法

参照以往的经验数据，为实现在使用最少实验量的前提下确认最佳参数区域的有效性，分别在高、中、低参数条件下各做 90 个样品，共计 270 个，分别编号为 A1 ~ A90、B1 ~ B90、C1 ~ C90。A、B、C 分别代表在高、中、低参数下得到的样品，1 ~ 90 代表样品的流水编号。对样品进行一次等效或更恶劣参数下灭菌后在常温环境下静置 24 h 以上的功能性实验。若各组所有样品通过实验，则本实验组参数合格；若所有参数均合格，则参数区域合格。分析所有的实验数据和结果，得出结论，确定适合本确认计划包装材料的最佳参数区域。

6. 确认项目

确认项目如表 5-17 所示（数值仅供参考）。

表 5-17　确认项目

		评价项目	评价方法	判定基准	评价数量/条件
泡罩成型项目	1	外观(薄膜)	对薄膜成品的外观进行目视确认	薄膜无破损、异物、污染、变形等不良	灭菌前/后全数检查
	2	泡罩外部尺寸确认	对泡罩的外部尺寸进行测量（长、宽、高）	泡罩设计尺寸（外部）	灭菌前
	3	薄膜厚度	分别取型腔底部四角及中部两点进行厚度测量	>0.02 mm	灭菌前
	4	渗透试验	向泡罩内充入渗透液，观察薄膜区域处是否有通道	验证薄膜有无针孔	灭菌前
泡罩封合项目	5	外观(泡罩)	对泡罩完成品的外观进行目视确认	1. 透析纸边缘无破损、毛刺、纸屑和污染 2. 切割无歪斜等不良 3. 泡罩封合无破损	灭菌前/后全数检查
	6	封合强度	对泡罩的撕口、侧封、底封的封合强度进行测量（速度300 mm/min，宽幅15 mm）	120 gf 以上	灭菌、循环、恒温
	7	渗透试验	向泡罩内充入渗透液，观察密封区域处是否有通道	验证密封的不渗透性和连续性	灭菌、循环、恒温
	8	振动落下确认	将产品装盒、装箱，进行振动落下试验，对产品进行外观检查及渗漏试验	外观无破损，产品无渗漏	灭菌、循环、恒温
	9	撕开性确认	模拟护士开启产品的状态，进行产品的撕开性确认	撕开 1/2 以内无破损	灭菌前
	10	胶转移确认	撕开包装，观察底膜上的黏结胶痕	痕迹应完整无缺损，无空洞	灭菌前

无菌医疗器械包装系统整体验证

无菌医疗器械的包装是一个特殊过程，为保持内包装物的无菌保证水平，必须结合产品的灭菌方法，针对不同的包装形式进行无菌医疗器械包装的整体验证。本章从包装系统验证方案、包装与环境的适应性、包装与标签系统的适应性、无菌有效期的验证和加速老化试验等方面进行了相关介绍。

第一节 无菌医疗器械包装系统验证方案

无菌医疗器械包装系统的验证应包括无菌屏障系统和所有保护性包装的验证。验证方案的设计、执行、验证结果的测试应确保满足期望的包装系统要求。

一、包装方案开发的计划目标和背景

在验证过程中应将包装系统测试的计划形成文件，对计划和目标、包装系统设计细节、抽样方案、需要的无菌屏障系统或包装系统货架寿命期、测试方法和所用设备、接收准则以及其他相关信息进行描述。验证方案应足够详细，以保证测试工作能充分满足验证的要求。

验证方案还应对包装（无菌屏障系统）完整性的测试方法进行描述，选取一个适当且严谨的运输和处理测试方法，真正形成对包装（无菌屏障系统）完整性的挑战试验，以保证无菌屏障系统和包装系统在预期使用的条件下达到其目标。

验证方案应描述已包装的医疗器械货架寿命期和对包装系统设计验证（通常采用加速老化试验评价无菌屏障系统或包装系统货架寿命）的方法。所有测试使用的样品量应足够且具有统计学意义。包装系统的设计方案和评价系统所采用的测试方法在试验开始前必须得到相应的审批，并保持记录。

无菌屏障系统的设计开发方案是可以变更的，在方案执行过程中可能会对被包装的医疗器械参数进行细化，应保持设计或过程变更的说明。

二、包装系统设计规格的理解

因包装系统设计验证中各项性能的重要性具有不同层次，一个完整的包装系统可能

包括无菌屏障系统（如透析袋或托盘）、一个附加的保护性包装（如纸箱）、货架包装和运输集装箱等。对包装系统设计接收的决定性指标是无菌屏障系统（初包装）的性能，可以采用完整性测试进行判断。此外，提供相关信息的印刷标识或保护性包装第二、第三层次的要求，通常需要在方案中考虑并进行评估，有助于保证包装系统验证的完整性。

通常情况下，对无菌屏障系统生物相容性的评价在准备整体验证方案前已经完成，在调查确定验证无菌屏障系统的目标之前，医疗器械制造商应对任何潜在的医疗器械/包装系统相互作用完成确认。

三、不同规格的包装系统可进行组合验证

在确定和评估包装系统时，应对包装系统设计和可能需要验证的医疗器械予以综合考虑。当多个系统的包装材料、包装设备、灭菌过程与医疗器械有效期等相似时，多个相似医疗器械组成的"医疗器械产品群"可以一起验证。可以选择"最坏情况"的样品作为一个器械/包装系统群的代表，用较少的无菌屏障系统和相关的医疗器械的样本即可满足测试所需的样本量。这种情况下，验证方案应包括对所采取的方法进行说明，也可以引用现有的医疗器械包装系统的验证资料来减少与验证相关的样品量。要确定通过具有相似物理尺寸和（或）包装系统规格的医疗器械去验证多种包装系统/医疗器械群中"最坏情况"的参数条件。

四、确定最终包装系统验证的样品量

确定最终包装系统验证样品量的多少取决于两个因素：一是要测试的包装系统（无菌屏障系统、保护性包装、运输包装），二是要测试的包装性能（属性或变量）和可接受的风险水平。

（1）由于无菌屏障系统最终决定了整个包装系统的可接受性，测试时对样品量的选择应具有统计学意义。

（2）属性数据（合格/不合格）、样品量取决于所需置信水平和所需结果的可靠度。

（3）对于在测试中可获得实际值并判断其合格/不合格的变量数据，若较少的样品便可以具有统计学意义，则在可能时可以把属性数据转换为变量数据（如进行分级）以减少样品量的需求。

（4）对包含单个无菌屏障系统或第二、第三包装的运输包装，如果一个运输包装包含无菌屏障系统的数量足够进行包装系统的测试，则其样品量最小可以是一个。如何理解测试配置单元非常重要。例如，一个包含12个无菌屏障系统的包装系统，样品量不是12而是1，则每个无菌屏障系统是整体样品的1/12。

五、确定接收准则

验证的关键部分是确定什么样的验证结果是可以接受的。接收准则应在开始验证之前确定，并以向用户在无菌条件下提供不受损害的医疗器械为最终目的。根据特别的情形，接收准则的形式和内容可能有很大不同，从简单的合格/不合格判断到高度量化的

打分或分析系统，使用的方法也不尽相同。验证方案的接收准则和包装系统的规格紧密关联，一个验证方案所包含的内容应比日常生产中所能监测到的内容要求更多。

六、无菌屏障系统的测试准备

用于包装系统验证的无菌屏障系统应当在规范的操作程序下生产。包装系统需要通过已验证的灭菌过程进行灭菌，灭菌过程可能需要选择"最坏情况"，可以通过多个灭菌周期进行。被验证的包装系统应包括实际的医疗器械产品或替代品，并附有印刷标识。

七、确定运输环境

根据医疗器械与预期的全球物流和分配进行相关的设计输入，以确定运输和处理的测试条件。运输环境的测试设计方案可以通过多种方法进行。ISO 11607-1 标准中的 5.5 条给出了相关参考条件：

（1）实际的运输。

（2）标准化的实验室模拟。

（3）以测量的现场数据为基础的实验室模拟。

（4）环境挑战（如气候、压力等）。

对运输环境的测试不推荐将实际的运输作为唯一的评价方法。通常只有在没有其他适宜的方法确定包装系统受到来自运输和处理的挑战程度时，才推荐将实际的运输作为环境挑战试验的评价方法。

八、确定货架寿命

验证方案最重要的一个方面是确定医疗器械货架寿命。当医疗器械包装系统上标示有货架寿命时，要求提供形成文件的客观证据，以支持这些关于有效期的声明。

欧盟法规要求所有医疗器械包装上的有效期须符合欧盟医疗器械指令 93/42/EEC 规定的"出于安全考虑，在标签适当处必须指示医疗器械应在某一时间前使用，该有效期用年月表示"。更多信息请参见 EU MEDDEV 2.2/3 指导文件。

采用加速老化试验对无菌屏障系统货架寿命进行测试，是医疗器械快速进入市场的有效办法，但前提是必须同时进行实时老化试验以验证加速老化测试的结果。加速老化试验方案应谨慎选择老化温度，保证在该温度条件下，医疗器械和包装材料不会被损害。通常需要进行一个系统的测试，对包装系统、无菌屏障系统的完整性、打开属性（如有必要）以及包装材料本身的通用属性进行评价。

第二节　无菌医疗器械包装完整性的验证

无菌屏障系统完整性是无菌医疗器械的基本要素，应保证产品处于无菌状态，直至最终使用，并为器械的储存、运输提供方便。在储存、运输过程中，若温度和压力超出范围且频繁变化，导致无菌屏障系统因物理损坏而失去无菌状态则是严重的质量事故。包装被水润湿也是质量事故，因被水润湿后的包装不易被发现且增加了污染的可能性。为保证无菌屏障系统和（或）包装系统的无菌保证能力，并为医疗器械提供适当的保护，对无菌屏障系统和（或）包装系统的检测，包括无菌屏障系统能否提供可靠的无菌状态是非常关键的。与包装完整性有关的测试包括检测无菌屏障系统和（或）包装系统密封/闭合失效，或材料本身失效造成微生物屏障的物理损害。无菌医疗器械完整性的测试验证内容参考如下：

（1）无菌包装无菌有效期。

（2）无菌包装完整性。

（3）无菌包装与环境的适应性。

（4）无菌包装和保护性包装及运输、贮存条件适应性。

（5）无菌包装与标签系统的适应性。

一、目力检测

无菌屏障系统密封通道缺陷的检测可参考 ASTM F1886 标准。鉴于某些材料的限制，无法有效检测小孔和细微撕裂，目力检测不能作为监测完整性的有效方法。在初始无菌屏障系统和（或）包装系统设计时，目力检测不能单独用于对无菌屏障系统的评价，但可作为无菌屏障系统和（或）包装系统生产过程中的检验。其相对有效的检查方法包括偏光和透光。

二、尺寸检测

许多无菌屏障系统和（或）包装系统规格及过程特性可采用尺寸测量方法评价。通常与医疗器械的适用性和功能相关的尺寸包括整体长度和宽度、内部长度和宽度以及密封宽度，其他尺寸应基于产品的应用和过程性能的要求确定。ASTM F2203 标准（使用精密钢尺作线性测量的试验方法）给出了获得线性测量相关的指南。

三、染料渗透（染色液穿透法测定透气包装的密封泄漏）

ASTM F1929（YY/T 0681.4）标准给出了细微染料溶液穿过通道缺陷的试验方法。这是验证采用目力检测的密封质量的检查结果是否可靠的通用测试方法。该测试一般不用于纤维性材料。

染料渗透试验所用的试验材料以及试验人员的培训和实践经验都可能对染料渗透测试产生影响，因此必须谨慎地确认测试结果，通常由经过评价证明合格且专业的试验人员进行测试。若这些测试得到正确的实施，可为通道和小孔的检测提供可靠和灵敏的信息。

四、气体测试

在 ASTM D3078 和 ASTM F2096（YY/T 0681.5）标准中提到了可将包装系统和（或）无菌屏障系统浸入液体而得到压力差的试验方法，现已发展为使用气体方法来显示渗漏。通常选择已经包装好的医疗器械预期用于实际和模拟运输条件，评估包装系统和（或）无菌屏障系统的完整性。可替代的技术包括采用二氧化碳或氦气作为跟踪气体的渗漏检测技术、负压衰退测试方法和其他能显示渗漏的方法。

五、完整的包装（无菌屏障系统）微生物挑战测试

把无菌屏障系统置于容器内接受已知浓度的微生物喷雾剂，在无菌屏障系统的外侧被污染后无菌打开，对内装物进行无菌检测。这是物理完整性测试的替代方法，但这种方法并非特别可靠，技术上也较难操作。通常在评价弯曲路径闭合无菌屏障系统的完整性时，在没有其他可广泛接受的测试方法时可以使用这种方法。

六、密封强度和抗爆强度

1. 密封强度

包装（无菌屏障系统）密封强度的表示方法是分离包装两个侧面所需要的力。可剥离的预成型无菌屏障系统的密封强度由材料制造过程决定。预期的密封强度范围最好由医疗器械制造商确定，这对于无菌屏障系统的材料供应商来说是非常重要的。

许多情况下，密封强度可作为衡量过程是否受控的手段。不同材料之间的可密封性应得到评价，可以在实验室中采用一系列的极限条件对密封强度和质量进行测试，通过剥离强度的测试并评审，确定测试结果是否能达到无菌屏障系统和（或）包装系统所需的密封强度。这种方法是用于筛选材料进行组合的典型过程，也可以用于评价灭菌前和灭菌后的密封强度。此外，密封强度也可用于评价监测制造过程是否处于受控状态。

无菌屏障系统的成型和无菌状态的保持均依赖密封性。由于包装材料可以在不同条件下密封，因此包装材料的密封特性包括密封宽度大小、密封窗口、密封强度、密封迹象（如可剥离）、材料对温度的敏感性等。由于温度传感器的位置、密封工具的规模形式不同，以及其他因素的影响，每台设备的密封条件都可能不同，应使用实验室设备进行密封过程的评价。

ASTM F88（YY/T 0681.2）标准定义了密封强度的测试方法。张力测试的设备以特定的分离速度将预先切好的密封材料两侧拉开，测量分离距离和过程中的张力。通常在包装周边选取几点进行测试。ASTM F88（YY/T 0681.2）标准了提供了相关技术差异影响的信息。EN 868-5（YY/T 0698.5）标准提供了关于密封强度特性的指南。

2. 抗爆强度

抗爆测试是向包装内部加压并关注压力对包装密封的影响，即无约束包装抗内压破坏，也可称之为抗涨破试验。这项试验可以观察密封衰变达到包装失效的时间（渐变至爆破）。最终抗爆强度采用 ASTM F1140（YY/T 0681.3）和 ASTM F2054（YY/T 0681.9）标准的测试方法。无菌医疗器械屏障采用 ASTM F2054 方法测试比采用 ASTM F1140 方法测试具有更大的挑战性。抗爆测试通常用于过程控制。当抗爆测试被作为过程控制工具时，必须在验证时同时进行密封强度的张力测试。

七、摩擦系数

当在金属表面、其他底面或同种材料表面移动时，摩擦可能影响包装材料的处理过程。如堆放或自动装卸操作时，材料可能由于过高的摩擦而无法放置。确定材料的静态和动态摩擦系数可以提高无菌屏障系统和（或）包装系统处理的可靠性。更多指南参见 ASTM D1894《塑料薄膜及薄板的静态和动态摩擦系数的测试方法》标准。

第三节　无菌医疗器械包装与环境的适应性

由于不同的医疗器械对生产环境有不同的要求，一般情况下要求初包装和医疗器械具有相同的生产环境，包装所能承受的极端环境条件必须得到确认，以保证满足预期的物流和销售要求，这就是所述的环境限制。环境限制应由医疗器械制造商根据产品的特性条件验证，无特殊要求的医疗器械可不做此验证。包装材料和无菌屏障系统的很多测试项目都要求被测试的样品在测试前放置在一定的环境条件下处理一定的时间，这些环境条件是必须关注的。

一、生产环境

无菌医疗器械包装的生产环境应根据包装的特性、工艺流程及相应的洁净级别要求合理设计、布局和使用，应符合产品质量及相关标准的要求。与无菌医疗器械使用表面相接触的、不需清洁处理即使用的初包装材料，其生产环境洁净度级别的设置应当遵循与无菌医疗器械生产环境洁净度级别相同的原则。若初包装材料不与无菌医疗器械使用表面直接接触，应当在不低于 300 000 级洁净室（区）内生产。洁净室（区）内使用的压缩空气等工艺用气均应经过净化处理，与包装材料使用表面直接接触的气体对产品的影响程度应当进行验证和控制，以满足所生产产品的要求。生产、行政和辅助区的总体布局应当合理，非医用包装产品不得与医用包装产品使用同一生产厂房和生产设备。生产环境应根据包装产品特性采取必要的措施，有效防止昆虫或其他动物进入。仓储区应满足原材料、包装材料、成品的贮存条件和要求，按照待验、合格、不合格、退货或召回等情形进行分区存放，以便于检查和监控。包装生产过程中应配备与包装产品生产规模、品种、检验要求相适应的检验场所和设施。要根据初包装材料质量要求，确定微粒和初始污染菌的可接受水平并形成文件，按照文件要求进行检验并保持相关记录。

二、清洁和微粒

无菌屏障系统和（或）包装系统材料表面上的外来物质和可以被扫拂或擦除的物质被认为是松散微粒。应尽量减少松散微粒，固有微粒的水平取决于所选的包装材料。微粒大小通常采用 TAPPI（TAPPI 为美国纸浆与造纸工业技术协会的英文缩写，该协会是世界范围内纸浆、造纸和纸张加工工业的主导技术行业协会）灰尘估算图表进行估算。这个估算表和 GB/T 1541 标准的方法一致，目前国际上广泛推荐使用这个标准作为纸质材料微粒检测的依据。

应控制并减少嵌在两个薄层、薄膜、非织物或纸张中的外来物质。凝胶、松脂碎屑等高于平均粒子直径且表现为小、硬、反光的微粒通常认为不是外来材料，而是许多聚合物材料固有的。碳微粒是由于母本材料在处理过程中经受高温而形成的，凝胶、碳微粒应和嵌入的外来材料微粒区别对待。

GB 8368《一次性使用输液器 重力输液式》标准是针对输液器管路内不溶性微粒的测试方法，这种测试方法和包装材料的微粒测试无论在粒径和附着方式上都存在明显差别，特别是采用这种方法测试忽略了包装材料上不可移动微粒的测试。包装材料上的不可移动微粒会在运输过程中与医疗器械产生摩擦，形成具有危害性的可移动微粒，因此，包装材料的微粒测试方法应能评价可移动和不可移动微粒总和才是科学和安全的。

YBB 0027《包装材料不溶性微粒测定法》是药包材的标准，主要是针对药用胶塞、输液瓶、输液袋和塑料输液容器用内盖的不溶性微粒大小及数量的测定。

以上两种方法均为光阻法和显微计数法，这两种方法来自《中国药典》（2015 年版）中"不溶性微粒测试"部分，而《中国药典》中这部分内容均来自《美国药典》（USP）36 < 788 > PARTICULATE MATTER IN INJECTIONS。这种测试方法均不适合纸张和薄膜类材料微粒的测试，可用于吸塑盒和全塑包装袋内壁微粒的测试和评价。

IEST-STD-CC1246D 标准是美国环境科学与技术协会提供的确定产品清洁水平和污染控制程序要求的统一方法（简称 IEST）。到目前为止，IEST 制定并出版了 60 多项与 ISO/TC 209 标准平行的推荐性操作规程和许多相关技术指南、技术手册、书籍、杂志等，内容涉及洁净室及相关受控环境污染控制，在全球范围内得到了广泛的运用，不但是行业内制定、修订标准的参考，而且是一些企业生产产品和从事营销业务的依据。

中国医疗器械行业协会医用高分子制品分会参考以上标准提出了有关无菌医疗器械初包装污染的技术要求和检验方法。

三、包装系统气候环境应变能力

对于随着医疗器械在流通过程中可能经受各种气候环境变化的包装系统，应考虑适应环境应变的能力（见 YY/T 0681.16）。对无菌医疗器械包装系统和（或）无菌屏障系统，以及各种保护性包装就经受环境应变而言，单一包装由于不会受到相邻包装的"隔离保护"作用，代表了堆码包装经受环境应变的最坏情况，因此该项试验只对单一包装进行。气候环境应变能力有两种情况：第一种情况可以作为包装系统随同无菌医疗器械在检验前的预试验。医疗器械在进行全性能检验前，先做器械及包装系统经受环境气候的应变试验，然后再对器械进行全性能试验。如果器械检验合格，制造商可以声称产品在经受各种极端气候环境挑战试验后仍符合标准所规定的各项要求。第二种情况只针对器械的包装系统进行试验，用以评价单独包装系统的气候环境应变能力，试验后再评价材料的物理特性有无发生变化。这一试验的目的类似于加速老化试验。在试验过程中经受 50 ℃、4 h 的温度要求相对于 YY/T 0681.1 规定的加速老化试验的条件可以忽略，但要关注试验中经受的冷热应变可能会对材质有所影响。要注意冷气候条件和热/干气候不是冷热地区的极端温度，一般是指日记录均值。日记录均值的意思是：假定最冷地区日记录温度为 – 32 ℃ ~ – 8 ℃，从而取均值为 – 20 ℃。高温亦是如此。ASTM 标准之所以声称给出的条件是"世界上冷气候和热气候的日记录均值"，是基于已有的运输和贮存环境、相关规范以及已出版的科学研究文献等信息。通常情况下，热带区域应避免在一天中最热的时段（中午）运输，而寒带区域应避免在一天中最冷的时段（深夜）运输。无菌医疗器械在运输过程中既经历高温（50 ℃）又经历低温（– 20 ℃）的概率是极低的（70 ℃的应变差）。因此，YY/T 0681.16 标准中给出的气候环境条件可以作为无菌医疗器械包装在运输中所经受的最坏气候应变环境。

环境挑战验证是将包装放在极限温度和（或）湿度和（或）其他环境条件下，确定包装对环境变化敏感程度的过程。与加速老化相比，环境挑战应包括或超过包装生命周期中可能遇到的温度和湿度条件，具体可参见 ASTM F2825 标准。

四、测试前环境处理指南

有关这一部分内容详见本书第七章。

第四节　保护性包装及运输、贮存验证

一、保护性包装概论

所谓保护性包装，即用一定的材料，对具有一定物理形态的物品做包裹和盛装，是在流通中保护商品、方便储运、促进销售，按一定技术方法而采用的容器、材料及辅助物等的总称，也可理解为达到以上目的而采取的有关技术方法或作业活动。

保护性包装包含两个重要功能，即保护产品和促进销售。前者是包装最原始、最本质的目的，后者则是随着商品经济时代的快速发展而衍生出来的新功能。

保护性包装的定义：为确保产品在整个物流环境中能够经受可能的物理、化学以及气候环境因素等对产品造成破损、变形、变质等负面效果而采用的技术手段和方法。保护性包装要解决的问题如"怎样才能实现产品运输过程中的安全保护？""面对一个真实的产品和实际的物流要求时应该如何应对？"等。

二、保护性包装材料

保护性包装材料是指用于满足产品包装要求所使用的材料，有很多种类，主要可以分为纸与纸板、塑料、金属、玻璃、陶瓷、木材、纤维和复合材料等。

纸包装以纸与纸板为原料制成，包括纸箱、纸盘、纸袋、纸桶、纸罐等。塑料包装以塑料为原料制成，包括全塑箱、钙塑箱、塑料管、塑料桶、塑料罐、塑料瓶、塑料袋等。金属包装以钢板、铝板和铝箔等金属材料制成，主要有钢板、铁盒、铁罐、金属软管等。玻璃与陶瓷包装主要有玻璃瓶、玻璃罐、陶瓷瓶、陶瓷缸、陶瓷坛、陶瓷壶等。木制包装以木材、木材制品、人造木材、板材制成，主要有木箱、木桶、木盒等。纤维织品包装以天然纤维和人造纤维织品制成，如麻袋、布袋、布包等。采用两种或两种以上材料黏合制成的包装材料称为复合包装材料。复合包装材料主要有纸/塑、纸/铝/塑、塑/铝/塑复合材料等。

包装材料的选择应遵循在确保产品安全可靠的前提下，尽可能实现包装与产品价值的统一，同时让包装尽可能地提升产品的价值。

1. 发泡类材料

发泡聚苯乙烯（EPS）俗称保丽龙。发泡聚乙烯（EPE）中，5 mm 以下的一般称为珍珠棉。目前的发泡工艺可以生产 80 mm 的一次发泡板材。另外，发泡聚丙烯（EPP）、聚氨酯（PU）材料有两种不同的应用形式，一种是常见的海绵，另一种是发泡包装。

2. 纸类材料

纸类材料主要有白纸板、白卡纸、牛皮纸板、复合纸板、瓦楞纸板及瓦楞纸箱、纸浆模塑、蜂窝纸板、纸护角、牛皮纸、皱纹纸等。

3. 其他材料

其他材料如空气袋、空气柱、气泡布、实木、多层板、复合材料、PE 膜、PEGT、木丝等。

一些常用的包装材料如图 6-1 所示。

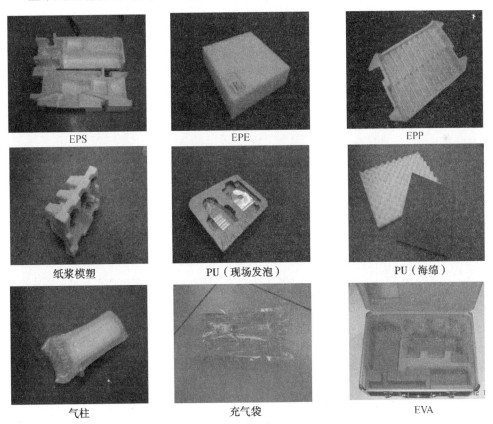

图 6-1 常用包装材料的参考照片

三、模拟运输试验

进行模拟运输试验最根本的目的是验证产品的保护性包装设计是否安全有效。模拟运输试验要尽可能地模拟产品实际流通环节中要面对的一些潜在的破坏性因素，这些破坏性因素主要包括由野蛮装卸和流通运输过程中所产生的冲击和振动，以及长时间的静态压力。

当然，最好的模拟运输试验是用真实产品的最小保护性集合包装（通常是瓦楞纸箱）进行一个完整的流通过程，即真实运输试验。但现实中因各种客观条件所限，往往无法进行真实的运输试验。为此，相关机构基于不同的要求设计了不同的模拟运输试验环境以及相关的试验标准。模拟运输试验标准能最大限度地模拟真实运输流通环节。对于无菌医疗器械包装行业来说，在参考或引用模拟运输试验标准时要基于"最差状态"的试验原则，可以只做最差情况下的运输试验。若是通过了，则可以推导证明比此情况好的外包装系统都可以同样通过这个运输试验，从而减少试验次数，降低了试验成本且缩短了项目周期。但对于一个全新的项目在开发前期还是有必要进行一次完整的外包装系统运输试验，以验证外包装系统是否能够在最差的流通仓储环境下对内包装系统或产品自身提供充分且必要的保护。常见的模拟运输试验参考标准如下：

1. 国家标准：GB/T 4857

GB/T 4857 是关于运输包装试验的指导性系列标准，由几十个分标准组成，目前这些标准基本上等同于 ISO 标准，被广泛用来验证最终模拟运输试验，其主要内容如下：

（1）包装运输包装件试验时各部位的标示。

（2）温湿度调节处理。

（3）静载荷堆码试验。

（4）采用压力试验机进行的抗压和堆码试验。

（5）跌落试验。

（6）滚动试验。

（7）正弦定频振动试验。

（8）六角滚筒试验。

（9）喷淋试验。

（10）正弦变频振动试验。

（11）水平冲击试验。

（12）浸水试验。

（13）低气压试验。

（14）倾翻试验。

（15）可控水平冲击试验。

（16）采用压力试验机的堆码试验。

（17）随机振动试验。

（18）编制性能试验大纲。

2. 美国材料试验协会标准：ASTM D4169

ASTM 是美国材料试验协会的简称，ASTM 发布的相关标准在美国被广泛应用。其关于运输测试部分的标准主要为 ASTM D4169。该标准具有较强的可操作性，一般情况下可以将标准中用于无菌医疗器械包装系统试验的"流通周期 13（DC13）的试验要求"作为无菌医疗器械包装系统的试验要求。ASTM D4169 标准是目前国际上公认的评价包装运输性能相对完善的试验体系。ASTM D4169 标准根据运输货物所采用的不同的运输形式，规定了 18 种不同的流通周期（简称 DC）。推荐无菌医疗器械的包装运输试验按以下程序依次进行。顺序号：1，2，3，4，5，6，7，进程：A，C，F，I，E，J，A，试验项目：人工搬运、运载堆码、无约束振动、低气压、运载振动、集中冲击、人工搬运。这个试验进程等同于 ASTM D4169 中的 DC13，代表了无菌医疗器械包装在各种流通过程中最严苛的挑战，因此在我国被确定为实施无菌医疗器械运输包装试验推荐的试验程序。对于特殊流通周期的无菌医疗器械，也可以选择 ASTM D4169 标准中其他的流通周期试验要求。若经过和客户论证，则也可选择其他流通周期，具体内容可参见 YY/T 0681.15 标准。

运输试验案例如下：

在进行运输试验之前，包装袋根据 ASTM D4332 标准进行了 7 天的环境调节，如表 6-1 所示（环境条件基于标准 ASTM D4169、ISO 2233、ISTA 2A 的部分确定，用于反馈全球运输的极限情况）。

表 6-1　包装袋的环境调节

预期环境	温度	相对湿度	保持时间/h
实验室环境	—	—	6
结冰或冬季环境	-35 ℃ ±2 ℃	—	72
实验室环境	—	—	6
热带气候（潮湿）	38 ℃ ±2 ℃	85% ±5%	72
沙漠气候（干燥）	60 ℃ ±2 ℃	30% ±5%	6

环境调节后，按照 ASTM D4169 标准进行运输试验，相关的试验要求如表 6-2 所示，本试验遵循了 ASTM D4169 中的 DC13 安全水平 I。ASTM D4169 标准目前是全球性运输试验所采用的不同运输方式的试验水平选择和环境调节的依据。

表 6-2　运输试验顺序标准

顺序	试验进度	试验方法/标准
1	调节	ASTM D4169、ASTM D4332
2	A：人工搬运（第一次）	ASTM D4169、ASTM D5276/ISTA 2A*
3	C：运输堆码	ASTM D4169、ASTM D642
4	F：松散载荷振动	ASTM D4169、ASTM D999 Method A1

续表

顺序	试验进度	试验方法/标准
5	E：运输振动（卡车和空运）	ASTM D4169、ASTM D4728 Method A
6	A：人工搬运（第二次）	ASTM D4169、ASTM D5276/ISTA 2A*

注：* ISTA 跌落试验的高度与 ASTM 的跌落试验顺序一起使用。

3. 国际安全运输协会标准：ISTA

ISTA 的全称为 International Safe Transit Association，中文翻译为国际安全运输协会，中国也是该协会成员国之一。目前，ISTA 组织制定的模拟运输系列试验标准在全球各个主流经济体被广泛采用。ISTA 是一个营利性的非官方组织，在全球宣传推广它的测试标准，并提供相关的实验室认证和技术工程师认证等服务。

最新的 ISTA 模拟运输试验标准共有七个系列，每个子系列标准下面又有数量不等的几个具体试验方案，所以 ISTA 共有几十个不同的试验方案来应对各类不同的产品外包装系统运输试验，可以全面覆盖各类运输模拟环境。在整个系列标准中，1、2、3 系列最为通用。ISTA 系列试验标准的特点是分类清晰、要求明确、操作性极强。

因无菌医疗器械外包装系统比较简单，一般参考 ISTA 中的 1、2、3 这三个系列。其中，1 系列为简单的跌落和振动模拟，2 和 3 系列增加了模拟环境调节，模拟振动较为复杂，而 3 系列模拟的环境比 2 系列更为苛刻。为此，ISTA 2 和 3 系列是目前最常用的模拟运输试验方案。

ISTA 3A 模拟运输试验程序实例：首先将待测试的包装进行称重和标识，然后进行温湿度预处理。预处理分为两种：一种是在测试场所环境条件下的常温预处理（大于12 h）；另一种是在受控环境调节柜里进行温湿度预处理（72 h 以上）。完成预处理后的包装件再按以下步骤进行测试：

（1）第一次冲击试验，一般做自由跌落测试（用跌落试验机）。

（2）堆垛性试验（常用抗压测试仪器）。

（3）固定频率振动实验（常用固定频率振动仪器）。

（4）低气压试验（需要低气压环境）。

（5）卡车模式随机振动试验（常用液压式随机振动仪器）。

（6）集中冲击试验（常用摆锤形仪器）。

（7）第二次冲击试验，一般做自由跌落测试（用跌落试验机）。

测试结束后，查看包装外观是否有破损，然后开箱检查经过完整的试验流程后包装内产品的情况，是否有堆码混乱、产品破损等问题，最后对各个相应部分进行拍照取证，编写试验报告，经审批后将报告反馈委托方，整个试验流程结束。

从上述分析可以看出，该测试模拟了真实的产品流通运输环节，通过该程序测试的产品在很大程度上降低了实际运输中的破损风险。如图 6-2 所示为模拟运输试验设备。

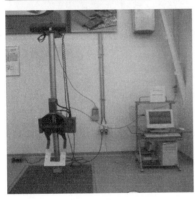

图 6-2 模拟运输试验设备

四、保护性包装设计

无菌医疗器械保护性包装的设计应遵循以下六步法：

1. 明确物流环境

产品的物流环境，即从工厂生产到最终使用者的整个流通环节可能是明确的，也可能是不明确的。但是在网络、物流、电商、大数据时代，基本的流通路径是可以了解和分析的，通常是公路运输、铁路运输、海洋运输、航空运输、快递物流等。可以从以下环节分析物流环境对包装造成的影响：

（1）搬运与装卸。通常有人工和机械两种搬运与装卸方式。该环节对商品包装可能造成跌落冲击损害。

（2）运输环节。常用的运输工具有汽车、火车、轮船和飞机，还有短途用的电瓶拖车、铲车、手推车等。运输过程中产生的冲击、振动、气候环境条件变化等都是对包装造成损害的因素。

（3）堆码与仓储。仓储方法、周期、地点、环境条件、堆码高度、质量等也是对产品包装造成损害的因素。

（4）销售环节。销售环节是物流的后端环节，分装、陈列展示、便于携带等是对包装的主要要求。

在流通过程中，一般仓库堆码高度为3～4 m，汽车堆高限度为2.5 m，火车堆高限度为3 m，远洋货舱堆高限度为8 m。因此，在包装设计时要考虑包装容器的堆码承压强度，以确保产品在运输和储存中的安全。

2. 查询或预估产品脆值

脆值（Fragility）是商品在物理或功能上不发生破损所能承受的加速度最大值，也叫作商品的允许加速度，在包装工程中常以重力加速度的倍数 G 表示。它由产品本身的特性决定，与外界环境无关。如果设计的产品有明确的脆值（G），可以直接利用；如果不是很明确，可以通过资料查询搜索或对比估算获得。部分产品的脆值区间如表6-3所示。

表6-3　部分产品的脆值区间

G 值范围	产品类型
≤10	大型电子计算机、精密校准仪器、大型变压器
11～24	高级精密电子仪器、晶体振荡器、精密测量仪、航空测量仪、导弹制导装置、陀螺仪、惯性导航仪、复印机
25～39	冰箱压缩机、大型电子管、变频装置、电子仪器、普通精密仪器、精密显示器、录像机、机械测试仪表、真空管、雷达及控制系统、大型精密仪器、瞄准仪器
40～59	航空精密零件、微型计算机、自动记录仪、大型电讯装置、电子打字机、现金出纳机、办公电子设备、大型磁带录音机、一般仪器仪表、航空附件、一般电器装置、示波器、钟表、彩色电视机、马赫表
60～89	磁带录音机、照相机、移动式无线电装置、光学仪器、油量计、压力计、荧光灯、热水瓶、冰箱、音响、鸡蛋
90～120	洗衣机、普通钟表、阴极射线管、打字机、收音机、计算器、啤酒瓶、热交换机、油冷却机、电暖炉、散热器
>120	陶瓷器、机械零件、小型真空管、航空器材、液压装置

3. 选择合适的包装材料

选择包装材料的前提是要对材料的性能有所了解。包装材料的选择和使用应综合考虑以下因素：

（1）产品的价值区间及其消费定位，一般分为民用型、工业型、医疗型、军工型等。

（2）产品的材质构成、结构形状及其质量等。

（3）产品的生产批次和数量，大批量生产的产品其包材的生成和供货能力。

（4）产品的营销方式，传统的营销方式与电子商务模式营销的区别也是重要因素之一。

基于以上因素评估包装材料能否实现保护性包装的固定、缓冲、抗压功能等要求。通常情况下，少数产品应用一种包装材料就可以实现以上三种功能，但大多数产品的包装可能需要多种材料的综合使用才能实现其保护功能。

4. 打样、试装、试包

根据上述的运输环境、产品脆值以及选用的材料要求，编写合理的保护性包装解决方案。如果选用了发泡型缓冲材料，应向材料供应商索取相应材料的缓冲曲线，根据曲线计算包装箱的最小受力面积，最终确定包装箱的尺寸。

5. 运输试验验证

将试样包装产品按相应的标准进行运输包装测试，验证该包装设计是否满足预期科学、合理、可行的要求。

6. 包装再设计

根据试验结果的反馈，进行针对性的包装再设计，并分析验证判断。如果验证失败，则要重新考虑以上设计；如果验证结果满足要求，也应进行必要的总结分析，评估在可操作性、包装成本等方面是否存在改进空间。

五、保护性包装性能试验大纲（仅供参考）

（一）模拟运输测试评价方法

（1）在进行模拟运输测试前，应对包装材料的特性（尺寸、形状、质量）、同类材料其他产品成型和密封工艺的 OQ/PQ 确认结果，以及模拟运输测试结果、实际运输反馈结果进行评估，判断设计的包装系统是否需要进行模拟运输测试。如果不需要，则出具等同性评估报告；如果需要，则安排模拟运输测试。

（2）试样准备。准备模拟运输测试样品时，应考虑以下要求：

① 选用已进行成型和密封工艺 OQ 过程确认的参数范围制备的样品。

② 对于可以划为同一类别的产品族选择最差条件进行测试。

③ 考虑产品灭菌次数的极限。

（3）模拟运输测试。结合产品预期运输条件和需求，参考 GB/T 4857 标准进行评估后再制订相关测试方案，按照方案完成测试。

（4）样品试验。模拟运输测试完成后，先目视检查试验外包装有无明显破损痕迹，然后取出产品进行染色渗透试验，按 YY/T 0681.4 标准要求进行。

（二）试验程序

1. 试验方法

（1）编制单项或多项试验大纲时采用的试验方法按 GB/T 4857.18 标准中表 1 的规定。

（2）当用不同的试验方法可以达到同一试验目的时，可任选一种。

2. 试验顺序

（1）推荐的试验顺序如下：

① 试验时的温湿度调节处理按 GB/T 4857.2 标准中的包装规定（试验开始时的温湿度应调节处理，但不排除其他各项试验所要求的条件调节处理）。

② 堆码，按 GB/T 4857.3 或 GB/T 4857.16 标准的规定。

③ 冲击，按 GB/T 4857.5 和 GB/T 4857.11 标准的规定。

④ 气候处理，按 GB/T 4857.9 标准的规定。

⑤ 振动，按 GB/T 4857.7 或 GB/T 4857.10 标准的规定。

⑥ 堆码，按 GB/T 4857.3 或 GB/T 4857.16 标准的规定。

⑦ 冲击，按 GB/T 4857.5 和 GB/T 4857.11 标准的规定。

（2）为确定流通系统中共振是否对运输包装造成危害，应在推荐顺序的"②堆码"和"③冲击"之间增加共振试验，试验方法按 GB/T 4857.10 标准进行。若证明这种共振不可能引起损坏，则此项试验可以省略。

（3）根据流通过程的实际状态，试验大纲中可以适当插入其他试验。

（4）当特殊环境条件要求不同的试验顺序时，确定的试验顺序应在试验报告中说明。

（5）对运输包装进行单项试验的次数是由单程运输或多程运输等因素决定的。若在流通过程中出现某一特定的危害，则必须增加相应单项试验的次数。

3. 试验强度的选择

（1）试验强度基本值。

试验强度应根据流通过程中的危害、运输包装内装物的特性和运输方式来选择。试验强度基本值是以普通流通系统为基础，以"平均"质量和尺寸的运输包装为对象考虑的试验强度"基本"值。不同运输方式和贮存方法的试验强度基本值按 GB/T 4857.18 标准中表 2 的规定。

（2）试验强度优先值。

由于运输方式和运输状态等因素的影响，试验强度可能在一定范围内发生变化。试验强度的优选按 GB/T 4857.18 标准中表 3 的规定。在确定试验强度时，应根据试验方法和危害性质在此范围内优先选择适用的定量值。

4. 试验强度基本值的修正

（1）试验强度修正因素。

流通系统的特点或者包装件的特点不同，或由于运输包装和内装物的特点使试验强度发生合理改变，都构成了试验强度基本值的修正因素。

（2）试验强度修正因素的选择。

不能硬性地规定选择修正因素，必须根据流通系统的实际情况和其他人为因素选择对某项试验强度值的修正因素。不同试验变量和运输方式的修正因素的选择按 GB/T 4857.18 标准中表 4 的规定。某些情况下，可以对试验强度的其他方面进行调整，如缩短试验时间、采用各种堆码负荷等。

（3）试验强度修正因素的综合。

试验强度修正因素的综合应以一个特别重要的因素为基础。当不存在这种因素时，选择修正因素中的最高值。

考虑所选因素的累积效应，在合理的试验强度优选系列内，偏离试验强度基本值的总和不应超过两级，但垂直冲击的跌落高度情况除外。如果对流通系统有详尽的了解，证明更多级别的变动是可行的，则可以修正这一规定。

5. 包装件状态的选择

（1）试验时运输包装的状态，应采用模拟试验或重现正常运输情况下包装件经受危害时的状态。

（2）选择包装件状态时，还应充分考虑：

① 同一被试包装件不应以不同的状态进行次数过多的单项试验。如对单程运输的包装件，合理的单项试验次数可以是冲击试验5次，其他试验1次。

② 应避免垂直冲击试验和水平冲击试验之间的重复。如对被试包装件的同一表面实施这两种试验。

③ 在可能的条件下，应考虑运输包装件的对称性，以避免试验重复。

6. 危害因素

在流通系统中，运输包装件要经受一些可能引起损坏的危害。这些危害往往是多种因素作用的结果，其中最重要的是：

（1）流通系统各环节的特性。

（2）包装件的尺寸、质量、形状以及整体搬运辅助装置（如提手）的设计。

（三）性能试验大纲编制程序

根据流通系统的每个环节，决定试验大纲中所要进行的试验（如果某种特定危害不超过某一预定等级，这种危害的试验可以取消）。其编制程序如下：

（1）查明流通过程中每个环节及其重复出现的顺序和次数。

（2）确定这些环节中包含的危害形式或严重程度。

（3）决定模拟或重现这些危害所需要的试验，包括运输包装件调节处理、包装件状态、设置障碍物等。

（4）对特定的包装件，针对与其相关的流通系统，确定试验强度基本值。

（5）根据需要，选择试验强度基本值的修正因素和修正值，确定最终试验强度值。

（6）实施试验。

（四）验收准则的确定

被试包装件的验收准则应根据包装件或其内装物质量的降低程序、内装物的减少程度、包装件或其内装物变质的程序、已损坏包装件是否代表在随后的流通系统中存在的危害或潜在危害来确定。在确定可以接受的损坏程度时应考虑以下因素：

（1）内装物的单位价值。

（2）内装物的单位数量。

（3）包装件的发货数量。

（4）流通费用。

（5）内装物的危险性，如无危害、对人体有危害、对其他商品有危害等。

第五节　无菌医疗器械包装与标签系统的适应性

新的包装材料需要印刷时，要对印刷性能进行评价，确定印刷面。材料的印刷性能与润湿性能和表面张力相关。表面张力的测量可使用接触角测量仪或达因笔，两种测试方式均可以确定表面是否经过处理和处理的程度。某些处理过的表面，随着时间的推移，达因数可能会发生变化而影响印刷性能。

质量差的油墨会在材料上吸附/附着，影响外观和易读性，甚至会破坏包装材料涂层的功能性。由于吸附的可接受程度相对不同产品是不同的，包装材料的用户和制造者需要在接收准则上达成一致。更多指南参见 ASTM F2252（YY/T 0681.7）标准。

包装印刷旨在传递信息，不应存在漏印、污点、模糊、重影等造成错误或不易识别的信息。在密封区域印刷可能影响材料的密封性能，密封过程同样可能影响墨水和（或）印刷的易读性。印刷性能应与所选择的灭菌过程相容，环境温度、材料的化学性能可能影响印刷过程和印刷质量。

印刷后的包装材料在后加工过程中的摩擦可能使无菌屏障系统和（或）包装系统的图像外观发生改变，如磨损、擦掉或导致印刷内容无法辨认。在试验条件下，通过对表面印刷材料的抗摩擦性与确定的标准进行比较，可以估计运输和处理造成的影响。更多指南参见 ASTM D5264（印刷耐磨）标准。

无菌屏障系统和（或）包装系统材料印刷后的表面在其生命周期内可能暴露在化学物中，化学物可能腐蚀、软化、污染和擦掉印刷内容，对外观和易读性造成影响。对已知或预期化学物抵抗力进行评价的方法参见 ASTM F2250（YY/T 0681.6）标准。

涂胶层的质量可能影响密封的加工性能、密封强度和胶的转移。很多情况下黏合剂是采取类似印刷的方式涂布于底面材料上的，涂层质量可能影响密封强度和剥离时黏接层的打开证明模式（密封强度的一致性和两底面间涂层的转移）。为保证密封和剥离的结果具有一致性，涂层质量需要符合既定的范围。更多指南参见 ASTM F2217（YY/T 0681.8）标准。

包装标签系统一般按以下方法进行分类：

1. 不直接与内容物接触

（1）直接印于透气性材料外表面。

（2）直接印于不透气性材料外表面。

（3）直接印于不透气性材料夹层中。

（4）透气性不干胶标签系统。

（5）不透气性不干胶标签系统。

（6）印于透气与不透气材料封口中。

对于（2）（3）（5）（6）项可按 YY/T 0681.7（ASTM F2252）标准进行验证。

对于（1）（4）项除了按 YY/T 0681.7（ASTM F2252）标准验证外，还应做残留物的验证。

2. 直接印于与内容物接触的包装系统内表面

对于印于直接与内容物接触的内表面，除了按 YY/T 0681.7（ASTM F2252）标准验证残留物外，还应进行毒理学验证。另外，针对上述两种情况应进行灭菌相容性验证。

第六节　无菌医疗器械包装无菌有效期的验证

包装系统上的无菌有效期是印刷标识，证明无菌屏障系统密封和材料在标示的时间内能够保持内物装具有完整的稳定性。无菌屏障系统的材料可以参考关键属性如拉伸强度、伸长率、穿刺和耐撕裂性、阻隔性等参数进行验证。其中，密封强度可使用抗拉/剥离或抗爆测试的方法进行评估，以证实产品的无菌有效期。包装材料和预成型无菌屏障系统的老化试验可以单独进行。

无菌医疗器械和包装的整体性验证通常按如图 6-3 所示的程序进行。

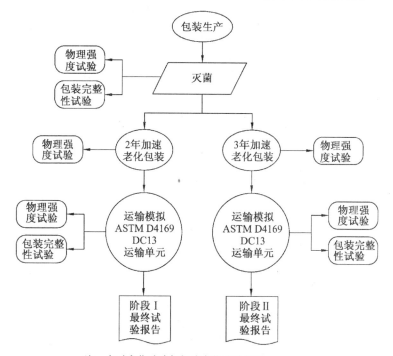

注：实时老化试验与加速老化试验相同

图6-3　无菌医疗器械和包装整体性验证程序

一、与事件相关、时间无关的原则

因无菌保证水平的降低与事件相关而与时间无关，因此必须将包装系统性能测试从无菌屏障系统稳定性测试中分离，作为独立的实体和步骤实施。若综合这些测试，不但会导致用户信息错位，而且在进行样品测试的过程中可能导致比正常的储存和分配流程中的样品受到远大于实际情况的环境影响。

稳定性测试和包装系统性能测试不应结合进行的主要原因是：ISO 11607-1 标准把无菌失效作为质量事故，而与时间不相关。在无菌医疗器械产品的装卸、储存和配送环节中发生这样的事件通常属于物理性的破坏，这种质量事故和时间无关。

如果将稳定性测试和包装系统性能测试结合进行，则若测试过程中暴露出包装系统问题，将很难确定包装系统失效的原因是由包装老化（时间）造成的还是包装性能设计的原因，或是试验过程中出现的其他因素引起的，无法通过采集到的数据评估导致故障产生的原因。

老化试验是在非常苛刻的条件下进行的测试，强调在正态分布环境中看不到的部分。如连续延长无菌屏障系统的样本暴露的时间周期和提高加速老化的温度（＞55 ℃），在这个过程中保护性包装的性能显著削弱。如果老化包装系统或无菌屏障系统的性能在测试中发生了故障，要及时找出并确定故障原因。若不在此试验环境下，则想要找出问题的原因是很困难的。

二、无菌有效期的验证

ISO 11607 标准指出无菌屏障系统的完整性可用来证实无菌水平的保持性。因此，稳定性测试的重要内容是无菌屏障的完整性。ISO 11607、GB/T 19633、YY/T 0698 等标准并未给出明确的或推荐性的无菌屏障系统完整性的生物学验证方法。目前国内有些情况下会引用《中国药典》中的无菌检测法进行无菌包装完整性的验证，但要达到一定的安全性则要使用大量的样本去完成测试（具有统计学意义），否则使用这个方法验证就是错误的。事实上这个方法是灭菌结果过程确认的一种方法，而非包装完整性的验证方法。

当然，最好是采用标准化的评价无菌屏障系统完整性的试验方法，这样可以通过材料的微生物屏障特性和密封/闭合的完整性确定无菌包装系统的无菌保持特性。在没有适用的评价试验方法时，无菌检测法也可以用于无菌包装无菌有效期的验证，但这种方法只能用于实际时间的无菌有效期的验证，取样量要具有统计学意义。如医疗机构使用的包裹物进行包装完整性验证比较困难，所以原国家卫生部在《消毒技术规范》中规定无菌检查法可作为无菌有效期的鉴定方法。

三、实时老化试验

稳定性测试应使用实时老化的方式进行评估。加速老化的稳定性数据最终应符合实时老化的结果。当制备无菌屏障系统样本进行稳定性测试时，实时老化的样本量要加倍制备，即要准备相同数量的样本，进行装配、灭菌并放置到实时的失效期后再进行评价。

如果实时老化结果满足可接受准则，产品的货架寿命即被确认。如果实时老化结果不满足可接受准则，货架寿命必须减少到实时老化试验所获得的最长货架寿命。如果产品已经根据加速老化数据投入市场，则必须重新进行评审，并采取相应的措施。评审应形成文件和记录。

（1）实时老化试验应与加速老化试验同时进行。

（2）实时老化试验各阶段的检验项目与加速老化试验相同。

（3）当实时老化试验结果和加速老化试验结果不一致时，应按实时老化试验结果调整产品的有效期。

（4）形成完整的老化试验报告。老化试验报告由医疗器械制造商出具，应至少包括以下内容：

① 老化试验的形式（加速老化还是实时老化）。

② 实际所采用的试验程序。

③ 在各试验阶段对无菌屏障系统的测试结果。

④ 运输试验的程序。

⑤ 老化试验结束后的产品检验结果。

⑥ 产品有效期的确定和结论。

四、加速老化试验

ASTM F1980 和 YY/T 0681.1 标准提供了选择加速老化条件的指导意见，并讨论了选择加速老化温度不应超过无菌屏障系统材料限制范围的重要性。

加速老化温度是一个对材料和无菌屏障系统挑战的极端条件，在现实情况下可能不存在这样的条件，因此，这只是失效模式的假设。应在产品使用过程中调查所采用的老化温度和实际所需要的验收准则之间的差距，观察相关的趋势变化，可能会随着时间的推移影响到无菌屏障系统的完整性。

加速老化试验通过将产品/包装系统放在受控的高温环境（受控的存储环境）下模拟等效时间对包装的影响。等效时间通常以假设包装材料按照阿列纽斯方程来估算。更多相关内容参见 ASTM F1980、YY/T 0681.1 标准。在应用标准时要关注什么样的化学反应和特性指标是符合阿列纽斯方程的，以及加速老化试验方法的适用范围等问题。

在加速老化试验中，所选取的温度和湿度水平应保证不达到改变材料物理特性的临界点。

进行环境挑战试验的目的是评估无菌屏障系统和（或）包装系统在包装生命周期可能遇到的极限条件下的性能，导致材料接近或超过其失效点。无菌屏障系统受环境因素影响的挑战测试，应模拟产品运输在不同气候条件下可能遇到的各种热/冷交替，用于模拟包装材料可能遇到季节性的变化，且应关注变化的速率。

要考虑相对湿度在加速老化试验中的影响。相对湿度是指空气中所含的水分相对于空气在该温度下饱和状态时所含的水分。由于在加速老化研究时保持和实时老化环境相同的相对湿度具有一定的风险，这就等于采用了比实时老化中更高的湿度。不同材料对温度和湿度具有不同的敏感度。例如，纸对相对湿度特别敏感，过度的干燥对纸的强度会产生不利影响，过高的湿度又会导致纸的伸长、包装变形。在进行加速老化试验时，我们通常是通过设置恒温恒湿箱的相对湿度来控制空气含水量的。ASTM F1980 给出了温度、相对湿度和含水量的函数图，可根据贮存环境温度条件下的相对湿度从图中查出加速老化试验温度条件下的相对湿度。

例如，贮存环境温度为 23 ℃，相对湿度（Rh）为 50%。假设加速老化试验温度设置为 55 ℃，确定加速老化试验相对湿度的方法为：如图 6-4 所示，先找到图中 23 ℃ 和 50% Rh 曲线的交叉点，过该点作一条水平线，再在该水平线上找到与 55 ℃ 的交叉点，该交叉点在 10% Rh 以下，再根据该点在 0% Rh 和 10% Rh 间的位置按比例确定约为 9% Rh。9% 的相对湿度即被确定为加速老化试验的相对湿度条件。

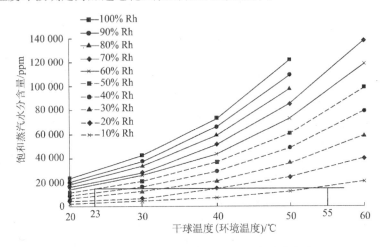

图 6-4　确定加速老化试验相对湿度条件的方法

由于无菌医疗器械储存环境是动态的，在产品上市和销售前进行实时老化试验非常重要。采用加速老化试验测试无菌屏障系统和（或）包装系统货架寿命是一种对新产品的有效评价方法，但前提是可以用实时老化试验证实加速老化试验的测试结果。通常要进行一系列的测试，检测包装完整性、开启特性（如果需要）、包装材料本身的通用属性等。为进一步了解灭菌过程对包装系统的影响，在开始进行无菌屏障系统材料和密封老化过程之前记录灭菌前和灭菌后的属性值是非常重要的。老化研究可以采用没有内装物的无菌屏障系统进行（参见 ISO 11607-1 中的 6.3 条），只要将其暴露在预期最大灭菌参数的批次中即可。加速老化试验之后，应测试材料属性受时间的影响，通常采用阿列纽斯方程确定高温对相同材质的自由基反应速率的影响。简而言之，由此方程演化的 $Q_{10} = 2$ 的计算方法，可假定温度每升高 10 ℃ 材料老化过程约为 2 倍。如 55 ℃、45 天等同于 25 ℃ 一年。应谨慎选择加速老化温度以确保材料不受损坏，同时在选择加速老化温度时还应确保所选择的温度不会造成材料转移或无菌屏障系统和（或）包装系统变形或发生非线性变化，如结晶化、产生自由基、过氧化物降解等。

再次强调，无菌有效期的确认与温度/湿度环境影响测试和老化测试是完全不同的，应依据产品的分配、使用条件选择温度和相对湿度，并由医疗器械制造商对包装材料和（或）系统做最终决定，以保证无菌医疗器械的功效。上述讨论的目的是通过测试无菌屏障系统和（或）包装系统随着时间变化的性能，为选择无菌系统/包装系统或包装材料提供指导。

加速老化试验的程序：

1. 确定期望的货架寿命对应的老化时间点

通常采用趋势分析来表征老化对材料和包装特性的影响。加速老化时间点的数量至少设一个，但必须有与期望的货架寿命相对应的时间点（期望的货架寿命除以老化因子）。若只用一个加速时间点则可能存在风险，即不能从前面的加速老化时间点得出预警而导致试验失败。为此，趋势分析宜考虑至少有三个时间点。

2. 按确认的生产程序准备试验样品

用于零时刻、灭菌和加速老化的包装可以是未包装的产品或只包装了模拟产品的包装。

3. 用确认的灭菌过程对包装灭菌

灭菌过程可能影响材料或包装的稳定性。在实施老化研究前，选择的材料和包装宜经受最大灭菌过程条件或预期使用的循环次数。

4. 对样品进行状态调节

若需要按 GB/T 4857.2 标准对样品进行状态调节，可按 ASTM D4169 规范给出的要求进行模拟运输，试验中的包装内装物必须是实际的产品。

确定运输、贮存对包装性能长期影响的试验应包括在老化试验方案之中。老化前或老化后是否进行性能试验，取决于该研究是否要模拟医疗机构或制造商货架贮存和随后的运输。如果已知包装不合格或已知性能极限（如密封强度、穿透性、抗冲击性等）对所包装的产品有文件证明是适宜的，并满足预期要求，则应有足够的物理实验数据证实。

5. 实施加速老化试验

在相应的时间段内采用规定的温度进行加速老化试验。样品在老化箱内放置的时间可采用公式计算（参见 ASTM F1980 标准，式中 AAF 是加速老化因子，AAT 是加速老化时间）。例如：

$Q_{10}=2$，环境温度 $=23$ ℃，试验温度 $=55$ ℃

$AAF=2.0^{(55-23)/10}=2.0^{3.2}=9.19$

$AAT=365$ 天$/9.19=39.7$ 天 $=12$ 个月 （等效的实际时间）

加速老化周期的设计要考虑湿度的影响，要把高湿度期和低湿度期结合到试验周期中。

6. 加速老化试验后评价包装性能要求

加速老化试验后要评价包装性能。如果加速老化试验结果满足可接受准则，这只是产品的货架寿命被有条件确认，最终的结果还应取决于实时老化试验的结果。

如果加速老化试验结果不满足可接受准则，要调查生产过程或重新设计器械的包装，或尝试确认较短的货架寿命，或等待实时老化试验结果。如果实时老化试验结果可以接受，则货架寿命被确认。出现这种情况可能是加速老化程序比实时老化过严所致。

关于实时老化温度选择和加速老化持续时间的换算关系可参见 ASTM F1980、YY/T 0681.1 标准。

第七章

无菌医疗器械包装的检测试验

实施无菌医疗器械包装性能要求的检测是确保产品安全性、有效性的一个非常重要的基本保障措施。本章将从无菌医疗器械包装检测标准、试验环境调节、微生物屏障性能评价、物理性能评价、化学性能评价、生物学性能评价、无菌屏障系统评价、包装系统稳定性评价以及方法学研究等方面进行描述。

第一节 无菌医疗器械包装检测标准

目前世界各国标准化机构针对无菌医疗器械包装性能要求的检测相继发布了许多标准，这些标准已经得到广泛的推广和应用，对提高无菌医疗器械包装质量，确保产品的安全有效起到了指导性作用。现列出部分标准供包装设计者和包装使用者参考，如表7-1所示。

表7-1 常用无菌医疗器械包装检测标准

序号	标准名称	国家标准	对应标准	评价性能	性能	适用范围
1	无菌医疗器械包装试验方法 第1部分：加速老化试验指南	YY/T 0681.1	ASTM F1980	加速老化	物理性能	材料/无菌屏障系统/保护性包装评价
2	纺织品 织物透气性的测定	GB/T 5453	ISO 9237	透气	物理性能	材料
3	纸和纸板 透气度的测定	GB/T 458	ISO/TS 5636-2	透气	物理性能	材料
4	纸和纸板定量的测定	GB/T 451.2	ISO 536	克重	物理性能	材料
5	塑料薄膜和薄片 样品平均厚度、卷平均厚度及单位质量面积的测定 称量法（称量厚度）	GB/T 20220	ISO 4591	克重	物理性能	材料
6	纸耐破度的测定	GB/T 454	ISO 2758	耐破度	物理性能	材料

续表

序号	标准名称	国家标准	对应标准	评价性能	性能	适用范围
7	无菌医疗器械包装试验方法 第3部分：无约束包装抗内压破坏	YY/T 0681.3	ASTM F1140	耐破度	物理性能	预成型/无菌屏障系统评价
8	无菌医疗器械包装试验方法 第9部分：约束板内部气压法软包装密封胀破试验	YY/T 0681.9	ASTM F2054	耐破度	物理性能	预成型/无菌屏障系统评价
9	纸和纸板 尘埃度的测定	GB/T 1541	TAPPI T437	洁净度	物理性能	材料/预成型/无菌屏障系统评价
10	无菌医疗器械包装试验方法 第8部分：涂胶层重量的测定	YY/T 0681.8	ASTM F2217	涂层重量	物理性能	材料
11	纸、纸板和纸浆试样处理和试验的标准大气条件	GB/T 10739	ISO 187	环境调节	物理性能	环境调节
12	纺织品 织物悬垂性的测定	GB/T 23329	ISO 9073-9	悬垂性	物理性能	材料
13	纸和纸板 弯曲挺度的测定	GB/T 22364	ISO 2493-2	悬垂性	物理性能	材料
14	最终灭菌医疗器械包装材料 第2部分：灭菌包裹材料 要求和试验方法（附录B：孔径测定方法）	YY/T 0698.2	EN 868-2	孔径	物理性能	材料
15	最终灭菌医疗器械包装材料 第2部分：灭菌包裹材料 要求和试验方法（附录C：测定悬垂性的试验方法）	YY/T 0698.2	EN 868-2	悬垂性	物理性能	材料
16	塑料薄膜和薄片水蒸气透过率的测定 湿度传感器法	GB/T 30412	ISO 15106-1	透氧	物理性能	材料
17	无菌医疗器械包装试验方法 第6部分：软包装材料上印墨和涂层抗化学性评价	YY/T 0681.6	ASTM F2250	印刷和涂层	物理性能	材料/预成型/无菌屏障系统评价
18	无菌医疗器械包装试验方法 第7部分：用胶带评价软包装材料上印墨或涂层附着性	YY/T 0681.7	ASTM F2252	印刷和涂层	物理性能	材料/预成型/无菌屏障系统评价

续表

序号	标准名称	国家标准	对应标准	评价性能	性能	适用范围
19	无菌医疗器械包装试验方法 第13部分：软性屏障膜和复合膜抗慢速戳穿性	YY/T 0681.13	ASTM F1306	戳穿性	物理性能	材料/预成型/无菌屏障系统评价
20	无菌医疗器械包装试验方法 第2部分：软性屏障材料的密封强度	YY/T 0681.2	ASTM F88/F88M	密封强度	物理性能	预成型/无菌屏障系统评价
21	服装 防静电性能 表面电阻率试验方法	GB/T 22042	EN 1149-1	静电	物理性能	材料
22	纸和纸板撕裂度的测定	GB/T 455	ISO 1974	抗撕裂	物理性能	材料
23	纸和纸板 抗张强度的测定	GB/T 12914	ISO 1924-2	拉伸性能	物理性能	材料
24	塑料 薄膜拉伸性能试验方法	GB/T 13022	ISO 1184	拉伸性能	物理性能	材料
25	纸和纸板厚度的测定	GB/T 451.3	ISO 534	厚度/密度	物理性能	材料
26	无菌医疗器械包装试验方法 第4部分：染色液穿透法测定透气包装的密封泄漏	YY/T 0681.4	ASTM F1929	无菌屏障系统完整性	物理性能	预成型/无菌屏障系统评价
27	无菌医疗器械包装试验方法 第5部分：内压法检测粗大泄漏（气泡法）	YY/T 0681.5	ASTM F2096	无菌屏障系统完整性	物理性能	无菌屏障系统评价
28	无菌医疗器械包装试验方法 第11部分：目力检测医用包装密封完整性	YY/T 0681.11	ASTM F1886/F1886M	无菌屏障系统完整性	物理性能	预成型/无菌屏障系统评价
29	包装 运输包装件 试验时各部位的标示方法	GB/T 4857.1	ISO 2206	模拟运输	物理性能	保护性包装评价
30	包装 运输包装件基本试验 第2部分：温湿度调节处理	GB/T 4857.2	ISO 2203	模拟运输	物理性能	保护性包装评价
31	包装 运输包装件基本试验 第3部分：静载荷堆码试验方法	GB/T 4857.3	ISO 2234	模拟运输	物理性能	保护性包装评价
32	包装 运输包装件基本试验 第4部分：采用压力试验机进行的抗压和堆码试验方法	GB/T 4857.4	ISO 12048	模拟运输	物理性能	保护性包装评价

续表

序号	标准名称	国家标准	对应标准	评价性能	性能	适用范围
33	包装 运输包装件 跌落试验方法	GB/T 4857.5	ISO 2248	模拟运输	物理性能	保护性包装评价
34	包装 运输包装件 滚动试验方法	GB/T 4857.6	ISO 2876	模拟运输	物理性能	保护性包装评价
35	包装 运输包装件基本试验 第7部分：正弦定频振动试验方法	GB/T 4857.7	ISO 2247	模拟运输	物理性能	保护性包装评价
36	包装 运输包装件 六角滚筒试验方法	GB/T 4857.8	—	模拟运输	物理性能	保护性包装评价
37	包装 运输包装件基本试验 第9部分：喷淋试验方法	GB/T 4857.9	ISO 2875	模拟运输	物理性能	保护性包装评价
38	包装 运输包装件基本试验 第10部分：正弦变频振动试验方法	GB/T 4857.10	ISO 8318	模拟运输	物理性能	保护性包装评价
39	包装 运输包装件基本试验 第11部分：水平冲击试验方法	GB/T 4857.11	ISO 2244	模拟运输	物理性能	保护性包装评价
40	包装 运输包装件 浸水试验方法	GB/T 4857.12	ISO 8474	模拟运输	物理性能	保护性包装评价
41	包装 运输包装件基本试验 第13部分：低气压试验方法	GB/T 4857.13	ISO 2873	模拟运输	物理性能	保护性包装评价
42	包装 运输包装件 倾翻试验方法	GB/T 4857.14	ISO 8768	模拟运输	物理性能	保护性包装评价
43	包装 运输包装件基本试验 第15部分：可控水平冲击试验方法	GB/T 4857.15	ASTM D4003	模拟运输	物理性能	保护性包装评价
44	包装 运输包装件基本试验 第17部分：编制性能试验大纲的通用规则	GB/T 4857.17	ISO 4180-1	模拟运输	物理性能	保护性包装评价
45	包装 运输包装件基本试验 第23部分：随机振动试验方法	GB/T 4857.23	ASTM D4728	模拟运输	物理性能	保护性包装评价

续表

序号	标准名称	国家标准	对应标准	评价性能	性能	适用范围
46	纸、纸板和纸浆 水抽提液酸度或碱度的测定	GB/T 1545	ISO 6588	pH	化学性能	材料
47	纸、纸板和纸浆水溶性硫酸盐的测定（电导滴定法）	GB/T 2678.6	ISO 9198	硫酸盐	化学性能	材料
48	纸、纸板和纸浆 水溶性氯化物的测定	GB/T 2678.2	ISO 9197	氯化物	化学性能	材料
49	无菌医疗器械包装试验方法 第10部分：透气包装材料微生物屏障分等试验	YY/T 0681.10	ASTM F1608	微生物屏障	生物性能	材料
50	无菌医疗器械包装试验方法 第14部分：透气包装材料湿性和干性微生物屏障试验	YY/T 0681.14	DIN 58953-6	微生物屏障	生物性能	材料
51	医疗器械生物学评价 第5部分：体外细胞毒性试验	GB/T 16886.5	ISO 10993-5	细胞毒性	生物性能	材料
52	医疗器械生物学评价 第10部分：刺激与皮肤致敏试验	GB/T 16886.10	ISO 10993-10	致敏	生物性能	材料

第二节　无菌医疗器械包装加速老化试验方法

无菌医疗器械加速老化试验的参考标准为 YY/T 0681.1《无菌医疗器械包装试验方法 第1部分：加速老化试验指南》。该标准修改采用了美国 ASTM F1980 标准，为编制加速老化方案提供了信息，以便快速确定包装材料的物理特性和无菌屏障系统的完整性受时间和环境的影响。加速老化试验指南只涉及初包装整体，不涉及包装与产品间的相互作用或相容性等相关方面。

一、加速老化的术语定义

（1）加速老化 AA：将样品贮存在某一较高的温度（T_{AA}），以缩短时间来模拟实际时间的老化。

（2）加速老化因子 AAF：一个估计或计算出的与实际老化时间（RT）条件贮存的包装达到同样水平的物理性能变化的时间比率。

（3）加速老化温度 T_{AA}：进入老化研究的某一较高温度，它是基于估计的贮存温度、使用温度或两者而推算出的。

（4）加速老化时间 AAT：进行加速老化试验的时间长度。

（5）环境温度 T_{RT}：代表贮存条件的实际老化时间（RT）样品的贮存温度。

（6）包装货架寿命：包装在环境条件下或规定的贮存条件下保持其关键性能参数的预期贮存的时间长度。

（7）实际老化时间 RT：样品在环境条件下的贮存时间，应不小于预期的货架寿命。

（8）实际等同时间 RTE：对给定的加速老化条件所表征的时间与实际老化时间一致。

（9）零时刻 t_0：老化研究的开始时间。

（10）符号：Q_{10}表示温度增加或降低 10 ℃的老化因子；T_m表示材料的熔化温度；T_g表示玻璃转化温度；T_a表示阿尔法温度、热变形温度。

二、加速老化设备

常用的加速老化设备是具有自动控制系统的老化箱，包括控制系统、报警系统、湿度和温度显示仪器等。

加速老化箱的结构如图 7-1 所示。

三、加速老化试验方法

1. 加速老化理论

加速老化是基于材料在退化过程中所包含的化学反应遵循阿列纽斯反应速率函数这样一个假定。这一函数表述了大部分高分子材料老化过程的化学反应速率随温度变化的规律，其中 Q_{10} 的确定包括了供试产品在各种温度下进行试验并确定温度每改变 10 ℃反应速率的差异。一般情况下选择 $Q_{10}=2$，表示相同过程的温度每升高或降低 10 ℃，化学反应的速率加倍或减半。

图 7-1　加速老化箱

2. 加速老化方案设计

（1）必须在器械和包装材料表征的基础上考虑温度限，以确保选择适宜的保守老化因子。要根据包装材料的表征和预期的贮存条件确定所用温度，材料表征和组成是建立加速老化温度限的要素，温度选择应避免材料发生任何物理转化。

（2）室温或环境温度（T_{RT}）：通常在 20 ℃～25 ℃之间。

（3）加速老化温度（T_{AA}）的选择：根据样品包装材料的特性来选择加速老化试验的温度。T_{AA}越高，AAF 值越大，加速老化时间越短。T_{AA}应当低于使材料发生任何转化或变形的温度。应保持 T_{AA} 在 60 ℃ 或 60 ℃以下，除非有证据表明较高的温度是合适的。可接受的试验温度变化范围为 ±2 ℃，湿度变化范围为 ±5%。

（4）加速老化因子（AAF）的计算：$AAF = Q_{10}^{[(T_{AA}-T_{RT})/10]}$。计算加速老化因子常

用的保守方法是选取 Q_{10} 等于 2。如果测试材料的特性在有关文献中已描述得足够清楚，可以使用更为激进的反应速率系数，如 $Q_{10} = 2.2 \sim 2.5$。但损伤的水平及特性必须与文献中描述相似，以确保反应速率系数和加速老化温度保持在合理的范围内。这是制造商的责任。

（5）加速老化时间（AAT）= 实际老化时间（RT）/加速老化因子（AAF）。

（6）当由于材料特性导致高温老化不可行时，则只能采用实时老化。

3. 确定加速老化方案的步骤

（1）选择 Q_{10} 值。

（2）根据市场需求、产品需求、法规要求确定所期望的包装货架寿命。

（3）确定老化试验的时间间隔，包括零时刻。

（4）确定环境温度（T_{RT}）和加速老化温度（T_{AA}）。

（5）用 Q_{10}、T_{RT} 和 T_{AA} 计算加速老化时间。

（6）确定包装材料的特性、密封强度和包装完整性试验、样品规格和可接受准则。

（7）在 T_{AA} 条件下对样品进行加速老化。另外，同时在 T_{RT} 下对样品进行实时老化。

（8）加速老化后应评价相对于初始包装要求的包装性能，如密封强度、包装的完整性。

（9）实时老化后应评价相对于初始包装要求的包装和（或）包装性能。估计应用的 AAF 方法是一项评价包装长期性能简单而又保守的技术，然而，如同所有的加速老化技术一样，都必须由实时老化数据来加以证实。

4. 形成文件的要求

（1）必须在试验前制订形成书面文件的试验方案，规定加速老化条件，如试验温度、湿度、周期、环境温度、时间、样品规格、包装描述、包装抽样的时间间隔、各时间间隔内所规定的试验。

（2）老化箱体内温度和用于测量和监视老化条件的仪器应经校准并形成文件。

（3）评价包装各项要求所用的试验标准和试验方法应形成文件。

（4）列出物理和微生物试验（包括校准数据）所用设备一览表。

（5）老化后的试验结果，包括确定包装是否满足性能规范准则的统计学方法应形成文件。

第三节　无菌医疗器械包装试验环境调节要求

针对无菌医疗器械包装材料的试验环境条件，GB/T 10739《纸、纸板和纸浆试样处理和试验的标准大气条件》标准规定了纸、纸板、纸浆试验前温湿处理和试验的标准大气条件，适用于所有的纸、纸板、纸浆样品的处理和测试。该标准等同采用了 ISO 187 标准。

一、环境调节要求术语和定义

（1）相对湿度：在相同的温度和压力条件下，大气中实际水蒸气含量与饱和水蒸气含量之比，以%表示。

（2）温湿处理：使试样与规定温度、相对湿度的大气之间达到水分含量平衡的过程。当前后两次称量相隔1 h以上，且试样称量之差不大于试样质量的0.25%时，可以认为试样与大气条件之间达到平衡。

二、环境调节试验仪器

常用的环境调节试验仪器为吸气式干湿球湿度计，如图7-2所示。

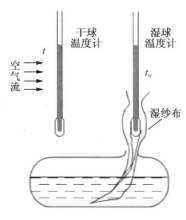

图7-2 吸气式干湿球湿度计

三、环境调节试验方法

1. 实验室温湿度测定

（1）测试之前，应在所测大气条件的温湿度下，对所有的湿度计进行平行比对试验，找出湿度计间的不一致性，计算出各湿度计的校正值。为确保数据准确，操作者在读数时应尽可能远离湿度计，操作时应先读取湿球温度或相对湿度，再读取干球温度，且两者之间的时间间隔应尽可能短。

（2）每隔2 min读取一次干球温度、湿球温度或相对湿度，求出每10 min的平均值，连续测试30 min，求出30 min内3个10 min平均值间的极差和30 min的平均值。

（3）每隔30 min为一个测试周期，即每小时测试30 min，24 h内应测试20个以上30 min的周期。

（4）若实验室面积≤50 m²，则应至少在不同位置测试5个点；若实验室面积>50 m²，则应测试5个以上的点。5个测试点应布置在3个不同高度上，分别为（1.8±0.1）m、（1.5±0.1）m、（1.2±0.1）m。这5个测试点应呈立体对角线分布，其中中心点的高度为（1.5±0.1）m。

（5）在测试周期内，所有测试点应同时采集数据。

（6）如果测试结果是以干球温度和湿球温度的形式成对出现的，则应依据相对湿度对照表求出相对湿度。

（7）记录实验室温湿度测定结果。

① 精确度：以每个点 10 min 温度和相对湿度的平均值作为一个测定结果。以 24 h 内各个点所有 10 min 的均值与标准值为最大偏差。

② 稳定性：以 24 h 内、各 30 min 内 3 个 10 min 均值间极差的最大值表示该实验室 30 min 内的稳定性，以实验室中 5 个点 24 h 内各 30 min 均值间的极差表示该实验室 24 h 内的稳定性。

③ 均匀性：以各点同一时间 10 min 均值间极差的最大值表示室内空间温湿度的均匀性。

（8）考核实验室温湿度测定结果。

观察实验室温度和相对湿度的精确度、稳定性和均匀性是否符合表 7-2 的规定，若符合则开始进行试样的温湿处理，否则重新调节实验室温湿度。

表 7-2　实验室温度、相对湿度的精确度、稳定性和均匀性

指标名称				规定
精确度	任一 10 min 的均值		温度/℃	23 ± 1.0
			相对湿度/%	50 ± 2.0
同一点稳定性	某点任一 30 min 周期内的 10 min 均值间的极差		温度/℃	≤1.0
			相对湿度/%	≤2.0
	任两个 30 min 周期均值之差		温度/℃	≤0.5
			相对湿度/%	≤1.0
室内空间均匀性	任两点在任一瞬间的差值		温度/℃	≤0.5
			相对湿度/%	≤2.0

2. 样品的预处理

由于水分的平衡滞后会给试验带来严重误差，故在样品处理前，应将样品置于相对湿度为 10% ~ 35%，温度不高于 40 ℃的大气条件中预处理 24 h。如果预知温湿处理后的平衡水分含量相当于由吸湿过程达到平衡时的水分含量，则这个预处理环节可以省去。

3. 温湿处理

将切好的试样悬挂起来，使恒温恒湿的气流自由接触到试样的各个表面，直至其水分含量与大气中的水蒸气达到平衡状态。当间隔 1 h 前后两次称量之差不大于总质量的 0.25% 时，可以认为试样与大气条件达到了平衡。对于高定量的纸张应适当延长两次称量的间隔时间，将两次称量之差的吻合程度作为试样平衡与否的判定依据，但要考虑实验室循环特性对处理结果的影响。

通常情况下，具有良好循环条件的实验室，对纸的温湿处理 4 h 已足够；对于定量较高的纸一般要处理 5 ~ 8 h；对于高定量的纸板和经特殊处理的材料，温湿处理至少需要 48 h。

4. 试验报告

环境调节处理报告应包括以下信息：

（1）依据的标准。

（2）所用的标准大气条件。

（3）样品温湿处理的时间。

（4）纸或纸板在处理前是否符合要求。

第四节 包装材料微生物屏障性能评价试验

无菌医疗器械包装材料微生物屏障性能评价试验应依据相关的国家标准或行业标准进行。下面将分别介绍几个专用的评价试验标准。

一、包装材料微生物屏障性能评价方法

无菌医疗器械包装（无菌屏障系统）是无菌医疗器械的一个关键且不可分割的组成部分。有效的无菌包装系统是确保医疗器械的安全性和有效性、减少医源性交叉感染的发生、保护患者与医护人员健康的一道防线，也是无菌医疗器械产品安全有效的基本保证。为此在选择包装材料时，首先要考虑产品在打开使用之前包装维持无菌的能力。微生物屏障性能分级是评价无菌包装材料的一个量化指标。

评价微生物屏障特性的方法分为两类：适用于不透性材料的方法和适用于多孔性材料的方法。若证实了材料是不透性材料，则意味着满足微生物屏障要求（不透气材料应按 ISO 5635-5 进行透气性试验）。多孔透气性材料应能提供适宜的微生物屏障，以提供无菌包装的完好性和产品的安全性。

国际上评价透气性包装材料或多孔性包装材料的微生物屏障性能常用的方法有所不同，美国有 ASTM F1608 和 ASTM F2638 标准等，欧盟有 DIN 58953-6 标准等。其中，ASTM F1608 标准已经转化为我国医药行业标准 YY/T 0681.10 《无菌医疗器械包装试验方法 第 10 部分：透气包装材料微生物屏障分等试验》；DIN 58953-6 标准已经转化为我国医药行业标准 YY/T 0681.14 《无菌医疗器械包装试验方法 第 14 部分：透气包装材料湿性和干性微生物屏障试验》，这个方法也被列入原国家卫生部《消毒技术规范》；ASTM F2638 《使用气溶胶过滤测量替代微生物屏障的多孔包装材料性能的标准试验方法》是近年来新推出的试验方法。

YY/T 0681.14 《无菌医疗器械包装试验方法 第 14 部分：透气包装材料湿性和干性微生物屏障试验》（DIN 58953-6）标准提供了测定无菌医疗器械包装材料微生物屏障性能是否合格的一个有效的筛选试验方法。

YY/T 0681.10 《无菌医疗器械包装试验方法 第 10 部分：透气包装材料微生物屏障分等试验》（ASTM F1608）标准提供了测定一个将无菌医疗器械包装材料微生物屏障性能分出等级的试验方法。

ASTM F2638 《使用气溶胶过滤测量替代微生物屏障的多孔包装材料性能的标准试验方法》计量以不同的速度穿透屏障材料的惰性微粒数值，这个速度接近于它们在输送过程中实际的速度。该方法中亦使用不同的流速，从而产生一条穿透曲线。在该穿透曲

线上，多数试验的基材有最大值，因此，可以报告出特定基材的最大微粒渗透率 P_{max}。

微生物屏障性能较好的包装材料即使在高污染环境中最苛刻的条件下，也能阻挡细菌孢子和其他污染微生物的渗透，在不损坏包装完整性的条件下，为医疗器械提供优异持久的无菌保障。

医疗器械的特殊性质、预期的灭菌方法、预期使用、有效日期、运输和贮存等因素都可能会影响包装系统的设计和包装材料的选择。其中微生物屏障性能应作为其中一个重要的参考因素。

二、YY/T 0681. 14《无菌医疗器械包装试验方法 第 14 部分：透气包装材料湿性和干性微生物屏障试验》（DIN 58953-6）

1. 标准的适用范围

该标准明确了在潮湿及干燥条件下抗细菌穿透性检测的操作方法，适用于消毒灭菌的医疗器械初包装材料的检测。

2. 试验方法

（1）湿性条件下的抗细菌穿透性试验。

① 试验原理：以水滴为载体将微生物滴于样品表面，待干燥后检测样品是否被微生物穿透。

② 制样：从待测的外包装材料上剪下边长约 50 mm 的正方形。样品要按照生产商/委托方的具体要求来消毒。试验应在相对潮湿的条件下进行，其温度范围为 22 ℃ ～ 24℃，湿度范围为 48% ～ 52%。试验时应注意以下两点：

a. 潮湿的外包装材料可能会导致错误的检测结果。

b. 必须对待测外包装的五份样品进行测试。

③ 培养基：

a. 大豆酪蛋白消化物肉汤培养基。

b. 营养琼脂培养基。

c. 血琼脂：将已经充分溶解，并在 121 ℃下经过蒸汽灭菌器灭菌 15 min 的营养琼脂冷却至 45 ℃后，与浓度为 10% 的无菌脱纤维羊血混合。最后在已消毒的培养皿中各倒入约 20 mL 的营养液并在室温下待其凝固。灭菌后其 pH 应在7.2 ～ 7.6，温度在 19 ℃ ～ 25 ℃。

④ 测试用菌的准备：取金黄色葡萄球菌传代培养，于 31 ℃下培养 24 h 备用，制成约 1×10^7 CFU/mL 的菌液。

⑤ 操作步骤：

a. 取 5 份待测样品包装材料，均裁成边长约 50 mm 的正方形，材料有限时可裁成尽可能接近的尺寸，灭菌备用。

b. 将样品在实际使用中可能受细菌污染的一面朝上，放置在无菌平皿中。如不清楚在实际使用中外包装材料哪一面可能被细菌污染，则需对样品两面都进行相同次数的检测。取配制的金黄色葡萄球菌液 5 滴，每滴约 0.1 mL，均匀地滴在样品上，互不触碰，在 19 ℃ ～ 25 ℃下干燥 6 ～ 16 h。

c. 将包装材料样片的未染菌面平铺于血琼脂平板的表面，接触 5 ～ 6 s 后移去，然后将血琼脂平板放于 37 ℃培养 16 ～ 24 h，观察细菌生长情况。

d. 阳性对照：参照以上方法取样并接种干燥，将其接种面与血琼脂平板接触，然后培养观察，应有明显菌落生长。

e. 阴性对照：将未接种的样片与血琼脂平板接触，然后培养观察，应无菌落生长。

⑥ 结果评判：

a. 零生长情况：若 5 个血琼脂平板均未出现生长迹象，则表明样品包装阻菌性能良好。

b. 有生长情况：若 5 个血琼脂平板上生长的菌落不超过 5 个，则再取 20 份样品重复测试。若 20 个血琼脂平板上生长的菌落仍不超过 5 个，则此包装材料通过检测。

（2）干性条件下的抗细菌穿透性试验。

① 菌液的制备：取枯草杆菌黑色变种芽孢传代培养，于 37 ℃下培养 24 h 备用，制成约 1×10^6 CFU/mL 酒精（96%）附着液。

② 染菌石英粉制备：取 100 mL 浓度约 1×10^6 CFU/mL 的枯草芽孢杆菌酒精（96%）附着液与 100 g 无菌石英粉（0.04 ～ 0.15 mm）混合，50 ℃下干燥 16 h。

③ 操作步骤：

a. 取待测样品 10 份，将外包装材料裁成直径为 38 ～ 42 mm 的圆形样品。

b. 在洗净的玻璃瓶中倒入约 20 mL 培养液，待其冷却凝固。

c. 将圆形样品放在两个密封圈之间，置于实验室用玻璃瓶的边缘，并用螺旋阀帽将其固定，这样样品与密封圈就能够紧紧地贴在玻璃瓶的边缘了。

d. 使检测用具在 121 ℃下经过 20 min 蒸汽灭菌器的灭菌。

e. 检测用具经过灭菌并降到室温后，在每个样品表面上均匀撒上约 0.25 g 的染菌石英粉。

f. 把检测用具放入培养箱并加热到 50 ℃，然后再放入 10 ℃的冰箱中，重复 5 次。

g. 将检测用具在 37 ℃下培养 24 h。

h. 对照：参照上述方法取样试验，样品表面不添加染菌石英粉作为阴性对照，用直径为 0.7 mm 的细针在样品表面刺孔（大约 10 个小孔）并添加染菌石英粉作为阳性对照，然后培养观察。

④ 结果评判：如果 10 个样品中的菌落总数没有超过 15 个，并且每个样品中的菌落数没有超过 5 个，则表明此外包装材料的微生物屏障性能良好。

三、YY/T 0681. 10《无菌医疗器械包装试验方法　第 10 部分：透气包装材料微生物屏障分等试验》（等同采用 ASTM F1608）

1. 标准的适用范围

该标准规定的试验方法用以测定空气传播细菌对用于无菌医疗器械包装的透气材料的穿透性。

2. 术语和定义

透气包装材料：医用包装中使用的用以提供环境和生物学屏障，同时在气体灭菌

（如环氧乙烷、蒸汽、气体等离子体）中能使足够的气流通过的材料。

3. 试验设备及材料

试验箱主要由丙烯酸板制成，由上下两部分组成，基本形式如图7-3所示。试验箱的下部分包括一个具有六个端口的多路管，每个端口连接一个流量计，六个流量计再通过软管与六个过滤装置连接。多路管的出口通过真空压力表与真空源连接。试验箱的上部分由一个用以吹散细菌气溶胶的风扇、一个与喷雾器连接的接口、一个排雾接口和一块与六个一次性使用或可重复灭菌的过滤装置连接的平板组成。该试验箱可使用一次性使用过滤装置，也可使用重复性使用过滤装置。

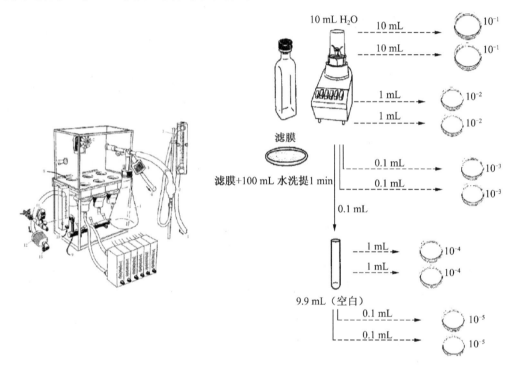

图7-3 试验设备及材料示意图

常用的试验设施及材料有：萎缩芽孢杆菌芽孢水悬液、大豆酪蛋白消化琼脂、无菌硝酸纤维素过滤器、无菌瓶盖的过滤单元、玻璃雾化器、无菌镊子、无菌手套、无菌注射器、无菌吸管、解剖器、搅拌器、旋涡混合器、30 ℃ ~ 35 ℃的培养箱、真空泵、校准计时器、校准流量计、无菌培养皿、无菌注射用水、真空计、生物防护罩、氯漂白剂。

4. 试验方法

（1）试验原理。

在试验箱内使透气材料样品经受萎缩芽孢杆菌芽孢气溶胶。用滤膜收集穿透透气样品的芽孢并计数。用挑战芽孢数据的对数值与穿透透气材料芽孢数的对数值之差计算对数降低值（LRV）。

（2）标准条件设置。

本试验的标准试验参数设置是：

① 通过样品的流量：2.8 L/min。

② 挑战时间：15 min。

③ 微生物挑战量：1×10^6 CFU/样品口。

（3）样品制备。

按过滤装置所需尺寸（直径 47 mm 或 50 mm）用圆片切制器随机切取所需数量的试验样品。一般在试验前用适用于试验材料的方法对试验样品灭菌。材料还可以在经受其他条件（受热或受冷、不同的相对湿度、不同的灭菌过程、实时老化或加速老化）前后进行试验。样品在试验前可贮存在无菌培养平板内或其他适宜的无菌容器内，在规定的条件下状态调节至少 24 h。

（4）仪器的准备。

① 试验箱的准备。

a. 箱体的上部置于基体上。用内径为 6.5 mm 的软管将多路管与六个流量计的上口连接，并将多路管与装有过滤器的真空源连接。

b. 用内径为 6.5 mm 的软管将各样品流量计的底端与各过滤装置的连接端口连接。用橡胶管将喷雾器与 T 型件连接。T 型件由一个内径为 13 mm 的 PVC 三通和三段内径 6 mm、长度约 7.5 cm 的 PVC 管组成。

c. 将 T 型件的垂直端路通过内径为 6.5 mm 的孔的橡胶塞与诱捕瓶连接。诱捕瓶用于捕获喷雾器产生的未悬浮的液滴。T 型件的第二端通过内径 13 mm、长约 3.8 cm 的橡胶管与箱体的前口连接。T 型件的第三端通过内径 13 mm、长约 16 cm 的橡胶管与喷雾器的喷口端连接。

d. 喷雾器的进口通过内径 5 mm 的橡胶管与校准过的流量计（5 ～ 30 L/min）的上口连接。喷雾器的下口与过滤空气源连接。将内径 13 mm 的管路与箱体上的排雾口连接，再依次与空气过滤器和真空源连接。

② 过滤装置的准备。

用灭菌包裹材料对每个非无菌的可灭菌过滤装置进行包裹，并按制造商规定对过滤装置进行灭菌。事先已灭菌的过滤装置无须再灭菌。

（5）设备验证。

① 在首次使用试验仪器前，应对试验箱每个样品口进行细菌挑战确认，确认至少进行三次。以下描述了对试验程序的确认，每个样品口在 15 min 内以 2.8 L/min 的流量经受 1×10^6 CFU 的挑战。如果试验采用其他参数，则确认也应在相应的参数下进行。

② 确认步骤：

a. 用无菌镊子和手套在每个过滤装置的底座上无菌放置一个 0.45 μm 的滤膜。将过滤单元的顶部与接触室连接后，再将每个过滤单元与其相对应的流量计连接。取 3.0 mL 的菌悬液于喷雾器中，以达到 1×10^6 CFU、15 min 的喷雾。

b. 开启试验箱上的风扇，确保细菌气溶胶的流速在 2.8 L/min，且将各样品的流量计调节到相同流量。使用的喷雾器要确保制得的细菌气溶胶在合适的粒子范围内。

c. 开启计时器，确保所有的流量计在正确的流速下维持 15 min。挑战试验后，依次关闭喷雾器的气流、真空源和风扇。

d. 通过连接真空源和空气过滤系统将试验箱向外排雾 15 min。将过滤装置用消毒剂进行杀菌清洗，并卸下过滤装置，取出滤膜。

e. 对每个过滤膜上的微生物进行计数。首先需将滤膜置于生理盐水中，用旋涡振荡器振荡 1 min，随后进行系列梯度的稀释，于 30 ℃ ~ 35 ℃ 的培养箱中进行平板计数。计数平板上菌落数为 25 ~ 250 之间时进行计数。如果所有稀释度均小于 25 CFU，则可以将滤膜直接放于琼脂上进行培养后计数。

f. 每个端口的最小孢子分配数为 1×10^6 CFU（± 0.5 log），且每个端口的挑战浓度必须相同。如需增加每个样品口的芽孢挑战数，需增加芽孢水悬液的浓度，而不是增加体积。

③ 测试参数更改的验证：当环境条件、设备修整或者参数修改时都需要进行设备的验证。

（6）样品的微生物挑战试验。

① 将无菌过滤装置放入生物安全柜中，以无菌操作的方式用无菌镊子和手套在每个过滤装置的底座上放置一个 0.45 μm 的滤膜。将适宜直径的无菌试验材料放于滤膜上。如果已知供试材料具有高的 log 降低值（LRV），最好在每次试验中包括一个已知能使芽孢穿透的材料。该已知材料可以作为供试材料的阳性对照。将挑战对照膜（N_0）置于其中一个过滤装置的 0.45 μm 的滤膜上，下面的 0.45 μm 的滤膜作为阴性对照。

② 将过滤单元的顶部与接触室连接后，再将每个过滤单元与其相对应的流量计连接。倒入适量体积的孢子悬浮液于喷雾器中，以取得设备验证试验时所使用的孢子挑战浓度。确保孢子悬浮液在使用之前混合均匀。

③ 依次打开接触室风扇、真空泵，调节流量计流量。通常标准测试参数为：最小孢子挑战浓度为 1×10^6 CFU ± 0.5 log，流速为 2.8 L/min，时间为 15 min。对于不同的材料如果使用不同的参数，相对于材料性能的评价则没有可比性。

④ 设置喷雾器的流量来实现接触室内合适的气溶胶条件。调节真空系统以达到设定流速，抽真空度不宜过大，以免对滤膜或待测试样造成损坏。如果试验材料的孔隙率太低，不能在不使滤膜或材料损坏的情况下采用规定的流量，则宜使用较低的流量。如果不能达到足够的流量，本试验方法就不宜使用。一般情况下使用低于 40 kPa 的真空度不会导致滤膜或试验材料损坏。

⑤ 计时 15 min 或经验证后的其他适合时间。待孢子气溶胶与试样接触完成后，依次关闭喷雾器、真空泵和接触室内风扇。通过连接真空源和微生物过滤系统将接触室气体疏散 15 min。将过滤装置用消毒剂进行杀菌清洗，并卸下过滤装置，取出滤膜。

⑥ 孢子计数。直接对滤膜进行计数时要谨慎操作。这一计数方法提高了检测限，但如果所有芽孢聚集在一个小的区域内形成一个菌落群，则会导致数不清穿透材料的芽孢的实际数量。

⑦ 阴性对照的滤膜计数及培养方法等同待测试样。

（7）对数降低值（LRV）的计算。

① 对包装材料的抗微生物穿透能力的评价，可表示为被过滤前的微生物数量与过滤后的微生物数量比的常用对数值，即

$$LRV = \log_{10} N_0 - \log_{10} N_1$$

式中，N_0 表示挑战对照滤膜测定的平均细菌挑战数量，CFU；N_1 表示穿透试验样品的平均细菌数量，CFU。如果 $N_1 < 1$，则 $LRV > \log_{10} N_0$。

② 如果在任何端口孢子挑战浓度与设定的浓度之间的差值大于 ±0.5 log，则表示此端口的试验失败，需要重新试验。

③ 如果阴性对照收集的孢子数过大，则此数据不能算入平均值。如果阴性对照中的孢子数为 1 CFU，而试样的孢子数为 5 CFU，则此数据可算入平均值；如果阴性对照中的孢子数为 100 CFU，而试样的孢子数为 10 CFU，则表示此数据的有效性值得怀疑。

5. 试验报告

最终的试验报告应包括以下信息：

（1）样品的识别。

（2）样品的预处理。

（3）试验组数。

（4）各试验组内的试验样品数量。

（5）试验参数（芽孢悬液的浓度和体积、喷雾器气压、真空度、挑战时间、通过样品的流量等）。

（6）微生物挑战量（N_0）。

（7）阴性对照微生物透过数量。

（8）log 降低值（LRV）。

四、GB/T 458《纸和纸板 透气度的测定》（等同采用 ISO/TS 5636-2、ISO 5636-3、ISO 5636-5）

1. 标准的适用范围

该标准规定了纸和纸板透气度的三种测定方法：葛尔莱法、肖伯尔法、本特生法，适用于透气度在 $1 \times 10^{-2} \sim 1 \times 10^{2}$ μm/（Pa·s）之间的纸和纸板，不适用于表面粗糙度较大，且不能被牢固夹紧的纸和纸板，如皱纹纸或瓦楞纸板。

2. 术语和定义

透气度：按规定条件，在单位时间和单位压差下，通过单位面积纸或纸板的平均空气流量，以微米每帕斯卡秒 [μm/(Pa·s)] 表示。

3. 试验仪器

常用的试验仪器：葛尔莱透气度仪、肖伯尔透气度仪、本特生透气度仪等，如图 7-4 所示。

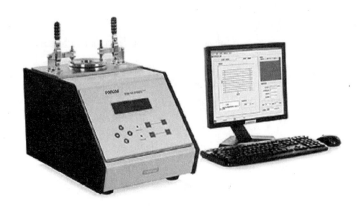

图7-4　试验仪器

4. 试验步骤

（1）制样（表7-3）。

表7-3　三种制样过程步骤

过程		葛尔莱法	肖伯尔法	本特生法	备注
制样	步骤1	抽取并切取10张400 mm×400 mm的样品			试验面上不能有皱折、裂纹和洞眼等外观纸病
	步骤2	23 ℃±1 ℃、50%±2%环境下进行状态调节，至少48 h后并在此环境下进行试验			
	步骤3	从10张样品中分别切取一个试样，试样的尺寸为50 mm×50 mm	从10张样品中分别切取一个试样，试样的尺寸为60 mm×100 mm，或沿整张纸页横幅切取宽度为60 mm的全幅试样，并标明正反面	从10张样品中分别切取一个试样，试样的尺寸为50 mm×50 mm	

（2）测定（表7-4）。

表7-4　三种测定方法

测定方法	步　骤
葛尔莱法	1. 测试应在与温湿处理时相同的大气条件下进行。 2. 将仪器调准至水平，校准，并检查其密封性。 3. 将内圆筒升高，使其边缘在外圆筒的支撑装置上。将试样夹好，然后移开支撑装置，使内圆筒下降至被浮起为止。当内圆筒平稳下移时，从零刻度开始计时，测定初始两个50 mL间隔通过外圆筒边缘时所需时间 t。测定准确度如下： 　　≤60 s　　　　　　　　准确至0.2 s 　　>60 s 至≤180 s　　　准确至1 s 　　>180 s　　　　　　　准确至5 s 对于疏松或多空性的试样，可测定较大体积空气通过所需的时间 t。 4. 测定时应采用5张试样正面、5张试样反面的方法进行测定。

续表

测定方法	步　骤
肖伯尔法	1. 测试应在与温湿处理时相同的大气条件下进行。 2. 按照标准附录提供的方法进行仪器校准，并检查其密封性。 3. 将处理好的试样夹在夹持器上，调节压差至(1.00±0.01)kPa。按表 7-5 选择合适的持续时间，测定透过试样的气流量。测定高紧度试样时，若透过试样的气流量小于表 7-5 的最小数值，则恒定压差应增加到（2.50±0.01）kPa，可以采用表 7-6 中的测试持续时间。 4. 测定时应采用 5 张试样正面，5 张试样反面进行测定。
本特生法	1. 测试应在与温湿处理时相同的大气条件下进行。 2. 将仪器置于稳固的工作台面上，并调节至水平。 3. 根据样品选择合适的流量计和工作压力（本标准规定压力为 1.47 kPa）。 4. 完成渗漏检查和流量校准后，连接好流量计和流量头。 5. 将试样夹于环形板和密封垫之间，夹紧 5 s 后记录流量计示数。 6. 测定时应采用 5 张试样正面、5 张试样反面的方法进行测定。

表 7-5　恒定压差为（1.00±0.01）kPa 时的测试持续时间

气流量/（mL/s）	测试持续时间/s	测试容积/mL
0.13 ~ 0.33	300	40 ~ 100
0.33 ~ 0.83	120	40 ~ 100
0.83 ~ 1.67	60	50 ~ 100
1.67 ~ 5.0	120	200 ~ 600
5.0 ~ 10.0	60	300 ~ 600
10.0 ~ 20.0	30	300 ~ 600
20.0 ~ 40.0	15	300 ~ 600

表 7-6　恒定压差为（2.50±0.01）kPa 时的测试持续时间

气流量/（mL/s）	测试持续时间/s	测试容积/mL
17 ~ 33	3 000	50 ~ 100
33 ~ 67	1 500	50 ~ 100
67 ~ 167	600	40 ~ 100
167 以上	240	40 以上

（3）结果计算（表 7-7）。

表 7-7　三种计算方法

透气度	计算方法
葛尔莱透气度（P）	以 10 次测定的算术平均值表示结果，精确到两位有效数字。 $$P = 1.27V/t$$ 式中，P 为试样的透气度，$\mu m/(Pa \cdot s)$；V 为透过空气的体积，mL；t 为通过 V mL 空气的时间，s。 注：上式以平均压力差 1.23 kPa 和试验面积 6.42 cm^2 作为计算基础。

续表

透气度	计算方法
肖伯尔透气度（P_s）	$$P_s = V/\Delta P \cdot t$$ 式中，P_s 为试样的透气度，μm/(Pa·s)；V 为透过空气的体积，mL；ΔP 为试样两边的压差，kPa；t 为测定时间，s。
本特生透气度（P）	$$P = 0.011\,3q$$ 式中，P 为 1.47 kPa 标准压差下试样的透气度，μm/(Pa·s)；q 为每分钟透过试样测试面的空气量，mL/min。
备注	1. 如果通过试样正反两面的透气度有较大差异，又需要报告这个差别，则应在每个面各测定 10 张试样，并且分别报告这两个结果。 2. 如果要报告透气阻力，则应用葛尔莱透气阻力来表示，单位为 s，即测定通过 100 mL 气体所用时间。

（4）精密度。

从同一样品中获得的两份试样，由同一操作者在同一实验室进行测定，两个测定结果的平均值的偏差应在 10% 以内。

5. 试验报告

最终的试验报告应包括以下信息：

（1）本标准编号和所使用的测定方法。

（2）测定结果的算术平均值，应精确至两位有效数字。

（3）如需要，应报告正反两面各自测定结果的算术平均值。

五、YY/T 0698.2《最终灭菌医疗器械包装材料 第 2 部分：灭菌包裹材料 要求和试验方法》附录 B：孔径测定方法（参照采用 EN 868-2）

1. 标准的适用范围

本标准适用于最终灭菌医疗器械包装材料孔径的测定。

2. 试验原理

使空气强行通过被一种液体湿化的材料的孔隙，观察所需的压力，用该压力与已知的液体表面张力估计材料中孔隙的大小。

3. 试验液体

所用的试验液体宜能使纸被完全湿化，对阻水材料具有低的溶剂溶解力，不使纤维膨胀，并有恒定的表面张力，无毒性，低燃点，无泡沫，价格适宜。

乙醇溶液被认为适宜。

4. 仪器

采用孔径测量仪检测，如图 7-5 所示。

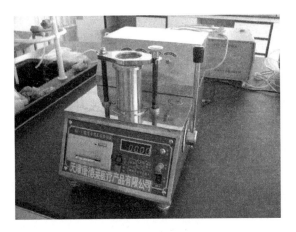

图 7-5　孔径测量仪

5. 试样的制备

应尽量少处置材料，除了对样品进行状态调节以外，不能再有像折叠、熨烫或其他处理。从材料上不同的位置切取样品，使其尽可能地有代表性。样品应切成便于处置、夹持的形式。除非另有规定，从供试材料上切取 10 个供试样品。

注：对于多数的仪器，样品切成 75 mm×75 mm 的方形较为方便。

6. 试验步骤

（1）在 GB/T 10739 标准规定的试验条件下进行试验。

（2）用任何方便的方法测定试验液的表面张力，精确到 0.5 mN/m。Wilhelmy 法、滴重计法、单毛细管法和双毛细管法都可满足表面张力的测量。

注：在标准大气压下，乙醇溶液的表面张力一般在 22 ～ 24 mN/m，温度修正系数为 −0.005 mN/(m·K)。

（3）将状态调节后的试样在试验液面下约 15 mm 深处浸泡，至少 3 min 后用镊子取出试样，并夹于试验头中，将几毫升试验液注至材料表面上；所注的试验液的量宜在试验期间因下面所施压力而明显起鼓后，恰好能覆盖试验材料。记录该阶段试验液的温度。

如果样品在注入试验液覆盖整个表面之前就能因下面的气压增加而发生起鼓，这样的材料会更易于试验的进行。

（4）随着气压的增加，表面上有不同的位置出现气泡，在压力增加的同时，持续观察样品并记录上表面出现第一个气泡时的压力，精确到毫米。

（5）对其他试样进行试验，直至得到所有结果。

7. 试验结果

对每个试样按下式计算等效孔半径 r，以微米（μm）为单位：

$$r = 2T \cdot 10^6 / \rho \cdot P \cdot g$$

或简化成

$$r = 204 \cdot T / P$$

式中，T 为试验温度下的表面张力，mN/m；g 为重力加速度，mm/s^2；ρ 为试验温度下水的密度，mg/mm^3；P 为气泡压，mmH_2O。

计算平均孔半径，并用孔的直径表示结果。

8. 试验报告

最终的试验报告应包括以下信息：

（1）各试样的等效孔径和平均孔径，以微米（μm）表示。

（2）供试样品的描述。

（3）与规定步骤的任何偏离。

第五节　包装材料物理性能评价试验

无菌医疗器械制造商应对包装系统的材料进行物理性能的评价，其评价方法应依据相关的标准进行。

一、GB/T 5453《纺织品　织物透气性的测定》（等同采用 ISO 9237）

1. 标准的适用范围

本标准规定了测定织物透气性的方法，适用于多种纺织织物，包括产业用织物、非织造布和其他可透气的纺织制品。

2. 术语和定义

透气性：空气透过织物的性能。以在规定的试验面积、压降和时间条件下，气流垂直通过试样的速率表示。

3. 原理

在规定的压差条件下，测定一定时间内垂直通过试样给定面积的气流流量，计算出透气率。气流速率可以直接测出，也可以通过测定流量孔径两面的压差换算而得。

4. 取样

（1）批样的抽取。

从一次装运货物或批量货物中随机抽取表 7-8 所列匹数作为批样，应保证批样无破损或受潮。

表 7-8　批样抽取表

装运或批量货物的数量/匹	批样的最少数量/匹	装运或批量货物的数量/匹	批样的最少数量/匹
≤3	1	31～75	4
4～10	2	≥75	5
11～30	3		

（2）实验室样品的准备。

从批样的每一匹中剪取长至少为 1 m 的整幅织物作为试验样品，注意应在距离布端 3 m 以上的部位随机选取，且不能有折皱或明显疵点。

5. 调湿与试验用标准大气

（1）预调湿。

纺织品在调湿前，可能需要预调湿。如果需要，纺织品应放置在相对湿度 10.0% ～ 25.0%、温度不超过 50.0 ℃ 的大气条件下，使之接近平衡。

（2）调湿。

纺织品在试验前，应将其放在标准大气环境（温度为 20.0 ℃ ±2.0 ℃，相对湿度为 65% ±4.0%）下进行调湿。调湿期间，应使空气能畅通地流过该纺织品。纺织品在大气环境中放置所需要的时间，直至平衡。

除非另有规定，纺织品的质量递变量不超过 0.25% 时，方可认为达到平衡状态。纺织品连续称量间隔为 2 h。采用快速调湿时，纺织品连续称量间隔为 2 ～ 10 min。

6. 仪器

（1）试样圆台。

具有试验面积为 5 cm²、20 cm²、50 cm² 或 100 cm² 的圆形通气孔，试验面积误差不超过 ±0.5%。对于较大试验面积的通气孔应有适当的试样支撑网。

（2）夹具。

能平整地固定试样，应保证试样边缘不漏气。

（3）橡胶垫圈。

用以防止漏气，与夹具吻合。

（4）压力表。

连接于试验箱，能指示试样两侧的压降为 50 Pa、100 Pa、200 Pa 或 500 Pa，精度至少为 2%。

（5）风机。

能使具有标准温湿度的空气进入试样圆台，并可使透过试样的气流产生 50 ～ 500 Pa 的压降。

（6）流量计。

能显示气流的流量，单位为 dm³/min，精度不超过 ±2.0%。

7. 试验条件

试验条件推荐值：试验面积为 20 cm²；压降为 100 Pa（服用织物）、200 Pa（产业用织物）。

如上所述压降达不到或不适用，经有关各方协商后可选用 50 Pa 或 500 Pa，也可选用 5 cm²、50 cm² 或 100 cm² 的试验面积。如使用其他试验面积，应在报告中说明。

8. 试验步骤

（1）检查校验仪器。

（2）将试样夹持在试样圆台上，测试点应避开布边及折皱处，夹样时采用足够的张力使试样平整而又不变形。为防止漏气，在试样的低压一侧（即试样圆台一侧）应垫上垫圈。当织物正反两面透气性有差异时，应在报告中注明测试面。

（3）启动吸风机使空气通过试样，调节流量，使压降逐渐接近规定值 1 min 后或达到稳定时，记录气流流量。如果用容量计，为达到所需精度，需测定容积约 10 dm³ 以上。使用压差流量计的仪器，应选择适宜的孔径，记录该孔径两侧的压差。

（4）在同样的条件下，在同一样品的不同部位重复测定至少 10 次。

（5）如夹具处漏气，测定漏气量，并从读数中减去该值。

9. 结果计算和表示

（1）计算测定值的算术平均值 q_v 和变异系数（至最邻近的 0.1%）。

（2）按式（7-1）计算透气率 R。计算结果修约至测量范围的 2%。

$$R = \frac{q_v}{A} \times 167 \quad (\text{mm/s}) \tag{7-1}$$

式中，q_v 为平均气流量，L/min；A 为试验面积，cm^2；167 为由 L/min × cm^2 换算成 mm/s 的换算系数。

（3）按式（7-2）计算透气率的 95% 置信区间（$R \pm \Delta$），单位和计算精度与式（7-1）相同。

$$\Delta = \frac{S \cdot t}{\sqrt{n}} \tag{7-2}$$

式中，S 为标准偏差；n 为试验次数；t 为 95% 置信区间、自由度为 $n-1$ 的信度值，t 和 n 的对应关系如表 7-9 所示。

表 7-9　t 和 n 的对应关系

n	5	6	7	8	9	10	11	12
t	2.776	2.571	2.447	2.365	2.306	2.262	2.228	2.201

10. 试验报告

最终的试验报告应包括以下信息：

（1）本标准号。

（2）样品名称、规格、编号，如需要，说明气流通过织物的方向。

（3）采用的试验面积和压降。

（4）调湿及试验用标准大气。

（5）任何偏离本标准的细节。

（6）试验结果：透气率 R，mm/s；变异系数，%；95% 置信区间，mm/s。

二、GB/T 451.2《纸和纸板定量的测定》（等同采用 ISO 536）

1. 标准的适用范围

本标准适用于各种纸和纸板。

2. 术语和定义

定量：按规定的试验方法，测定纸和纸板单位面积的质量，以 g/m^3 表示。

3. 仪器

（1）切样设备。

用切纸刀或专用裁样器裁切试样，试样面积与规定面积相比，每 100 次中应有 95 次的偏差范围在 ±1.0% 以内。用（3）中①的方法经常校准切样设备，如达到精度，用在校准试验中得到的平均面积计算定量。

（2）天平。

试样质量为 5 g 以下的，用分度值 0.001 g 的天平。

试样质量为 5 g 以上的，用分度值 0.01 g 的天平。

试样质量为 50 g 以下的，用分度值 0.1 g 的天平。

称量时，应防止气流影响天平。

（3）仪器校准。

① 切样设备的校准。

裁切面积应经常校准。裁切 20 个试样，并计算它们的面积，其精度值应达到（1）中的规定。当各个面积的标准偏差小于平均面积的 0.5% 时，该平均面积可用于定量的计算。如果面积的标准偏差超过这个范围，每个试样的面积应单个测定。

② 天平的校准。

天平应经常用标准砝码进行校准，并列出校正表。经计量部门检定合格的，可以在有效检定周期内使用。

4. 试验方法

（1）取样。

① 抽取包装单位：按抽样标准的规定进行抽取，抽取的包装单位应无损伤，并具有完整包装。

② 整张纸页的抽取：从所抽取的包装单位中抽取整张纸页，方法如表 7-10 所示。

表 7-10　包装单位中整张纸页抽取方法

平板纸纸页的抽取		卷筒纸纸页的抽取	盘纸的取样
每包装单位的张数	最少抽取张数	从卷筒纸外部去掉受损伤的纸层，未受损伤的部分再去掉三层（定量≤225 g/m²）或一层（定量＞225 g/m²），沿卷筒的全幅切一刀，取得所需张数	去掉盘纸外部带有破损、皱纹或其他外观纸病的纸幅，切取 5～10 m 的纸条
≤1 000	10		
1 001～5 000	15		
＞5 000	20		

③ 样品的切取：

平板纸或纸板：从每整张纸页上切取一张 400 mm × 400 mm 的样品，各张纸页上的取样部位各不相同。

卷筒纸或纸板：从每整张纸页上切取一个样品，样品长为卷筒的全幅，宽为 400 mm。

④ 平均样品的张数应不少于 5 张，其总面积应至少够 10 个试样。

（2）样品处理。

在温度 23 ℃±1 ℃、相对湿度 50%±2% 环境下进行状态调节至少 48 h，并在此环境下进行试验。

（3）定量的测定。

① 将 5 张样品沿纸幅纵向叠成 5 层，然后沿横向均匀切取 0.01 m² 的试样两叠，共 10 片试样，用相应分度值的天平称量。如切样设备不能满足精度要求，则应测定每一

试样的尺寸，并计算测量面积。

② 宽度在 100 mm 以下的盘纸，应按卷盘全宽切取 5 条长 300 mm 的纸条，一并称量。

③ 测量所称量纸条的长边及短边，分别精确至 0.5 mm 和 0.1 mm，然后计算面积。应采用精度为 0.02 mm 的游标卡尺进行测量。

（4）横幅定量差的测定。

随机抽取一整张纸页，沿纸幅横向均匀切取 0.01 m² 的试样至少 5 片，用相应分度值的天平分别称量。

（5）结果的计算和表示。

① 按式（7-3）计算试样的定量 G，以 g/m² 表示。

$$G = M \times 10 \qquad (7\text{-}3)$$

式中，M 为 10 片 0.01 m² 试样的总质量，g。

② 横幅定量差 S 按式（7-4）或式（7-5）计算，以%或 g/m² 表示。

$$S_1（\%）= \frac{G_{max} - G_{min}}{G} \times 100 \qquad (7\text{-}4)$$

或

$$S_2 = G_{max} - G_{min} \qquad (7\text{-}5)$$

式中，S_1 为横幅定量差；S_2 为绝对横幅定量差，g/m²；G_{max} 为试样定量的最大值，g/m²；G_{min} 为试样定量的最小值，g/m²；G 为试样定量的平均值，g/m²。

5. 试验报告

最终的试验报告应包括以下信息：

（1）本标准号。

（2）纸或纸板定量的平均值，修约至三位有效数字，根据需要报告横幅定量差。

（3）与本标准方法不同的情况。

三、GB/T 20220《塑料薄膜和薄片 样品平均厚度、卷平均厚度及单位质量面积的测定 称量法（称量厚度）》（等同采用 ISO 4591）

1. 标准的适用范围

本标准规定了测量塑料薄膜或薄片样品称量厚度的试验方法，以及测量塑料薄膜或薄片卷平均称量厚度和单位质量面积的试验方法。本标准适用于所有的塑料薄膜和薄片，特别适用于用机械测量法测量厚度不够准确时，如测量压花薄膜的厚度。

2. 样品称量厚度的测定

（1）原理。

样品的称量厚度通过测量其质量、面积和密度计算而得。

（2）仪器。

① 冲刀、方形模板：冲刀可为方形或圆形，面积为（100±0.5）cm²；或方形模板面积为（100±0.5）cm²。

② 天平：精度为 0.0001 g。

（3）试样。

试样面积为（100±0.5）cm²，从两块样品上宽度方向约相等的间距裁取，两块样品在纵向应相距 1 m。

从薄膜或薄片上裁取试样最少数量应依据样品的宽度而定：宽度小于或等于 1 000 mm 时裁取 3 块，宽度大于 1 000 mm 而小于等于 1 500 mm 时裁取 5 块，宽度大于 1 500 mm 时裁取 10 块。

对于厚度很薄的膜，当其（100 ± 0.5）cm^2 质量小于 1 g 时，用挤出/压延方向相邻的两块试样作为一个试样测试。

（4）试验步骤。

① 测量试样的质量，至少取三位有效数字；测量试样的密度，试验温度为 23 ℃ ± 1 ℃。注意防止试样带静电而影响质量测量的重复性。

② 对于湿度敏感的薄膜或薄片，状态调节的时间和湿度要求应由供需双方协商确定。

（5）结果的计算和表示。

单片试样称量厚度 h_s 按式（7-6）计算，单位为 μm。

$$h_s = \frac{100A_s}{\rho} \tag{7-6}$$

式中，A_s 为单位面积的试样质量，单位为 g/100 cm^2；ρ 为试样密度，单位为 g/cm^3。

（6）测试报告应包括以下内容：

① 本标准号。

② 识别样品的必要详情。

③ 每一试样的称量厚度。

④ 测量结果的算术平均值（精确到 0.001 mm）作为样品的平均称量厚度。

3. 卷平均称量厚度和单位质量面积的测定

（1）原理。

通过测量卷的长度、平均宽度、净质量和薄膜或薄片的密度计算卷平均称量厚度，需要时计算单位质量面积。

（2）仪器。

衡器精度至少是读数的 0.5%。

（3）步骤。

① 测量卷的长度和平均宽度，单位为 m。

② 卷的净质量。将料卷的中心放在衡器的盘或其他支撑物上，并保证料卷和盘与其他物体没有接触。称量卷的毛重精确至读数的 0.5%，减去管芯或其他使膜或片成卷的物品的质量得到相同精度的卷的净质量。测定卷的净质量至读数的 0.5% 的有效数字，单位为 kg。

③ 测量试样密度，试验温度为 23 ℃ ±1 ℃。

（4）结果的计算和表示。

① 卷平均质量厚度 h_r 按式（7-7）计算，单位为 μm。

$$h_r = \frac{1\,000 \times m_r}{L \times b \times \rho} \tag{7-7}$$

式中，m_r 为卷的净质量，单位为 kg；L 为卷的长度，单位为 m；b 为卷的平均宽度，单位为 m；ρ 为膜或片的密度，单位为 g/cm^3。结果精确至 0.001 mm。

② 单位质量面积。

单位质量面积 A_m（单位为 m^2/kg）按式（7-8）计算：

$$A_m = \frac{L \times b}{m_r} \tag{7-8}$$

式中，L、b 和 m_r 同式（7-7）。

4. 试验报告

最终的试验报告应包括以下信息：

（1）本标准号。

（2）识别样品的必要详情。

（3）卷平均称量厚度。

（4）单位质量面积。

四、GB/T 454《纸耐破度的测定》（等同采用 ISO 2758）

1. 标准的适用范围

本标准规定了采用液压递增原理测定纸张耐破度的方法，适用于测定耐破度为 70～1400 kPa 的单层纸或多层纸，不适用于测定复合材料（如瓦楞纸板或衬垫纸板）。

2. 术语和定义

（1）耐破度：由液压系统施加压力，当弹性胶膜顶破试样圆形面积时的最大压力。

（2）耐破指数：纸张耐破度除以其定量，以 kPa 表示。

3. 仪 器

（1）夹持系统。

上、下两夹盘是两个彼此平行的环形平面。其环面应平滑并带有沟纹，夹盘系统尺寸如图 7-6 所示。

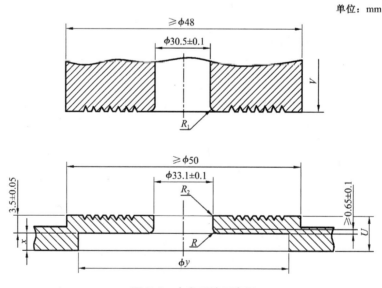

图 7-6 夹盘系统示意图

（2）胶膜。

胶膜是圆形的，由天然橡胶或合成橡胶制成。其厚度为（0.86±0.06）mm，上表面被紧紧夹住。静态时其上表面应比下夹盘的顶面约低 3.5 mm。

（3）液压系统。

由马达驱动活塞挤压适宜的液体（如化学纯甘油、含缓蚀剂的乙烯醇或低黏度硅油），在胶膜下面产生持续增加的液压压力，直至试样破裂。液压系统和使用的液体中应没有空气泡，泵送量应为（95±5）mL/min。

（4）压力测量系统。

可采用任何原理，但其显示精度应相当于或高于±10 kPa 或测量值的±3%。

4. 试验方法

（1）制样。

① 抽取包装单位：按抽样标准的规定进行抽取，抽取的包装单位应无损伤并具有完整包装。

② 整张纸页的抽取：从所抽取的包装单位中抽取整张纸页，抽样方法如表7-10所示。

③ 样品的切取：

平板纸或纸板：从每整张纸页上切取一张 400 mm×400 mm 的样品，各张纸页上的取样部位各不相同。

卷筒纸或纸板：从每整张纸页上切取一个样品，样品长为卷筒的全幅，宽为400 mm。

④ 每个试样切成 70 mm×70 mm。

（2）温湿处理。

在温度23 ℃±1 ℃、相对湿度50%±2%环境下进行状态调节至少40 h，并在此环境下进行试验。

（3）试验步骤。

① 校准仪器，预测最大量程，选择最合适的量程范围。

② 调整夹持系统，使压力能够防止试样滑动，但不应超过 1 200 kPa。

③ 升起上夹盘，将试样覆盖整个夹盘面积，然后给试样施加足够的夹持压力。

④ 调节液压显示装置的零点，然后施加液压压力，直至试样破裂。退回活塞，使胶膜低于胶膜夹盘的平面。读取耐破压力指示值，精确到 1 kPa。然后松开夹盘，准备下一次试验。

⑤ 若未要求分别报告试样正反面的试验结果，应测试 20 个有效数据；如果要求分别报告试样正反面的测试结果，则应每面至少测得 10 个有效数据。

（4）结果的计算和表示。

耐破指数 x 以 kPa·m²/g 表示，由式（7-9）计算得出。

$$x = \frac{p}{g} \tag{7-9}$$

式中，p 为耐破度平均值，kPa；g 为试样定量，g/m²。耐破指数应精确至三位有效数字。

（5）注意事项。

① 当试样有明显滑动时，应将该读数舍去。

② 如果破裂形式（如在测量面积周边处断裂）表明是夹持力过高或在夹持时夹盘转动致使试样损伤，则应舍弃此试验数据。

5. 试验报告

最终的试验报告应包括以下信息：

（1）本标准号。

（2）日期和试验地点。

（3）正确识别样品的所有信息。

（4）所使用的仪器类别和型号。

（5）采用的标准温湿度条件。

（6）耐破度的平均值，如要求应按正反面分别报告结果，精确至 1 kPa。

（7）若有要求，耐破指数取三位有效数字。

（8）每个耐破度平均值的标准偏差。

（9）任何与本标准的偏离。

五、GB/T 23329《纺织品 织物悬垂性的测定》（修改采用 ISO 9073-9）

1. 标准的适用范围

本标准规定了用于测定织物悬垂性的试验方法，方法 A 为纸环法，方法 B 为图像处理法。本标准适用于各类纺织织物。

2. 术语和定义

（1）悬垂性：已知尺寸的圆形织物试样在规定条件下悬垂时的变形能力。

（2）悬垂波数：表示悬垂波或折曲的数量，是悬垂形态参数之一。

（3）波幅：表示大多数的悬垂波或折曲的尺寸，以 cm 表示，是悬垂形态参数之一。

（4）最小波幅：表示悬垂波或折曲的最小尺寸，以 cm 表示，是统计数据之一。

（5）最大波幅：表示悬垂波或折曲的最大尺寸，以 cm 表示，是统计数据之一。

（6）平均波幅：表示悬垂波或折曲的平均尺寸，以 cm 表示，是统计数据之一。

（7）悬垂系数：悬垂试样的投影面积与未悬垂试样的投影面积的比率，以百分率表示。

3. 原理

将圆形试样水平置于与圆形试样同心且较小的夹持盘之间，夹持盘外的试样沿夹持盘边缘自然悬垂下来。利用方法 A 和方法 B 测定织物的悬垂性。

方法 A：纸环法。

将悬垂的试样影像投射在已知质量的纸环上，纸环与试样未夹持部分的尺寸相同。在纸环上沿着投影边缘画出其整个轮廓，再沿着画出的线条剪取投影部分。悬垂系数为投影部分的纸环质量占整个纸环质量的百分率。

方法 B：图像处理法。

将悬垂试样投影到白色片材上，用数码相机获取试样的悬垂图像，从图像中得到有关试样悬垂性的具体定量信息。利用计算机图像处理技术得到悬垂波数、波幅和悬垂系数等指标，如图 7-7 所示。

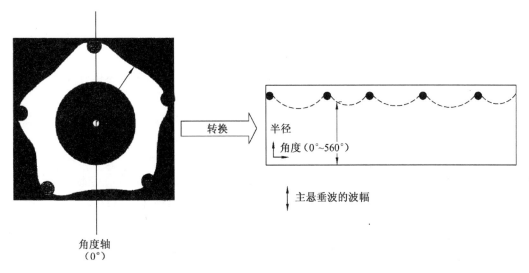

图 7-7　图像处理输出示例

4. 仪器

（1）方法 A 和方法 B 所用的仪器。

① 悬垂性试验仪。图 7-8 为悬垂仪的示意图，它由以下部件构成：

a. 带有透明盖的试验箱。

b. 两个水平圆形夹持盘，直径为 18 cm 或 12 cm，试样夹在两个夹持盘中间，下夹持盘有一个中心定位柱。

c. 在夹持盘下方的中心、凹面镜的焦点位置有一点光源，凹面镜反射的平行光垂直向上通过夹持盘周围的试样区照在仪器的透明盖上。

d. 仪器盖上有固定纸环的中心板或白色片材。

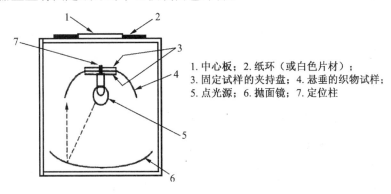

图 7-8　悬垂仪示意图

② 三块圆形模板，直径分别为 24 cm、30 cm 和 36 cm，用于方便地剪裁画样和标

注试样中心。

③ 秒表（或自动计时装置）。

（2）方法 A 中的辅助装置。

① 透明纸环。当内径为 18 cm 时，外径按照"5. 取样"中的（2）①项选择为 24 cm、30 cm 或 36 cm；当内径为 12 cm 时，外径为 24 cm。

② 天平，精度为 0.01 g。

（3）方法 B 中的辅助仪器。

① 相机支架，用来将数码相机固定在测定仪上，相机固定在仪器试样中心上方合适的距离位置。

② 数码相机，与计算机连接，能够将数码相机获取织物试样的影像输入计算机的评估软件。

③ 评估软件，能够浏览数码相机获取的影像，根据影像测定轮廓；根据影像信息计算悬垂系数、悬垂波数、最大波幅、最小波幅及平均波幅，并提供最终报告。

④ 白色片材，应确保材料表面平整无褶皱，且能够清晰地映出投影图像。

5. 取样

（1）通则。

按产品标准的规定或有关协议取样。

（2）试样直径的选择。

① 仪器的夹持盘直径为 18 cm 时，先使用直径为 30 cm 的试样进行预试验，并计算在该直径时的悬垂系数（D_{30}）。

a. 若悬垂系数在 30% 至 85% 的范围内，则所有试验的试样直径均为 30 cm。

b. 若悬垂系数在 30% 至 85% 的范围以外，试样直径除了使用 30 cm 外，还要按 c 和 d 所述的条件选取对应的试样直径进行补充测试。

c. 对于悬垂系数小于 30% 的柔软织物，所用试样直径为 24 cm。

d. 对于悬垂系数大于 85% 的硬挺织物，所用试样直径为 36 cm。

e. 将试样放在平面上，利用模板画出圆形试样轮廓，标出每个试样的中心并裁下。

f. 分别在每一个试样的两面标记"a"和"b"。

不同直径的试样得出的试样结果没有可比性。

② 仪器的夹持盘直径为 12 cm 时，所有试验试样的直径均为 24 cm。

6. 试样的制备和调湿

（1）预调湿。

纺织品在调湿前，可能需要预调湿。如果需要，纺织品应放置在相对湿度 10.0% ~ 25.0%、温度不超过 50.0 ℃ 的大气条件下，使之接近平衡。

（2）调湿。

纺织品在试验前，应将其放在标准大气环境（温度为 20.0 ℃ ± 2.0 ℃，相对湿度为 65% ± 4.0%）下进行调湿。调湿期间，应使空气能畅通地流过该纺织品。纺织品在大气环境中放置所需要的时间，直至平衡。

除非另有规定，纺织品的质量递变量不超过 0.25% 时，方可认为达到平衡状态。

纺织品连续称量间隔为 2 h。采用快速调湿时，纺织品连续称量间隔为 2 ~ 10 min。

（3）试样的选择。

由于有折皱和扭曲的试样会产生试验误差，因此在样品上避开折皱和扭曲的部位进行取样。注意不要让试样接触盐、皂类及油类等污染物。

7. 预试验

（1）仪器的校验。

按以下方式检查测试仪器：

① 确保仪器的试样夹持盘保持水平，可通过观察水平气泡位置，调节仪器底座上的底脚使其保持水平状态。

② 将模板放在下夹持盘上，其中心孔穿过定位柱，校验灯源的灯丝是否位于抛面镜聚焦处。将纸环或白色片材放在仪器的投影部位，采用模板校验其影像尺寸是否与实际尺寸吻合。

（2）预评估。

按以下方式进行预评估：

① 取一个试样，其"a"面朝下，放在下夹持盘上。

② 若试样四周形成了自然悬垂的波曲，则可以进行测量。

③ 若试样弯向夹持盘边缘内侧，则不进行测量，但要在试验报告中记录此现象。

8. 方法 A：纸环法

（1）仪器。

见"4. 仪器"中的（1）和（2）。

（2）试验步骤。

按以下步骤进行试验：

① 将纸环放在仪器上，其外径与试样直径相同。

② 将试样"a"面朝上，放在下夹持盘上，使定位柱穿过试样中心。然后将上夹持盘放在试样上，使定位柱穿过上夹持盘上的中心孔。

③ 从上夹持盘放到试样上起开始用秒表计时。

④ 30 s 后打开灯源，沿纸环上的投影边缘描绘出投影轮廓线。

⑤ 取下纸环，放在天平上称取纸环的质量，记作 m_{pr}，精确至 0.01 g。

⑥ 沿纸环上描绘的投影轮廓线剪取，弃去纸环上未投影的部分，用天平称量剩余纸环的质量，记作 m_{sa}，精确至 0.01 g。

⑦ 将同一试样的"b"面朝上，使用新的纸环，重复①~⑥过程。

⑧ 在一个样品上至少取三个试样，对每个试样的正反两面均进行试验，由此对一个样品至少进行六次上述操作。

（3）结果表示。

① 对于按"5. 取样"中的（2）获取的每一个直径的试样，分别按照③和④计算。

② 用式（7-10）计算每个试样的悬垂系数 D，以百分率表示：

$$D = \frac{m_{sa}}{m_{pr}} \times 100 \tag{7-10}$$

式中，m_{pr}为纸环的总质量，g；m_{sa}为投影部分的纸环质量，g。

③ 分别计算试样"a"面和"b"面悬垂系数平均值，以百分率表示。

④ 计算样品悬垂系数的总体平均值，以百分率表示。

（4）试验报告。

最终的试验报告应包括以下信息：

① 说明试验是按本标准方法进行的。

② 试样描述及取样方法。

③ 试验仪器说明，包括试验所用的夹持盘直径。

④ 试样的直径。

⑤ 每个样品的试样数量。

⑥ 标准偏差或变异系数。

⑦ 样品是否在试验前进行了调湿，若进行调湿，则表明调湿时间。

⑧ 试验中出现的任何异常现象。

⑨ 对选用不同直径试样的试验结果：

——每个试样"a"面和"b"面各自的悬垂系数；

——每个试样"a"面和"b"面各自的悬垂系数平均值；

——每个样品总体悬垂系数的平均值；

——每个试样上出现的悬垂波数，以及每个样品的悬垂波数平均值。

⑩ 与本标准的偏离。

9. 方法 B：图像处理法

（1）仪器。

见"4. 仪器"中的（1）和（3），以及图 7-9。

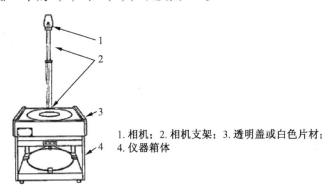

1. 相机；2. 相机支架；3. 透明盖或白色片材；
4. 仪器箱体

图 7-9　用于图像处理的悬垂仪示意图

（2）试验步骤。

按以下步骤进行试验：

① 在数码相机和计算机连接状态下，开启计算机评估软件进入检测状态，打开照明灯光源，使数码相机处于捕捉试样影像状态，必要时以夹持盘定位柱为中心调整图像居中位置。

② 将白色片材放在仪器的投影部位。

③ 将试样"a"面朝上，放在下夹持盘上，让定位柱穿过试样的中心，立即将上夹持盘放在试样上，其定位柱穿过中心孔，并迅速盖好仪器透明盖。

④ 从上夹持盘放到试样上起，就开始用秒表计时。

⑤ 30 s 后即用数码相机拍下试样的投影图像。

⑥ 用计算机处理软件得到悬垂系数、悬垂波数、最大波幅、最小波幅及平均波幅等试验参数。

⑦ 对同一个试样的"b"面朝上进行试验，重复步骤②～⑥。

⑧ 在一个样品上至少取三个试样，对每个试样的正反两面均进行试验，由此对一个样品至少进行六次上述操作。

⑨ 打印试验结果。

（3）结果的计算和表示。

① 分别对按"5. 取样"中（2）获取的不同直径的试样进行计算。

② 计算或测量以下试验参数：

a. 用式（7-11）得出悬垂系数 D，以百分率表示。

$$D = \frac{A_s - A_d}{A_0 - A_d} \times 100 \tag{7-11}$$

式中，A_0 为未悬垂试样的初始面积，cm^2；A_d 为夹持盘面积，cm^2；A_s 为试样在悬垂后的投影面积，cm^2。

b. 悬垂波数。

c. 最小波幅，单位为 cm。

d. 最大波幅，单位为 cm。

e. 平均波幅，单位为 cm。

③ 分别计算"a"面和"b"面的悬垂系数的平均值。

④ 计算样品悬垂系数的总体平均值。

（4）试验报告。

最终的试验报告应包括以下信息：

① 说明试验是按本标准的方法进行的。

② 试样描述及取样方法。

③ 试验仪器的说明，包括试验所用的夹持盘直径。

④ 计算机所用软件及版本。

⑤ 标准偏差或变异系数。

⑥ 样品是否在试验前进行了调湿及调湿时间。

⑦ 试验中的异常现象。

⑧ 试样的直径。

⑨ 在"7. 预试验"中（2）规定的试验条件下，试样的悬垂状况。

⑩ 对选用不同直径试样的试验结果：

——每个试样"a"面和"b"面各自的悬垂系数、最小波幅、最大波幅及悬垂波数；

——"a"面和"b"面各自的悬垂系数、波幅及悬垂波数平均值；

——每个样品总体悬垂系数、波幅及悬垂波数平均值。

⑪ 与本标准的偏离。

六、GB/T 22364《纸和纸板 弯曲挺度的测定》（静态弯曲法修改采用 ISO 2493，共振法修改采用 ISO 5629）

1. 标准的适用范围

本标准规定了纸和纸板弯曲挺度的两种测定方法——静态弯曲法和共振法。静态弯曲法一般适用于挺度为 20 ~ 10 000 mN 的纸或纸板，且仅适用于弯曲角为 7.5°或 15°的仪器。共振法适用于多种纸和纸板，不适用于测定时会产生分层的多层纸和纸板、有明显卷曲尤其是卷取轴在试样长边的纸和纸板、定量低于 40 g/m² 的纸。本标准不适用于瓦楞纸板。

2. 术语和定义

（1）挺度：使一端夹紧的规定尺寸的试样弯曲至 15°角时所需要的力或力矩，以 mN 或 mN·m 表示。

（2）弯曲长度：夹具和试样受力位置之间的恒定径向距离。

（3）弯曲角度：试样夹持线与作用力所形成平面的初始位置与该平面受力后所在位置的夹角。

（4）弯曲长度：纸和纸板在弹性变形范围内受力弯曲时所产生的单位阻力矩 S，可用式（7-12）表示：

$$S = \frac{E \cdot I}{b} \tag{7-12}$$

式中，E 为弹性模量；I 为横截面的第二面积矩，在该平面上通过面中心的轴线与弯曲方向垂直；b 为试样宽。

3. 试验方法 A：静态弯曲法

（1）原理。

通过测定一端被夹试样弯曲至给定角度时所需要的力或力矩，该力作用在恒定的弯曲长度上。

（2）仪器。

能测定试样如"2. 术语和定义"中（1）所规定的弯曲力或力矩的装置，适合下列规定：

① 弯曲角度为 15°±0.3°或 7.5°±0.3°。

② 标称的弯曲长度为 50 mm。

③ 夹具应适用于（38±0.2）mm 的规定。

④ 弯曲 15°的情况下，弯曲时间应不少于 3 s，但不应超过 20 s。

⑤ 读数精确至 ±2%。

（3）制样。

① 抽取包装单位：按抽样标准的规定进行抽取，抽取的包装单位应无损伤，并具

有完整包装。

② 整张纸页的抽取：从所抽取的包装单位中抽取整张纸页，抽取方法如表 7-10 所示。

③ 样品的切取：

平板纸或纸板：从每整张纸页上切取一张 400 mm×400 mm 的样品，各张纸页上的取样部位各不相同。

卷筒纸或纸板：从每整张纸页上切取一个样品，样品长为卷筒的全幅，宽为 400 mm。

④ 试样切成长不小于 70 mm、宽（38±0.2）mm 的长方形。测定纵、横向挺度时，与试样长向一致的方向为测试方向。若所用仪器只能向一个侧面弯曲，则至少需要 10 张试样；若仪器能向两个侧面弯曲，则每个方向各需要 5 张试样。

⑤ 试样的试验面上不应有褶子、皱纹、肉眼可见的损伤或其他缺陷。如果有水印，应在报告中注明。

⑥ 在温度 23 ℃±1 ℃、相对湿度 50%±2% 环境下进行状态调节至少 48 h，并在此环境下进行试验。

（4）试验步骤。

① 将试样的一端夹在试样夹内，注意夹子不要夹得太紧，以免引起试样损坏和读数误差。

② 使用符合（2）所规定的仪器，应按仪器说明书中介绍的方法进行测定。测定后从试样夹上取下的试样不能再使用。

③ 如果试样挺度过大或弯曲至 15°角时试样折断，则可弯曲试样至 7.5°角，测定结果乘以 2 可以得到一个近似值，并在报告中注明。

（5）结果表示。

① 挺度值以 mN·m 或 mN 为单位，挺度测定应以两个方向弯曲试样至 15°角的算术平均值报告结果。计算结果修约至三位有效数字。

② 计算测定结果的标准偏差和变异系数。

4. 试验方法 B：共振法

（1）原理。

将试样一端夹住，在标准状态下测定其共振长度，由试样定量和共振长度计算弯曲挺度。

（2）仪器。

共振挺度采用如图 7-10 所示的共振挺度仪进行测定。

（3）制样。

① 按照"3. 试验方法 A：静态弯曲法"（3）中的①～③切取样品。

② 每个测定方向上应至少切取 10 张试样，试样宽度为 15 mm，高定量试样的宽度可以为 25 mm。试样的长度应符合共振规定的长度和夹持深度，以及在非共振区测试时应有用手拿取和与下夹具连接的长度。试样边缘应光滑，两个长边应平行，其平行偏差应小于 0.1 mm。

③ 在温度 23 ℃ ±1 ℃、相对湿度 50% ±2% 环境下进行状态调节至少 48 h，并在此环境下进行试验。

图 7-10 共振挺度仪

（4）试验步骤。

① 夹上试样，使试样从上夹口伸出足够长度，确保试样垂直于上夹口。调节夹持力，使试样恰好能从振动夹中向下拉出。

② 启动仪器，小心地用活动下夹具将试样从试样夹中拉出，直至试样的自由端开始振动达到最大振幅（共振时）。其特点是在灯光的照射下，自由端可见的振动轮廓线的清晰度最高。

③ 准确测定伸出试样夹口的试样长度。测定方法有两种：第一种方法是在夹口处小心地做上记号，从试样夹上取下试样，用游标卡尺或其他合适的量具测定其长度，测定值的误差应在 ±0.25 mm 以内。第二种方法是使用仪器上的刻度标尺直接读出共振长度，但应核实试样在测定过程中没有明显的增长。由于可能存在两个波幅和一个波节的共振，必要时应进行检查，可进一步缩短伸出的长度，使之出现一个波幅的振动。

④ 按照③的方法，在每个测定方向上测定 10 张试样。如果测定结果波动较大，则可以增加测定次数。

⑤ 称取每张试样的质量，精确至 ±0.001 g。将质量标在试样上，以便将其质量和相应共振长度的面积或试样面积相匹配，计算其定量。

⑥ 结果的计算和表示。

每张试样的弯曲挺度 S 用式（7-13）计算，以 mN·m 表示。

$$S = \frac{2L^4 Q_A}{10^9} \tag{7-13}$$

式中，L 为平均共振长度，mm；Q_A 为试样的平均定量，g/m²。

用得到的各个值计算平均弯曲挺度、标准偏差或变异系数，取三位有效数字。

⑦ 若试样的定量波动较大，平均定量明显影响到测定结果或对测定精度要求较高时，可将⑤测定的每个试样的定量代入式（7-13）计算每个试样的弯曲挺度，然后计算平均弯曲挺度。

5. 试验报告

最终的试验报告应包括以下信息：

（1）本标准号。

（2）采用的标准温湿度条件。

（3）所使用的仪器类别和型号。

（4）如静态弯曲法的弯曲角度不是15°，应注明。

（5）平均挺度，用 mN·m 或 mN 表示，修约为三位有效数字。

（6）如需要，应报告测定结果的标准偏差、变异系数及与本标准偏离的任何条件。

七、YY/T 0698.2《最终灭菌医疗器械包装材料 第2部分：灭菌包裹材料 要求和试验方法》附录 C：测定悬垂性的试验方法（参照采用 EN 868-2）

1. 标准的适用范围

本标准规定了测定悬垂性的试验方法。

2. 仪器

（1）柔软性试验仪。

柔软性试验仪主要由一个夹具组成（由一对平面夹钳或滚子组成），设计成能将25 mm宽的纸条的一端沿与长度方向成直角地水平夹持，夹具安装在一个轴上，夹具能绕轴做旋转运动。

夹持表面的边缘应齐整，当夹具从其初始位转过90°时，其齐边缘可作为指示。

（2）尺子。

尺子的测量精度以 mm 分度。

3. 试验方法

（1）试样在温度23 ℃±1 ℃、相对湿度50%±2%下状态调节至少24 h，切10个试件，宽25 mm，长200 mm。其中，5个试件的长为机器方向，5个试件的长为横向。

（2）调平机器，使夹持边呈水平，将试件的一端夹持在其中。按以下方式调整伸出长度：当旋转轴顺时针方向以 1 r/min 速度（15 s 转90°）伸向左方的纸条通过垂线落向右方，而当旋转轴从该点逆时针回转90°时，纸条不应落回到左侧。

（3）减小伸出长度，直至顺时针旋转和逆时针旋转90°±2°时，纸条的悬端都能从一侧落向另一面，测量从夹具或滚柱夹具边沿至试条端部的距离，作为有效伸出的长度（临界长度）。

4. 试验报告

最终的试验报告应记录纸的机器方向和横向上的平均临界长度，以 mm 为单位表示。

八、GB/T 30412《塑料薄膜和薄片水蒸气透过率的测定 湿度传感器法》（修改采用 ISO 15106-1）

1. 标准的适用范围

本标准规定了一种使用湿度传感器测定塑料薄膜和薄片水蒸气透过率的试验方法，

适用于塑料薄膜、片材和多层复合膜水蒸气透过率的测定。

2. 术语和定义

（1）水蒸气透过率：在特定条件下，单位时间内透过单位面积试样的水蒸气量（g），单位为 $g/(m^2 \cdot 24h)$。

（2）标准膜：采用标准膜来校准设备，标准膜可以是已知水蒸气透过率的薄膜，或是由重量法标准测试得到水蒸气透过率的薄膜。

3. 原理

用试样分隔具有规定相对湿度的低湿度腔和在已知温度下具有饱和水蒸气的高湿度腔。湿度传感器在低湿度腔测量相对湿度，从而确定透过试样的水蒸气所引起的湿度变化，并将测量的相对湿度作为电信号输出，记录湿度上升到预定值所需要的时间，用来计算试样的水蒸气透过率。

4. 仪器

湿度传感器水蒸气透过率测试仪如图 7-11 所示。

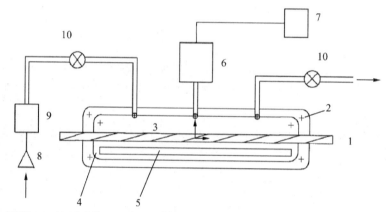

1. 试样；2. 渗透腔体；3. 低湿度腔；4. 高湿度腔；5. 贮水盘；6. 湿度传感器；
7. 记录仪；8. 气源；9. 干燥管；10. 阀门

图 7-11　湿度传感器水蒸气透过率测试仪示例图

（1）渗透腔体由两腔室组成，即低湿度腔和高湿度腔，试样固定在两腔室之间。试样的有效面积在 5 ~ 100 cm² 之间，腔体内试验温度控制精度在 ±0.5 ℃。湿度传感器与低湿度腔相连，用来测量低湿度腔湿度。气源通过干燥管供给低湿度腔空气。贮水盘中使用蒸馏水、去离子水等介质，用来为高湿度腔提供稳定的湿度环境。

（2）湿度传感器应能测量到 0.05% 的相对湿度变化，且反应时间不超过 1 s。对于不同的湿度传感器，应按照制造商的要求定期对湿度传感器进行保养和校准。

5. 试验方法

（1）选取试样。

① 试样应具有代表性，厚度均匀，无褶皱、折痕、针孔等缺陷。试样面积应大于腔体的透过面积，并能紧密地固定在两腔体之间。

② 除另有规定外，取三个试样测试，试样测试应同机同时进行。

③ 用机械测量法测量试样厚度，每个试样均匀等距测量 3 个点。

（2）试样状态调节。

试样的状态调节条件为温度 23 ℃ ±2 ℃，相对湿度 50% ±10%。状态调节时间应根据产品标准规定执行。

（3）试验条件。

从表 7-11 中选择试验时的温湿度条件，其他试验条件可根据不同的材料制定。

表 7-11　试验条件的选择

试验环境	温度/℃	要求的相对湿度差/%	低湿度腔湿度/%	高湿度腔湿度/%
1	25 ±0.5	90	10	100
2	38 ±0.5	90	10	100
3	40 ±0.5	90	10	100
4	23 ±0.5	85	10	100
5	25 ±0.5	75	25	100

（4）试验步骤。

① 按步骤②～⑥分别测量标准膜及每个试样的水蒸气透过率。每个实验室或实验地点可保存并使用各自的标准膜，并定期进行校准、更换（以每年 1～2 次为宜）。

② 给贮水盘加入适量的蒸馏水，试样装好后与水面应保留 5 mm 的距离。

③ 将标准膜或试样紧密地安装在高湿度腔之间，试样不能起皱或松弛。

④ 打开进气及出气阀门给低湿度腔通入干燥气体，当低湿度腔湿度低于规定湿度（表 7-11 中与采用的试验条件相对应的低湿度腔湿度数值）一定量，如 1% 或 2% 时，关闭进气和出气阀门并开始记录湿度。

⑤ 水蒸气透过试样，低湿度腔湿度增加。通过湿度传感器观察低湿度腔相对湿度。当低湿度腔湿度高于规定湿度（表 7-11 中与采用的试验条件相对应的低湿度腔湿度数值）一定量，如 1% 或 2% 时，记录实现预期相对湿度差所需要的时间。

⑥ 重复步骤④和⑤，直到连续两次记录的时间相差不大于 ±5% 时结束试验。当这一条件未能满足时，需在试验报告中注明。

（5）结果计算。

按式（7-14）计算各试样的水蒸气透过率：

$$\text{WVTR} = \frac{S \times T_{R}}{T_{S}} \times \frac{A_{R}}{A_{S}} \tag{7-14}$$

式中，WVTR 为试样的水蒸气透过率，$g/(m^2 \cdot 24\ h)$；S 为标准膜的水蒸气透过率，$g/(m^2 \cdot 24\ h)$；T_{R} 为时间，s，记录测量标准膜时，低湿度腔相对湿度从初始值（低于表 7-11 中与采用的试验条件相对应的低湿度腔湿度数值 1% 或 2%）升到最终值（高于表 7-11 中规定数值 1% 或 2%）所用的时间；T_{S} 为时间，s，记录测量试样时，低湿度腔相对湿度从初始值（低于表 7-11 中与采用的试验条件相对应的低湿度腔湿度数值 1% 或 2%）升到最终值（高于表 7-11 中规定数值 1% 或 2%）所用的时间；A_{R} 为标准膜湿透面积，m^2；A_{S} 为试样湿透面积，m^2。

试验结果取算术平均值。当结果≤1 g/(m²·24 h) 时，精确到两位小数；当结果>1 g/(m²·24 h) 时，精确到两位有效数字。

6. 试验报告

最终的试验报告应包括以下信息：

（1）试验应按本标准执行。

（2）试验条件。

（3）标准膜描述。

（4）试样描述。

（5）试样制备方法。

（6）试样的湿透方向。

（7）试样的湿透面积。

（8）试样的平均厚度。

（9）试样数量。

（10）试样的预处理方法。

（11）对于一个或多个试样，若连续两次记录的时间超过±5%，则应在报告中声明。

（12）试验结果和试验日期。

九、GB/T 22042《服装 防静电性能 表面电阻率试验方法》（等同采用 EN 1149-1）

1. 标准的适用范围

本标准规定了用于能消除静电火花的防静电防护服（或手套）材料的试验方法，不适用于抗电源电压防护服或手套所采用的材料。

2. 术语和定义

（1）表面电阻：通过将特定电极置于材料表面来测定的电阻，单位为 Ω。

（2）表面电阻率：沿着材料表面的一块方形材料的对边之间的电阻，单位为 Ω。

3. 仪器

（1）电极。

电极应由同轴的圆柱形电极和环形电极组成。不锈钢制的电极如图 7-12 所示。按标准所述方法进行测定时，内外电极的绝缘电阻应不低于 10^{14} Ω。

（2）平底盘。

平底盘由表面电阻率不低于 10^{14} Ω、厚度在 1～10 mm 之间的绝缘材料组成，且应大于电极的最大尺寸。

（3）电阻表（图 7-12）。

电阻表的测量范围：10^5～10^{14} Ω。

最大允许误差：≤10^{12} Ω 时，±5%；>10^{12} Ω 时，±20%。

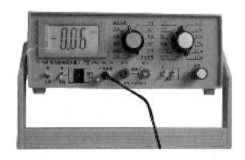

图7-12　电阻表示意图

（4）清洗剂。

使用合适的清洗剂，如丙二醇或乙醇。

4. 试样与调节

（1）预处理。

按照生产商提供的洗护指标进行。

（2）试样或服装。

应从整卷面料或服装中裁剪出5片试样，每片的尺寸应大于电极直径而小于底盘的轮廓尺寸。试样应从与防护服交货样品同批生产的材料中取样。

（3）调节和测试的环境条件。

试样在试验前应在下述环境中调节至少24 h，并进行试验：

① 环境温度：23 ℃ ±1 ℃。

② 相对湿度：25% ±5% 。

5. 试验步骤

（1）清洗。

使用沾有一种清洗剂的纸巾擦拭，清洗电极的下表面和底盘的上表面。电极应放置在空气中晾干。

（2）平底盘绝缘试验。

按照（3）所给的步骤，在没有试样的情况下进行空白试验。计算绝缘材料的电阻率，并检查其是否符合"3. 仪器"中（2）的要求。

（3）测试。

将试样放置于表面已预先被测试的底盘上，将电极装置放在试样上。按如图7-12所示将电极连接。

加上（100 ±5）V 的电压（15 ±1）s 后，使用电阻表测定其电阻。如果电阻值低于 $10^5\ \Omega$，可使用适当低的电压，但应在试验报告中加以说明。

其他4 个试样或服装上4 个不同的位置，重复此步骤。

（4）试验装置。

见图7-12。

6. 结果的计算与表示

使用式（7-15）计算5 个电阻值中每一个的表面电阻率 ρ，单位为 Ω。

$$\rho = k \times R \tag{7-15}$$

式中，ρ 为计算出的表面电阻率，Ω；R 为测定的电阻值，Ω；K 为电极的几何因子，对于本电极，此因子为 19.8。

计算此 5 个数值的几何平均值。

7. 试验报告

最终的试验报告应包含以下信息：

（1）本标准号。

（2）测试日期。

（3）调节和测试的环境条件。

（4）样品和试样的描述及数量。

（5）每个被测样品的表面电阻值和表面电阻率的单一数据与几何平均值。

（6）与本标准方法不同的情况。

十、GB/T 455《纸和纸板撕裂度的测定》（等同采用 ISO 1974）

1. 标准的适用范围

本标准规定了纸和纸板撕裂度的测定方法，适用于撕裂度在仪器范围内的低定量纸板，不适用于瓦楞纸板，但可适用于瓦楞原纸，不适用于测定高度定向的纸张的横向撕裂度。

2. 术语和定义

（1）撕裂度：将预先切口的纸（或纸板）撕至一定长度所需力的平均值。若起始切口是纵向的，则所测结果是纵向撕裂度。若起始切口是横向的，则所测结果是横向撕裂度。结果以毫牛（mN）表示。

（2）撕裂指数：纸张（或纸板）的撕裂度除以其定量。结果以毫牛·平方米/克（mN·m²/g）表示。

3. 原理

具有规定预切口的一叠试样（通常 4 层），用一垂直于试样面的移动平面摆施加撕力，使纸撕开一个固定距离。用平面摆的势能损失测量在撕裂试样的过程中所做的功。

平均撕裂力由摆上的刻度来指示或由数字来显示，纸张撕裂度由平均撕裂力和试样层数来确定。

4. 仪器

爱利门道夫撕裂度仪如图 7-13 所示。

5. 试验方法

（1）制样。

① 抽取包装单位：按抽样标准的规定进行抽取，抽取的包装单位应无损伤，并具有完整包装。

② 整张纸页的抽取：从所抽取的包装单位中抽取整张纸页，抽取方法如表 7-10 所示。

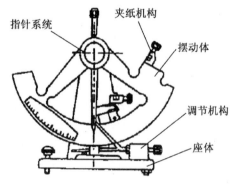

图 7-13 爱利门道夫撕裂度仪

③ 样品的切取：

平板纸或纸板：从每整张纸页上切取一张 400 mm × 400 mm 的样品，各张纸页上的取样部位各不相同。

卷筒纸或纸板：从每整张纸页上切取一个样品，样品长为卷筒的全幅，宽为 400 mm。

④ 试样的大小为（63 ± 0.5）mm ×（50 ± 2）mm，应按样品的纵横向分别切取试样。如果纸张纵向与样品的短边平行，则进行横向试验；反之则进行纵向试验。每个方向应至少进行 5 次有效试验。

（2）温湿处理。

在温度 23 ℃ ± 1 ℃、相对湿度 50% ± 2% 环境下进行状态调节至少 48 h，并在此环境下进行试验。

（3）试验步骤。

① 安装检查仪器，校准仪器。

② 根据试样选择合适的摆或重锤，应使测定读数在满刻度值的 20% ~ 80% 范围内。将摆升至初始位置并用摆的释放机构固定，将试样一半正面对着刀，另一半反面对着刀。试样的侧面边缘应整齐，底边应完全与夹子底部相接触，并对正夹紧。用切刀将试样切一整齐的刀口，将刀返回静止位置。使指针与指针停止器相接触，迅速压下摆的释放装置，当摆向回摆时，用手轻轻地抓住它且不妨碍指针位置。使指针与操作者的眼睛水平，读取指针读数或数字显示值。松开夹子去掉已撕的试样，使摆和指针回至初始位置，准备下一次测定。

③ 当试验中有 1 ~ 2 个试样的撕裂线末端与刀口延长线的左右偏斜超过 10 mm 时，应舍弃不记。重复试验，直至得到 5 个满意的结果。如果有两个以上的试样偏斜超过 10 mm，其结果可以保留，但应在报告中注明偏斜情况。若在撕裂过程中试样产生剥离现象，而不是在正常方位上撕裂，应按上述撕裂偏斜情况处理。

④ 测定层数应为 4 层，如果得不到满意的结果，可适当增加或减少层数，但应在报告中加以说明。

（4）结果的表示。

① 撕裂度应按式（7-16）计算：

$$F = \frac{SP}{n} \tag{7-16}$$

式中，F 为撕裂度，mN；S 为试验方向上的平均刻度读数，mN；P 为换算因子，即刻度的设计层数，一般为 16；N 为同时撕裂的试样层数。

撕裂指数应按式（7-17）计算：

$$X = \frac{F}{G} \tag{7-17}$$

式中，X 为撕裂指数，mN · m²/g；F 为撕裂度，mN；G 为定量，g/m²。

6. 试验报告

最终的报告应包括以下信息：

（1）本标准号。

（2）日期和试验地点，使用的仪器信息。

（3）试验试样的方向和试验次数。

（4）撕裂度和撕裂指数，应取 3 位有效数字。

（5）试验结果的变异系数。

（6）试样撕裂的层数及撕裂试样是否偏斜或剥离。

（7）与本标准规定的方法有何偏离。

十一、GB/T 12914《纸和纸板 抗张强度的测定》(修改采用 ISO 1924-1)

1. 标准的适用范围

本标准规定了纸和纸板抗张强度的两种测定方法：恒速加荷法和恒速拉伸法，适用于除瓦楞纸板外的所有纸和纸板。

2. 术语和定义

（1）抗张强度：在标准试验方法规定的条件下，单位宽度的纸或纸板断裂前所能承受的最大张力。

（2）裂断长：假设将一定宽度的纸或纸板的一端悬挂起来，计算由其自重而断裂的最大长度。

（3）抗张指数：抗张强度除以定量，以牛顿·米/克（N·m/g）表示。

（4）裂断时伸长率：在标准试验方法规定的条件下，试样断裂时的伸长长度与原始长度的比率，以百分数表示。

（5）抗张能量吸收：将单位面积的纸和纸板拉伸至断裂时所做的总功。

（6）抗张能量吸收指数：抗张能量吸收除以定量。

（7）弹性模量：单位试验面积上受到的张力与单位长度的伸长之比。

3. 方法 A——恒速加荷法

（1）原理。

抗张强度试验仪在恒速加荷的条件下，将规定尺寸的试样拉伸至断裂，测定其抗张力，并记录其最大抗张力。从获得的结果和试样的定量，计算裂断长及抗张指数。

（2）仪器。

① 抗张强度试验仪（图 7-14）：抗张强度试验仪接近于恒速的加荷作用于规定尺寸的试样上，测定其抗张力。

加荷的速率可以调节，从而使试样的断裂时间在（20±5）s 范围内（见注 1）。

当一个基本不伸长的材料夹在夹子中间，并在 20 s 内达到满量程时，其加荷速率在任何时间前后 1 s 的变化应不超过 5%（见注 2）。

图 7-14 抗张强度试验仪

注 1：若不改进现有的商业试验仪，就不可能使所有纸种的试验都达到这一速率。为了加速例行试验，常采用（10 ± 5）s 的断裂时间，但所得结果将比规定的方法高 2%。

注 2：为了满足加荷速率的变化不大于 5% 的要求，摆锤式仪器不应在摆角大于 50° 的条件下操作。

a. 抗张强度试验仪的精度应为 ±1%。

虽然许多恒速加荷的仪器用于测定伸长率，但测定精度很低。为此不推荐用此种方法测定伸长率。当需要测定伸长率时，推荐使用配有电子放大和记录的恒速拉伸型仪器。

b. 抗张强度试验仪应包含两个夹头。

为了夹住规定宽度的试样，每个夹头应沿一条直线将试样的全宽牢固地夹住，不应损坏或滑动试样。夹头应配有调节夹力的部件。

夹头的夹面应在同一平面上，而且在试验过程中，试样也应位于这一平面上。

注：夹头将试样夹在圆柱面和平面之间，或者两个圆柱面之间，试样面与圆柱面相切。如果试样在测定过程不发生损伤或滑动，也可使用其他类型的夹头。

在加荷过程中，两条夹线应互相平行，其夹角不大于 1°，而且夹线与作用力方向和试样长边应保持偏差不大于 ±1°的垂直，如图 7-15 所示。

夹线间的距离应调节到所规定的试验长度，且误差应不大于 ±1 mm。

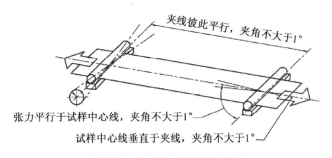

图 7-15　夹线与试样间的关系

② 裁切装置：将试样裁切至规定尺寸。

4. 方法 B——恒速拉伸法

（1）原理。

抗张强度试验仪在恒速拉伸的条件下，将规定尺寸的试样拉伸至断裂，测定抗张力。如需要，可测定试样的伸长率，记录最大抗张力。

如果连续记录抗张力和伸长率，则可计算出抗张能量吸收。

从获得的结果和试样的定量，计算抗张指数和抗张能量吸收指数。

（2）仪器。

① 抗张强度试验仪：在恒定拉伸速率下拉长一定尺寸的试样，用于测定抗张力。如有必要，还可测定相应的伸长率。在电子积分仪或类似仪器上，抗张力可以记录为伸长率的函数。抗张强度试验仪的组成部分如下：

a. 抗张力的测定和记录装置：其精度应为 ±1%。如果需要，伸长率的精度应为 ±0.1%。伸长率的精度是非常重要的，为了精确测定实际伸长率，推荐将合适的记录仪直接放在试样上，这样可以避免测定时发生明显的伸长，如试样在夹头处发生不可察觉的松弛，或由于仪器接头处的滑动而导致试样松弛。后者是由仪器的磨损导致的，同时与施加的负荷有关。

b. 夹头：见"3. 方法 A——恒速加荷法"中（2）①b 的要求。

② 裁切装置：将试样裁切至规定尺寸。

③ 在线测定仪：如积分仪，读数精度应为 ±1%。在试验过程中，可以对不同的试样长度进行自动分析。若需要测定抗张能量吸收，应使用该仪器。

④ 绘制抗张力-伸长率曲线并测定该曲线最大斜率的装置：若需要测定弹性模量，则应使用该仪器。

5. 取样

（1）制样。

① 抽取包装单位：按抽样标准的规定进行抽取，抽取的包装单位应无损伤，并具有完整包装。

② 整张纸页的抽取：从所抽取的包装单位中抽取整张纸页，抽样方法如表 7-10 所示。

③ 样品的切取：

平板纸或纸板：从每整张纸页上切取一张 400 mm×400 mm 的样品，各张纸页上的取样部位各不相同。

卷筒纸或纸板：从每整张纸页上切取一个样品，样品长为卷筒的全幅，宽为 400 mm。

④ 如果需要裂断长度、抗张指数和抗张能量吸收指数，则应测定定量。

⑤ 如果需要弹性模量，则应测定厚度。本方法测得的弹性模量只是一个估计值。

⑥ 在试样的试验面积内不应有折痕、明显的裂口和水印。不应在任何距平板纸或卷筒纸边缘 15 mm 以内切取试样。如必须包括水印，则应在试验报告上注明。实验室手抄片可以在距边缘 15 mm 以内切取试样。

⑦ 一次切取足够数量的试样，以保证纸和纸板在纵向和横向上各有 10 个有效的测定结果。

⑧ 试样的两个边应是平直的，其平行度应在 ±0.1 mm 之内。切口应整齐，无任何损伤。

某些纸（如软薄页纸）难于切齐，在这种情况下，应将两层或三层这种纸夹在较硬的纸（如 70 g/m² 的证券纸）中，然后再切取试样。

⑨ 试样的裁切尺寸如下：

a. 试样宽度应为（15±0.1）mm。

在某些特定的情况下或样品为卫生纸时，宽度可以为（25±0.1）mm 或（50±0.1）mm，但应在试验报告中注明。同时应考虑该测定结果与标准宽度的测定结果间的一致性。

b. 试样长度应能夹住试样，且不触及夹头间的试样部分，最短长度通常为250 mm。当测定实验室手抄纸片时，应按其标准规定进行裁切。

对于某些产品，如卫生纸，其尺寸小于规定的180 mm的试验夹距。在这种情况下，试样长度应达到规定要求，并在试验报告中注明试样。

（2）温湿处理。

在温度23 ℃±1 ℃、相对湿度50%±2%环境下进行状态调节至少48 h，并在此环境下进行试验。

6. 试验步骤

（1）仪器的校准和调节。

按仪器出厂说明书要求进行安装。如果需要，校准仪器的测力元件和伸长率测定装置。

调节夹头的负荷，保证试验过程中试样无滑动、无损伤。调节夹头位置，使试验长度（夹线间的平均距离）为（180±1）mm。将一片薄铝箔夹在两个夹头间，测定薄铝箔因夹持而产生的两个印子之间的距离，并以此来检验测定长度是否准确。

采用恒速拉伸法调整仪器的拉伸速率至（20±5）mm/min。

在某些情况下可以使用较小的长度，如伸长率较大的纸或受长度限制的样品。如遇到这种情况，建议将拉伸速率数值调节至试样初始长度的10%±2.5%。应在试验报告中注明所采用的试验长度和拉伸速率。

对于某些纸和纸板，试样可能在5 s内断裂，也可能需要30 s以上的时间才能断裂。此时，需要使用不同的拉伸速率，同时应在试验报告中注明。

（2）测定。

检查测量装置的零位，如果使用记录装置也应校准零位。将夹头调整到规定试验长度，将试样夹在夹头上，注意不应用手接触试验区域，建议在处理试样时佩戴一次性或轻质棉手套。摆正并夹紧试样，不留任何可觉察的松弛，并且不产生明显的应变。保证试样平行于所施加的张力方向。

仪器在垂直方向夹持试样时，为防止试样松弛，可以在试样下端附上一个小砝码，如低定量的纸可以附上一个10 g砝码。该方法不适用于高伸长率的纸。对于柔软的卫生纸，不对试样施加张力时很难辨别"可觉察的松弛"。此时，试样可以保留最低限度的松弛。

采用恒速加荷法时应先做预测试验，以便选择能使试样在（25±5）s内断裂的加荷速度。

开始试验直至试样断裂，记录所施加的最大抗张力。如需要，还应记录断裂时的伸长长度，单位为mm；或者从仪器上直接读出裂断时的伸长率。

记录所有读数。如果某一样品超过20%的试样在离夹头10 mm以内断裂，则按照（1）中的规定检查仪器。如果是仪器故障所致，则弃去所测数据并采取补救措施。在试验报告中注明在离夹头10 mm以内断裂的试样数量。

应在纸和纸板的每个方向上至少测定10个试样，以使在每个方向上均能得到10个有效结果。

7. 结果计算

（1）总则。

分别计算并以纸和纸板每个方向所得结果表示。机制纸或纸板有纵向和横向，而实验室手抄片没有方向的区别。

（2）符号。

公式中所用的符号如下：

t——试样的平均厚度，mm；

E——等效功，即作用力-伸长率曲线所围面积，J 或 mJ；

E^*——弹性模量平均值，MN/m^2（MPa）；

g——定量平均值，g/m^2；

S——抗张强度，kN/m；

l_i——夹头间的初始长度，mm；

Δl_i——所选试样长度的变化，mm；

w_i——试样的初始宽度，mm；

$\overline{F}$——平均抗张力，N；

ΔF——与 Δl_i 对应的力的变化，N；

I——抗张指数，$N \cdot m/g$；

Z——抗张能量吸收，J/m^2；

$\overline{Z}$——平均抗张能量吸收，J/m^2；

l_z——抗张能量吸收指数，mJ/g。

（3）抗张强度。

① 按式（7-18）计算试样的抗张强度。

$$S = \frac{\overline{F}}{w_i} \qquad (7\text{-}18)$$

抗张强度用三位有效数字表示。对于低定量的纸，如薄页纸，其抗张强度用 N/m 表示更合适。

② 计算抗张力的标准偏差。

（4）抗张指数。

抗张指数用三位有效数字表示。如需要，按式（7-19）计算抗张指数。

$$I = \frac{S}{g} \times 10^3 \qquad (7\text{-}19)$$

也可用式（7-20）计算抗张指数。

$$I = \frac{\overline{F}}{w_i g} \times 10^3 \qquad (7\text{-}20)$$

由抗张强度平均值和定量计算抗张指数。测定定量和抗张力时，二者的变异性不同，彼此之间也不存在相关性，因此不能真实地反映抗张指数的偏差，影响标准偏差的计算。鉴于上述原因，不推荐计算抗张指数的标准偏差。

（5）裂断时伸长率。

① 如果需要且仪器具备测定条件，则可由断裂时的伸长长度和初始长度计算出裂断时伸长率，并计算平均值，结果保留一位小数。

仪器直接以百分数的形式给出裂断时伸长率，结果保留一位小数。

② 计算结果的标准偏差。

（6）抗张能量吸收。

① 如果需要，可通过仪器自带的积分仪或抗张力-伸长率曲线下方最大抗张力点之前的面积测定每个试样的抗张能量吸收。用式（7-21）或式（7-22）计算抗张能量吸收。

$$Z = \frac{E}{w_i l_i} \times 10^6 \tag{7-21}$$

式中，E 的单位为 J。

$$Z = \frac{E}{w_i l_i} \times 10^3 \tag{7-22}$$

式中，E 的单位为 mJ。

计算抗张能量吸收的平均值，结果保留三位有效数字。

② 计算结果的标准偏差。

（7）抗张能量吸收指数。

如果需要，按式（7-23）计算抗张能量吸收指数：

$$l_z = \frac{\overline{Z}}{g} \times 10^3 \cdot \tag{7-23}$$

抗张能量吸收指数用三位有效数字表示。

（8）弹性模量。

如果需要，按（7-24）计算每个方向的弹性模量：

$$E^* = \frac{\Delta F \times l_i}{w_i \times t \times \Delta l_i} \tag{7-24}$$

弹性模量用三位有效数字表示。

8. 精确度

试验的精确度取决于被测纸和纸板的变化性。据有关文献报道，荷兰和美国分别进行了独立试验，其结果列于表 7-12 中，同时给出了重复性和再现性的数值。

表 7-12　重复性和再现性

试验范围	试验方法	平均重复性/%	平均再现性/%
0.5 ～ 1.3 kN/m	● 抗张	5.8	未知
2.9 ～ 11.5 kN/m	抗张	3.8	12
0.7% ～ 1.9%	伸长率	9.0	未知
1.4% ～ 2.6%	伸长率	6.6	30
2.3% ～ 7.0%	伸长率	4.5	未知
30 ～ 200 J/m²	抗张能量吸收	10	28

试验范围	试验方法	平均重复性/%	平均再现性/%

注：以上数据是用带状图表记录仪和积分仪测得的。

（1）重复性。

同一操作人员使用相同的仪器，对同一试验材料在较短的时间间隔内做两次独立的试验，操作正常且正确时，两个试验结果间存在一差值，在 20 个结果中超过平均重复性的不能多于一个。

（2）再现性。

两个操作人员在不同的实验室对同一试验材料做两次独立的试验，操作正常且正确时，两个试验结果间存在一差值，在 20 个结果中超过平均重复性的不能多于一个。

9. 试验报告

最终的试验报告应包括下列内容：

（1）本报告的编号。

（2）试样的准确鉴别。

（3）试验的日期和地点。

（4）所用的温湿处理条件。

（5）试样宽度不是（15 ±0.1）mm 时，应记录其宽度。

（6）试样长度不是（180 ±1）mm 时，应记录其长度。

（7）拉伸速率不是（20 ±5）mm/min 时，应记录该速率。

（8）试验中的试样数目、读数不合理的试样数目、在距夹头 10 mm 以内断裂的试样数目。

（9）每个方向的平均抗张强度。

（10）若需要，报告裂断时平均伸长率，以伸长对初始长度的百分数表示。

（11）若需要，报告平均抗张能量吸收。

（12）若需要，报告以上各项性质的标准偏差。

（13）若需要，报告平均弹性模量。

（14）若需要，报告抗张指数和（或）抗张能量吸收指数。

（15）若测定，报告样品的定量和（或）厚度。

（16）任何偏离本标准及可能影响结果的任何情况。

十二、GB/T 13022《塑料 薄膜拉伸性能试验方法》（参照采用 ISO 1184）

1. 标准的适用范围

本标准规定了塑料薄膜和片材的拉伸性能试验方法，适用于塑料薄膜和厚度小于 1 mm 的片材，不适用于增强薄膜、微孔片材和膜。

2. 仪器

本试验用仪器为拉力试验机和厚度测量仪，如图 7-16、图 7-17 所示。

图 7-16　拉力试验机

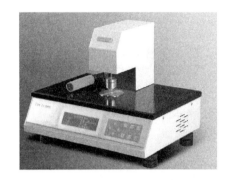

图 7-17　厚度测量仪

3. 试验方法

（1）试样形状及尺寸。

本方法规定使用四种类型的试样，Ⅰ、Ⅱ、Ⅲ型为哑铃形试样，如图 7-18 所示。Ⅳ型为长条形试样，宽度为 10 ~ 25 mm，总长度不小于 150 mm，标距至少为 50 mm。

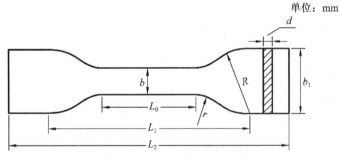

L_2—总长 120；L_1—夹具间初始距离 86 ± 5；L_0—标线间距离 40 ± 0.5；d—厚度；R—大半径 25 ± 2；r—小半径 14 ± 1；b—平行部分宽度 10 ± 0.5；b_1—端部宽度 25 ± 0.5

（a）Ⅰ型试样

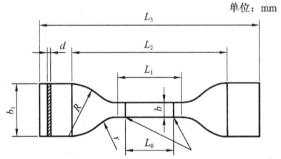

L_3—总长 115；L_2—夹具间初始距离 80 ± 5；L_1—平行部分长度 33 ± 2；L_0—标线间距离 25 ± 0.25；R—大半径 25 ± 2；r—小半径 14 ± 1；b—平行部分宽度 6 ± 0.4；b_1—端部宽度 25 ± 1；d—厚度

（b）Ⅱ型试样

单位：mm

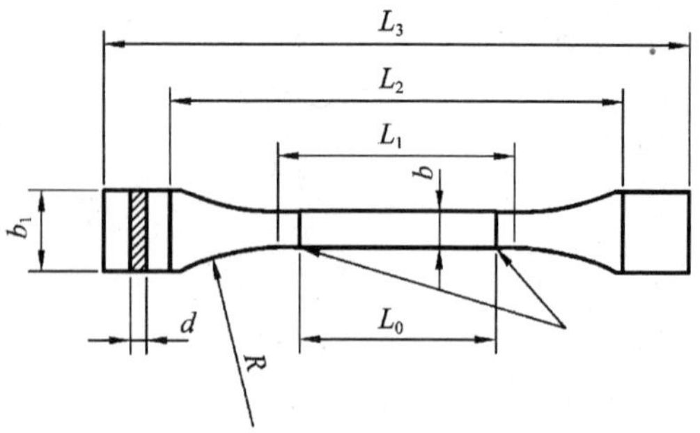

L_3—总长 150；L_2—夹具间初始距离 115 ± 5；L_1—平行部分长度 60 ± 0.5；L_0—标线间距离 50 ± 0.55；R—半径 60；d—厚度；b—平行部分宽度 10 ± 0.5；b_1—端部宽度 20 ± 0.5

（c）Ⅲ型试样

图 7-18　Ⅰ、Ⅱ、Ⅲ型三种哑铃形试样

（2）试样选择。

可根据不同的产品或按已有的产品标准的规定进行选择。一般情况下，伸长率较大的试样不宜采用太宽的试样。

（3）试样制备。

① 试样应沿样品宽度方向大约等间隔裁取。

② 哑铃形及长条形试样均可用冲切刀冲制，长条形试样也可用其他裁刀裁取。各种方法制得的试样应符合（1）中的要求。试样边缘应平滑无缺口。可用低倍放大镜检查缺口，舍去边缘有缺陷的试样。

③ 按试样尺寸要求准确打印或画出标线。此标线应对试样不产生任何影响。

（4）试样数量。

试样按每个试验方向为一组，每组试样不少于 5 个。

（5）试验条件。

① 试样状态调节和试验的标准环境。

在规定的标准环境条件下正常偏差范围进行状态调节，时间不少于 4 h，并在此环境下进行试验。

② 试验速度（空载）。

a. 试验速度如下：

（a）（1 ± 0.5）mm/min；

（b）（2 ± 0.5）mm/min 或（2.5 ± 0.5）mm/min；

（c）（5 ± 1）mm/min；

（d）（10 ± 2）mm/min；

（e）（30 ± 3）mm/min 或（25 ± 2.5）mm/min；

（f）（50 ± 5）mm/min；

（g）（100 ± 10）mm/min；

（h）（200 ± 20）mm/min 或（250 ± 25）mm/min；

（i）（500 ± 50）mm/min。

b. 速度选择。

　　应按被测材料有关规定要求的速度进行选择。如果没有规定速度，则硬质材料和半硬质材料选用较低的速度，软质材料选用较高的速度。测定拉伸弹性模量时，应选择速度（a）或（b）。

　　（6）试验步骤。

　　测量试样厚度，用精度为 0.1 mm 以上的量具测量试样宽度。每个试样的厚度及宽度应在标距内测量三点，取算术平均值。厚度精确至 0.001 mm，宽度精确至 0.1 mm。哑铃形试样中间平行部分宽度可以用冲刀相应部分的平均宽度。

　　将试样置于试验机的两夹具中，使试样纵轴与上、下夹具中心连线相重合，且松紧适宜，防止试样滑脱和断裂在夹具内。夹具内应衬橡胶之类的弹性材料。

　　如果使用伸长仪，在施加应力前，应调整伸长仪的两侧测量点与试样的标距相吻合。伸长仪不应使试样承受负荷。

　　按规定速度，开动试验机进行试验。

　　试样断裂后，读取所需负荷及相应的标线间伸长值。若试样断裂在标线外的部位，则此试样作废，应另取试样重新进行试验。

　　（7）结果的计算和表示。

　　① 拉伸强度、拉伸断裂应力、拉伸屈服应力以 σ_t（MPa）表示，按式（7-25）计算：

$$\sigma_t = \frac{p}{bd} \tag{7-25}$$

式中，p 为最大负荷、断裂负荷、屈服负荷，N；b 为试样宽度，mm；d 为试样厚度，mm。

　　② 断裂伸长率或屈服伸长率以 ε_t（%）表示，按式（7-26）计算：

$$\varepsilon_t = \frac{L - L_0}{L_0} \times 100 \tag{7-26}$$

式中，L_0 为试样原始标线距离，mm；L 为试样断裂时或屈服时标线间距离，mm。

　　③ 作应力-应变曲线，从曲线的初始直线部分计算拉伸弹性模量，以 E_t（MPa）表示，按式（7-27）计算：

$$E_t = \frac{\sigma}{\varepsilon} \tag{7-27}$$

式中，σ 为应力，MPa；ε 为应变。

　　④ 强度、应力和弹性模量取三位有效数字，伸长率取二位有效数字，也可在产品标准中另行规定。以每组试样试验结果的算术平均值表示。

　　4. 试验报告

　　最终的试验报告应包括以下信息：

　　（1）本标准号。

　　（2）样品名称、材料组成及规格。

　　（3）试样状态调节及试验的标准环境。

　　（4）试验机型号。

（5）试验速度。

（6）所需拉伸性能的平均值。

（7）试验日期和人员。

十三、GB/T 451.3《纸和纸板厚度的测定》（等同采用 ISO 534）

1. 标准的适用范围

本标准规定了纸和纸板厚度的测定方法，适用于各种单层或多层的纸和纸板，但不适用于瓦楞纸板。

2. 术语和定义

（1）厚度：纸或纸板在两测量面之间承受一定压力，测量纸或纸板两表面间的距离，其结果以毫米（mm）或微米（μm）表示。

（2）单层厚度：采用标准试验方法，对单层试样施加静态负荷，测量纸或纸板的厚度。

（3）层积厚度：采用标准试验方法，对多层试样施加静态负荷，测量多层纸页的厚度，再计算得出单层纸的厚度。

（4）单层紧度：单位体积纸或纸板的质量，由单层厚度计算得出，以克每立方厘米（g/cm^3）表示。

（5）层积紧度：单位体积纸或纸板的质量，由层积厚度计算得出，以克每立方厘米（g/cm^3）表示。

3. 仪器

厚度计装有两个互相平行的圆形测量面，将纸或纸板放入两测量面之间进行测量。测量过程中测量面之间的压力应为（100±10）kPa，采用恒定荷重的方法，以确保两测量面间的压力均匀，偏差应在规定的范围内。

特殊纸或纸板按产品标准的规定，可以采用不同压力进行测定。

两个测量面组成厚度计的主体，即一个测量面被固定，另一个测量面能沿其垂直方向移动。

其中一个测量面的直径为（16.0±0.5）mm，另一个测量面的直径应不小于此值，这样在测量厚度时受压测量面积通常为 200 mm^2。

当厚度计的读数为零时，较小的测量面的整个平面应与较大测量面完全接触。

厚度计的性能要求应符合表 7-13 的规定。

表 7-13　厚度计的性能规定

厚度计的性能	最大允许值
示值误差	±2.5 μm 或 ±0.5%
两测量面平行度误差	5 μm 或 ±1%
示值重复性误差	2.5 μm 或 ±0.5%

注：① 厚度计的性能的最大允许值是表中两数值中的较大者。

② 以百分数表示的误差，是指试样厚度的百分数。

③ 对于非常薄的纸，需要使用性能更好的仪器进行测定。

4. 试验方法

（1）试样的采取。

① 抽取包装单位：按抽样标准的规定进行抽取，抽取的包装单位应无损伤，并具有完整包装。

② 整张纸页的抽取：从所抽取的包装单位中抽取整张纸页，抽取方法如表 7-10 所示。

③ 样品的切取：

平板纸或纸板：从每整张纸页上切取一张 400 mm × 400 mm 的样品，各张纸页上的取样部位各不相同。

卷筒纸或纸板：从每整张纸页上切取一个样品，样品长为卷筒的全幅，宽为 400 mm。

④ 平均样品的张数不少于 5 张。

（2）温湿处理。

应在温度 23 ℃ ± 1 ℃、相对湿度 50% ± 2% 的环境下进行状态调节至少 48 h，并在此环境下进行试验。

（3）试验步骤。

① 在规定的测试温湿度条件下校对厚度计。

② 单层厚度的测定：将 5 张样品沿纵向对折，形成 10 层。然后沿横向切取两叠 $1/100$ m^2 的试样，共计 20 片试样。用厚度计分别测定每片试样的厚度值，每片试样应测定一个点。如果测定单层紧度，应用天平称取 20 片试样的质量，并计算出定量。

③ 层积厚度的测定：从所抽取的 5 张试样上切取 40 片试样，每 10 片一叠均正面朝上层叠起来，制备成 4 叠试样。用厚度计分别测定 4 叠试样的厚度值，每一叠测定 3 个点。如果测定层积紧度，应用天平称取 40 片试样的质量，并计算出定量。

④ 横幅厚度差的测定：随机抽取一整张纸页，沿横向纸幅均匀切取不少于 6 片试样，用厚度计分别测定试样的厚度值。每片试样测定 3 个点，取其平均值作为该片试样的测定结果。

⑤ 测定过程：调整仪器至零点，将试样放入张开的测量面间。测量时慢慢地以低于 3 mm/s 的速度将另一测量面轻轻地移到试样上，注意避免产生任何冲击作用。待指示值稳定后，应在纸被"压陷"下去前读数，通常在 2 ~ 5 s 内完成读数，应避免人为地对厚度计施加任何压力。

（4）结果的计算和表示。

① 计算每片试样的厚度平均值，得到单层厚度。计算多层厚度的平均值，再除以层数，得到层积厚度。厚度均以毫米（mm）或微米（μm）表示，修正至 3 位有效数字（对于过薄的纸，可按产品标准取有效数字）。

② 横幅厚度差。

绝对横幅厚度差与相对横幅厚度差分别按式（7-28）和式（7-29）进行计算：

$$S_1 = T_{\max} - T_{\min} \tag{7-28}$$

$$S_2(\%) = \frac{T_{max} - T_{min}}{T} \times 100 \qquad (7\text{-}29)$$

式中，S_1 为绝对横幅厚度差，mm；S_2 为相对横幅厚度差；T_{max} 为厚度最大值，mm；T_{min} 为厚度最小值，mm；T 为厚度平均值，mm。

③ 紧度。

按式（7-30）计算紧度 D，单位为克每立方厘米（g/m³）：

$$D = \frac{G}{\delta} \qquad (7\text{-}30)$$

式中，G 为试样定量，g/m²；δ 为试样厚度，μm。计算结果应精确至 2 位小数。

如果式（7-30）中的 G 为层积厚度试样的定量，δ 为层积厚度，则计算结果为层积紧度。

5. 试验报告

最终的报告应包括以下信息：

（1）本报告编号。

（2）测量面之间的压力。

（3）纸或纸板的单层厚度值或层积厚度，根据要求报告横幅厚度差。

（4）纸或纸板的单层紧度或层积紧度。

（5）测定层积厚度试样的层数。

（6）与本标准方法不同的情况。

十四、GB/T 1541《纸和纸板 尘埃度的测定》（等同采用 TAPPI T 437）

1. 标准的适用范围

本标准规定了纸和纸板尘埃度的测定方法，适用于各种纸和纸板。

2. 术语和定义

（1）杂质：任何嵌入纸浆内的不需要的小块物质，其尺寸超出规定的最小尺寸，且相对于纸页表面呈现出明显的不透明度。

（2）尘埃度：每平方米面积的纸和纸板上具有一定面积的杂质的个数，或每平方米面积的纸和纸板上杂质的等值面积（mm²）。

3. 仪器

本试验采用尘埃度测定台，如图 7-19 所示。

（1）照明装置：20 W 日光灯照射角应为 60°。

（2）可转动的试样板：乳白玻璃板或半透明塑料板，塑料板面积为 270 mm×270 mm。

（3）标准尘埃对比图如图 7-20 所示。

图 7-19　尘埃度测定台

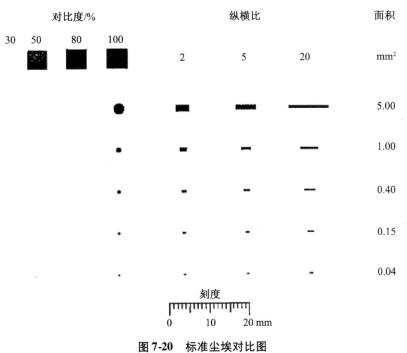

图 7-20　标准尘埃对比图

4. 试验方法

（1）试样的采取。

① 抽取包装单位：按抽样标准的规定进行抽取，抽取的包装单位应无损伤，并具有完整包装。

② 整张纸页的抽取：从所抽取的包装单位中抽取整张纸页，抽取方法如表 7-10 所示。

③ 样品的切取：

平板纸或纸板：从每整张纸页上切取一张 400 mm×400 mm 的样品，各张纸页上的取样部位各不相同。

卷筒纸或纸板：从每整张纸页上切取一个样品，样品长为卷筒的全幅，宽为 400 mm。

④ 切取试样 250 mm×250 mm 至少 4 张。

（2）试验步骤。

① 将一张切好的试样放在可转动的试样板上，用板上四角别钳压紧。在日光灯下检查纸和纸板表面可见尘埃，观察时的目视距离为 250～300 mm，用不同标记圈出不同面积的尘埃。用标准尘埃对比图鉴定纸上尘埃面积的大小，分别记录同一面积的尘埃个数。

② 将试样板旋转 90°，每旋转一次后将新发现的尘埃加以标记，直至返回最初的位置。然后再照上面的方法检查试样的另一面。

③ 按上述步骤测定其余 3 张试样。

（3）结果的表示。

按表7-14分组或按产品标准要求计算出每张试样正反面每组尘埃的个数（单面使用的纸张仅测试使用面的尘埃数），应将4张试样合并计算，然后换算成每平方米的尘埃个数，计算结果取整数。

表 7-14　尘埃数测试分组表

组　别	尘埃面积/mm^2	组　别	尘埃面积/mm^2
1	≥5.0	4	0.15 ~ 0.39
2	1.00 ~ 4.99	5	0.04 ~ 0.14
3	0.40 ~ 0.99		

尘埃度按式（7-31）计算，以个/m^{2}表示：

$$N_{\mathrm{D}} = \frac{M}{n} \times 16 \tag{7-31}$$

式中，N_{D} 为尘埃度，个/m^2；M 为全部试样正反面尘埃总数；n 为进行尘埃测定的试样张数。

如果同一个尘埃穿透纸页，使两面均能看见，则应按两个尘埃计算。如果尘埃 >5.0 mm^2，或超过产品标准的最大值，或是黑色尘埃，则应取5 m^2 试样进行测定。

5. 试验报告

最终的试验报告应包括以下信息：

（1）本报告编号。

（2）完成样品鉴定所必需的全部说明。

（3）测定的结果。

（4）任何偏离本标准的情况。

十五、YY/T 0681.8《无菌医疗器械包装试验方法 第8部分：涂胶层重量的测定》（修改采用 ASTM F2217）

1. 标准的适用范围

本标准规定了测量施加于基材（如膜、纸、非织造布）上的涂胶量，适用于涂层能被所选溶剂溶解的有涂层基材。

2. 术语和定义

涂层：为提高基材的特性而施加的一种材料。

3. 试剂与仪器

（1）天平：测量精确度为 0.1 mg。

（2）溶剂：所用溶剂取决于涂层和基材的化学成分，应能快速溶解涂层，使基材保持不溶。

（3）通风橱。

（4）容器：用于装溶剂。

（5）洁净的软布、刷子或其他工具，用于从基材表面上去除软化后的涂层。

（6）抗溶剂手套。

（7）器具：用于干燥基材。

（8）计时器。

（9）裁切器：如安全裁切器或小刀。

（10）一定规格的模板：具有固定的面积，便于将样品裁切成标准规格。

4. 试验方法

（1）试验原理。

对样品进行称量，用一种适合于涂层的溶剂去除涂层，干燥样品并再次称量，两者之差即为涂层重量。

（2）样品状态调节。

供试样品的状态调节取决于供试材料的吸水程度。纸类吸湿后的基材宜在试验前干燥。典型的干燥参数为 54 ℃ ~ 60 ℃下干燥 5 min。试验前将供试样品在温度 23 ℃ ± 2 ℃、相对湿度 50% ±5% 下至少调节 24 h。

（3）试验步骤。

① 用一个裁切器和一个已知单位 A mm^{2}的模板，如 200 mm × 50 mm 模板，切制成代表性的样品，用天平对各样品称量，精确到 0.1 mg，并记录该值 W_1。样品可以折叠后放在天平上称量。

② 用溶解涂层但不溶解基材的溶剂从基材上去除涂层。方法是采用浸透溶剂的布擦拭，必要时用刷子擦拭；也可浸泡在溶剂中并晃动溶剂，再用布和刷子擦拭。建议参照涂胶基材供应商给出的方法。

③ 用干燥器具干燥整个样品，用计时器计时以确保浸泡、清洗和干燥的时间保持一致。吸湿材料的干燥参数应与状态调节的参数一致。

④ 用天平再次对各样品称量，精确到 0.1 mg，并记录该值 W_2。用式（7-32）计算涂胶层重量，单位为克每平方米（g/m^2）：

$$涂胶层重量 = \frac{K（W_1 - W_2）}{AP} \tag{7-32}$$

式中，W_1 为涂胶材料的重量，g；W_2 为无涂胶材料的重量，g；A 为基材面积，mm^2；K 为常量，$K = 1 \times 10^6$ mm^2/m^2。

（4）关注的事项。

溶剂可能有毒性，使用溶剂时应在通风橱内戴手套操作。另外，溶剂可能易燃，不得使溶剂接触热表面，确保在通风道内蒸发。

5. 试验报告

最终的报告应包括以下信息：

（1）所用仪器，包括天平的精密度。

（2）材料批号和来源、日期、时间、地点、试验人员和供试材料的完整识别。

（3）材料的任何状态调节。

（4）所有与标准方法的偏离。

（5）供试样品的识别编号和涂层重量值，以个值和均值报告的数据。

（6）所用溶剂的类型，清除涂层的清洁时间和技术。

（7）用于干燥的时间、温度和方法。

第六节　包装材料化学性能评价试验

无菌医疗器械包装材料的化学性能是一个非常重要的要求，应建立相关评价的标准和试验方法。目前国际标准、国家标准对包装材料的化学性能评价提出了相应方法。

一、GB/T 1545《纸、纸板和纸浆　水抽提液酸度或碱度的测定》（修改采用 ISO 6588）

1. 标准的适用范围

本标准规定了纸、纸板和纸浆水抽提液 pH 的测定方法，适用于水抽提液电导率超过 0.2 mS/m 的各种纸、纸板和纸浆。

2. 原理

取试样 2 g，用冷蒸馏水或沸腾蒸馏水 100 mL 抽提 1 h，在 20 ℃～25 ℃的环境中测定抽提液的氢离子浓度，以 pH 表示。

3. 试剂

除非另有说明，分析时应使用经过确认的分析纯试剂、蒸馏水（或去离子水，或相当纯度的水）。

（1）蒸馏水或相当纯度的净化水。

试验中所用的蒸馏水或相当纯度的净化水在按热抽提规定加热至近沸腾并冷却后，水的电导率应不超过 0.1 mS/m。

当不能得到规定纯度的试验用水时，可使用电导率较高的水，但应在试验报告中说明所用水的电导率。

（2）标准缓冲溶液。

所用试剂应为分析纯，缓冲溶液应至少一个月重新配制一次。

① 取 0.05 mol/L 的苯二甲酸氢钾（$KHC_8H_4O_4$）溶液，pH 为 4.0。

在 1 000 mL 容量瓶中，用蒸馏水溶解 10.21 g 苯二甲酸氢钾，并稀释至刻度。该溶液的 pH 在 20 ℃时为 4.00，在 25 ℃时为 4.01。

② 取磷酸二氢钾（KH_2PO_4）和磷酸氢二钠（Na_2HPO_4）溶液，pH 为 6.9。

在 1 000 mL 容量瓶中，用蒸馏水溶解 3.39 g 磷酸二氢钾和 3.54 g 磷酸氢二钠，并稀释至刻度。该溶液的 pH 在 20 ℃时为 6.87，在 25 ℃时为 6.86。

③ 取 0.01 mol/L 的四硼酸钠（$Na_2B_4O_7$）溶液。

在 1 000 mL 容量瓶中，用蒸馏水溶解 3.80 g $Na_2B_4O_7 \cdot 10H_2O$，并稀释至刻度。该溶液的 pH 在 20 ℃时为 9.23，在 25 ℃时为 9.18。

4. 试验仪器

（1）耐化学药剂的玻璃器皿：带有磨口接头的干燥洁净的具塞锥形瓶、烧杯和水冷的回流冷凝器。所有玻璃器皿应用沸腾的蒸馏水冲洗，并在使用前进行干燥处理。

（2）电热器恒温水浴或电热板，如图 7-21 所示。

（3）pH 计，如图 7-22 所示，读数精确至 0.01。

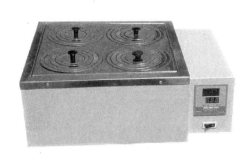

图 7-21　电热器恒温水浴示意图

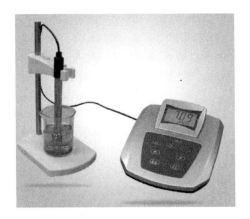

图 7-22　pH 计示意图

（4）温度计。

5. 试样的制备

（1）取样。

① 抽取包装单位：按抽样标准的规定进行抽取，抽取的包装单位应无损伤，并具有完整包装。

② 整张纸页的抽取：从所抽取的包装单位中抽取整张纸页，抽取方法如表 7-10 所示。

③ 样品的切取：

平板纸或纸板：从每整张纸页上切取一张 400 mm×400 mm 的样品，各张纸页上的取样部位各不相同。

卷筒纸或纸板：从每整张纸页上切取一个样品，样品长为卷筒的全幅，宽度为 400 mm。

（2）试样处理。

将部分未用手接触过的试样剪切成 5～10 mm² 的纸片。剪切时应戴洁净的防护手套，以保护试样。将剪切好的样品混合均匀，放在洁净带盖的容器中。

6. 试验步骤

（1）水抽提液的制备。

① 称量：准确称取试样 2 g，称准至 0.1 g。将试样放在适当大小的锥形瓶中，然后按热抽提或冷抽提的规定进行抽提。

② 热抽提：用移液管量取蒸馏水 100 mL，放在一个与装有试样同样大小的另一锥形瓶中，装上回流冷凝器，将水加热至近沸腾。移去冷凝器，将近沸腾的水倒入装有试样的锥形瓶中，再将此锥形瓶接上冷凝器，温和煮沸 1 h。在不移去冷凝器的情况下，迅速将试样冷却至 20 ℃～25 ℃，使纤维沉下，然后将上清液倒入小烧杯中。同时制备

两份抽提液。

③ 冷抽提：用移液管量取蒸馏水 100 mL，放在锥形瓶中，并加入试样，用磨口玻璃塞塞好锥形瓶，在 20 ℃～25 ℃环境中放置 1 h，在此期间至少摇动锥形瓶一次。然后将抽提液倒入小烧杯中。同时制备两份抽提液。

（2）pH 的测定。

用两种缓冲溶液校准 pH 计，抽提液的 pH 应在校准用的两种缓冲溶液的 pH 之间。校准后，用蒸馏水冲洗电极数次，再用少量抽提液冲洗一次，校准抽提液的温度应为 20 ℃～25 ℃。然后将电极浸入抽提液中，并测定 pH。用两份抽提液进行重复测定。

（3）测试结果的表示。

用两次测定的算术平均值表示结果，并精确至 0.1，而且两次测试结果之差应不大于 0.2。如果大于 0.2，应另外配制两份抽提液进行重新测定，并报告平均值及所测量的结果。

7. 试验报告

最终的报告应包括以下信息：

（1）完成样品鉴定所必要的全部说明。

（2）试验所用的抽提方法（冷抽提或热抽提）。

（3）试验中观察到的任何异常现象。

（4）如果测试次数超过两次，报告测试次数。

（5）试验结果。

（6）偏离本部分的任何试验条件。

（7）本部分或规范性引用文件中未规定的并可能影响结果的任何操作。

二、GB/T 2678.6《纸、纸板和纸浆水溶性硫酸盐的测定（电导滴定法）》（修改采用 ISO 9198）

1. 标准的适用范围

本标准规定了采用电导滴定法测定纸浆、纸和纸板中的水溶性硫酸盐。本方法所分析的物料硫酸根离子的最低极限是 20 mg/kg。

2. 原理

取至少 4 g 的片状试样用 100 mL 的热水抽提 1 h，过滤抽提液，并用过量的钡离子沉淀其中的硫酸根离子，而过量的钡离子用硫酸锂按电导滴定法来测定。

3. 试剂

在分析中过程，均使用分析纯（A.R.）试剂和（1）中规定的水。

（1）蒸馏水或去离子水：电导率小于 1.0 mS/m。

（2）乙醇（C_2H_5OH）：95%（V/V）。

（3）氯化钡溶液：$c(BaCl_2 \cdot 2H_2O) \approx 5$ mmol/L。

用蒸馏水或去离子水溶解 1.25 g $BaCl_2 \cdot 2H_2O$ 并稀释至 1 L。

（4）盐酸：$c(HCl) \approx 1$ mmol/L。

（5）硫酸锂标准液：$c(Li_2SO_4 \cdot H_2O) = 5$ mmol/L。

用蒸馏水或去离子水准确地溶解 0.640 g 干燥的 $Li_2SO_4 \cdot H_2O$，并移入 1 L 容量瓶中，稀释到刻度。

4. 仪器

（1）电导仪，灵敏度为 0.001 mS/m，如图 7-23 所示。

（2）5 mL 微量滴定管，刻度为 0.02 mL，如图 7-24 所示。如果有条件，也可以使用自动滴定装置。

（3）用恒温水浴（图 7-25），控制和调节温度为 25 ℃ ±0.5 ℃，或选择接近室温的其他温度。在滴定过程中始终保持温度恒定，对于试验结果的精确性是必不可少的。

图 7-23　电导仪示意图　　图 7-24　微量滴定管示意图　　图 7-25　恒温水浴示意图

（4）搅拌器、自动滴定装置控制和调节温度。

5. 试样的采取和制备

（1）浆样的采取。

① 样本浆包。

所有随机抽取的样本浆包或样本卷筒浆应能代表该批浆，样本浆包应完整并尽可能减小损伤。

为取得真正具有代表性的试样，整批浆应都能抽到样。取出的样本浆包或样本卷筒浆的最低数目（n）列于表 7-15 中。若不能从整批浆里抽样，样本浆包的数目应由有关方面协商决定，取样时可供抽样的纸浆数量应不少于全批的一半。

如果浆包或卷筒浆的标志号码涉及几个系列，则每一系列的样本浆包或样本卷筒浆的数目应依据表 7-15 中给出的原则按比例随机抽取。

② 抽样步骤。

由每一个样本浆包或样本卷筒浆中取出一个样品，记录所有采样包或卷筒的标志号码。所有样品的干纤维数量大致相同，样品数量取决于所进行的试验项目。一般每个样品取 100 g 已足够。

集中取出的样品形成混合样品，应包装密封以防污染，并与阳光、热源和水汽隔离。建议按以下规定进行抽样：

a. 浆板浆包。打开浆包并从每个包中随机选出一张浆板，但不应选取靠近顶部或底部的前 5 张，并避免在浆板边缘 7～8 cm 的范围内取样。从每一张选出的浆板中撕出大小适宜的样品，并弃掉余下部分。

表7-15　抽取样本浆包或样本卷筒浆的数目

该批浆中的浆包或卷筒浆的总数 N	抽取样本浆包或样本卷筒浆的最少数量 n	该批浆中的浆包或卷筒浆的总数 N	抽取样本浆包或样本卷筒浆的最少数量 n
100 以下	10	601 ~ 700	27
101 ~ 200	15	701 ~ 800	29
201 ~ 300	18	801 ~ 900	30
301 ~ 400	20	901 ~ 1 000	32
401 ~ 500	23	超过 1 000	32
501 ~ 600	25		

注：本表以 n 不小于 $\sqrt{N}$ 为原则。但无论批量多大，本标准并不要求抽样数多于32包或卷筒。

b. 浆（急骤干燥的散块状浆包）。样品可由试验圆盘的切块组成，或由从浆包一角取出的浆块组成，但不应包括已暴露在外的浆料。

c. 成卷的浆。从卷筒浆中除去外面三层，然后切出或撕出尺寸适宜但不含卷筒边缘的样品。

d. 浆包组合件。如果批是以一定数量的单包构成的组合件，可以从组合件顶部和底部的浆包中选出相应数量的样本浆包，亦可按 a 规定的替代方法取样，而不必拆散组合件。

（2）纸与纸板平均试样的采取。

① 抽取包装单位：按抽样标准的规定进行抽取，抽取的包装单位应无损伤，并具有完整的包装。

② 整张纸页的抽取：从所抽取的包装单位中抽取整张纸页，抽取的方法如表7-10所示。

③ 样品的切取：

平板纸或纸板：从每整张纸页上切取一张 400 mm×400 mm 的样品，各张纸页上的取样部位各不相同。

卷筒纸或纸板：从每整张纸页上切取一个样品，样品长为卷筒的全幅，宽度为400 mm。

④ 平均样品的张数应不少于 5 张。

（3）在取样过程中，应戴干净的手套拿取试样和准备纸片，操作时要小心拿取，防止污染试样。试样应保持远离酸雾，并防止落灰尘。

6. 试验步骤

每个样品进行两份试验。试剂的空白试验应完全按试样的操作步骤进行。

（1）纸样的抽提。

称取风干试样不少于 4 g，精确至 0.01 g，同时称取试样测定水分。将试样剪成约 5 mm×5 mm 大小的片状，装入具有标准接口的 250 mL 锥形瓶中，厚纸板在抽提前应解离分层。然后用移液管移入 100 mL 的蒸馏水或去离子水，接上空气冷凝器，放入水浴中，固定锥形瓶，加热抽提 1 h，并不时摇动。

当抽提达到规定的时间后，取下并冷却至室温，然后用玻璃滤器或布氏漏斗及预先处理过的无灰滤纸进行过滤，将滤液收集到带塞、干净的锥形瓶中。

（2）硫酸盐的测定。

用移液管吸取 50.0 mL 抽提的滤液于 250 mL 烧杯中，加入 100 mL 95% 的乙醇及 10 mL 盐酸，并准确地加入 2.0 mL 氯化钡溶液。

将烧杯放入恒温水浴中，水浴温度为 25 ℃ ±0.5 ℃，或在比较稳定的室温下，将电导仪的电极插入试液中，用玻璃棒或其他搅拌装置以均匀速度搅拌试液，待温度稳定后，利用微量滴定管每次加入 0.2 mL 硫酸锂标准溶液。在每次加入硫酸锂后，待电导率指示数恒定时进行记录，重复地加入标准液并读取相应的电导率数，直至加入硫酸锂的总体积达到 3.5 ~ 4.0 mL。如果使用自动滴定仪，所加的硫酸锂滴定液的速率应控制在约 0.2 mL/min。

为了保证硫酸根离子的完全沉淀，在滴定开始时要有足够过量的钡离子。如硫酸锂的相应消耗量少于 1 mL，则取少于 50 mL 的抽提液，如 20 mL 或 10 mL 等，再加注蒸馏水补充到总体积为 50 mL 后重新进行测定。

（3）计算滴定消耗硫酸锂的毫升数。

方法 1：绘制滴定曲线，以加入硫酸锂的毫升数为横坐标、溶液的电导率读数为纵坐标，对测试结果进行作图。通过各点画直线，并形成一个"V"形，在两条直线的交叉点读出等当点消耗硫酸锂标准溶液的体积。

方法 2：采用计算器，弃掉两条直线交界处的 2 ~ 3 点，然后按式（7-33）和式（7-34）分别求出两直线回归方程的斜率和截距：

$$Y_1 = b_1 X_1 + a_1 \tag{7-33}$$

式中，b_1 为斜率，a_1 为截距。

$$Y_2 = b_2 X_2 + a_2 \tag{7-34}$$

式中，b_2 为斜率，a_2 为截距。

两条直线相交于坐标（X，Y）时，$Y = Y_1 = Y_2$，$X = X_1 = X_2$。

解联立方程得

$$X = \frac{a_1 - a_2}{b_2 - b_1} \tag{7-35}$$

7. 结果计算

由式（7-36）计算试样的水溶性硫酸盐含量：

$$X = \frac{96.1c \cdot V_3 \cdot (V_0 - V_1)}{V_2 \cdot m} \tag{7-36}$$

式中，X 为水抽出物硫酸盐含量，mg/kg；c 为硫酸锂溶液的真实浓度（标准为 5 mmol/L），mmol/L；96.1 为硫酸根（SO_4^{2-}）的分子量；V_0 为在空白滴定时所消耗硫酸锂溶液的体积，mL；V_1 为在试验溶液滴定时所消耗硫酸锂溶液的体积，mL；V_2 为取来滴定的抽提液体积（标准为 50 mL），mL；V_3 为试验时所加水的总体积（标准为 100 mL），mL；m

为绝干试样的质量，g。

将 c、V_2、V_3 代入标准值时，式（7-36）简化成：

$$X = \frac{961(V_0 - V_1)}{m} \qquad (7\text{-}37)$$

取两次测定结果的平均值作为水溶性硫酸盐含量，以每千克绝干样品的毫克数表示，并将结果修约至整数位。

8. 试验报告

最终的试验报告应包括以下信息：

（1）依据的标准编号。

（2）试验的日期和地点。

（3）所测物料的标志。

（4）试验结果。

（5）任何规定操作步骤的变更或可能影响其测定结果的其他细节的变化。

三、GB/T 2678. 2《纸、纸板和纸浆 水溶性氯化物的测定》（修改采用 ISO 9197）

1. 标准的适用范围

本标准规定了纸、纸板和纸浆水溶性氯化物的硝酸汞测定法和硝酸银电位滴定测定法。硝酸汞法适用于各种纸、纸板和纸浆。硝酸银电位滴定法适用于电气用纸和一般用纸。

2. 硝酸汞法

（1）原理。

试样用沸水抽提 1 h，在含有氯离子的溶液中，滴入易溶解的硝酸汞标准滴定溶液，此时汞离子立即与氯离子作用生成难溶的二氯化汞。在滴定液中加入过量乙醇以降低其溶解度。当溶液中的氯离子全部变成氯化汞后，微过量的汞离子立即与加入溶液中的二苯卡巴腙形成紫色的汞化物。

（2）试剂。

① 试验时，应使用分析纯（A. R.）试剂和蒸馏水或去离子水，电导率应小于 0. 2 mS/m。

② 过氧化氢（H_2O_2）溶液：30%（质量分数）。

③ 乙醇（CH_3CH_2OH）溶液：95%（体积分数）。

④ 硝酸（HNO_3）溶液：1 mol/L。

⑤ 氢氧化钠（NaOH）溶液：0. 50 mol/L。

⑥ 氯化钠标准溶液：$c(NaCl) = 0. 01$ mol/L。

准确称取经 500 ℃ ~ 600 ℃ 灼烧 2 h 的基准氯化钠 0. 584 6 g 溶于水中，移入 1 000 mL 容量瓶中，用蒸馏水稀释至刻度。

⑦ 硝酸汞标准溶液。

a. 配制：称取 1. 713 0 g 硝酸汞溶于 4 mL 硝酸（体积分数为 1∶1）和少量的水中，

移入 1 000 mL 容量瓶中，用蒸馏水稀释至刻度。

b. 标定及计算：精确量取 10 mL 氯化钠标准溶液于 150 mL 锥形瓶中，加入 95% 的乙醇 20 mL、1 mol/L 硝酸 3 滴及二苯卡巴腙指示剂（见⑧）10 滴，摇匀，用 0.01 mol/L 硝酸汞标准溶液滴定至溶液呈现紫色。

硝酸汞标准溶液浓度 c 按式（7-38）计算：

$$c = \frac{c_1 V_1}{V_2} \tag{7-38}$$

式中，c 为硝酸汞标准溶液浓度，mol/L；c_1 为氯化钠标准溶液浓度，mol/L；V_1 为氯化钠标准溶液体积，mL；V_2 为硝酸汞标准溶液体积，mL。

⑧ 二苯卡巴腙（$C_{13}H_{12}ON_4$）：10 g/L。称取 0.25 g 二苯卡巴腙溶于 25 mL 95% 乙醇中，贮于棕色瓶中。此溶液应每周配制一次。

（3）仪器。

① 清洗所用的玻璃器皿和其他接触到试样或抽提液的仪器，所有的玻璃器皿均应在 30 ℃ 的硝酸中浸泡 5～10 min，并用煮沸的蒸馏水彻底淋洗，用于制备样品的镊子和剪刀应以同样的方法用煮沸的蒸馏水洗净。

② 分析天平，精确至 0.001 g。

③ 精密酸度计。

④ 恒温水浴。

⑤ 1 mL 微量滴定管，最小分度为 0.01 mL。

⑥ 150 mL、250 mL 锥形瓶。

⑦ 500 mL 的标准抽提器。

（4）试样的采取和制备。

应戴干净的手套拿取样品。将样品剪成 5 mm×5 mm 的纸样，贮于具有磨口玻璃塞的广口瓶中，操作时应小心拿取，防止污染试样，保持试样远离酸雾，并防止落灰尘。

（5）试验步骤。

① 每个试样抽提两份，按照测试试样的方法做试剂的空白试验。在拿取、存放和操作过程中，应保证待测样品不被化学实验室的大气所污染，也不被裸手操作所污染。

② 精确称取风干试样（5.0±0.2）g，精确至 0.001 g。同时另外称试样测定水分，装入 500 mL 的标准抽提器中，加注 250 mL 煮沸的蒸馏水，装上回流冷凝管置沸水浴中加热抽提 1 h，取出冷却，用布氏漏斗及预先处理过的滤纸（用热蒸馏水充分洗涤并烘干后备用）过滤于洁净、干燥的锥形瓶中。

③ 用移液管吸取 100 mL 滤液移入 250 mL 锥形瓶中，加入 1 滴 0.5 mol/L 氢氧化钠溶液，再加入 30% 过氧化氢溶液 1～2 mL，置电热板或电炉上加热浓缩至约 10 mL，冷却，加入 95% 乙醇溶液 20 mL、3 滴 1 mol/L 硝酸溶液（pH 为 3.0～3.5）、10 滴二苯卡巴腙指示剂，用 0.01 mol/L 硝酸汞标准溶液滴定至呈现紫色，即为终点。

（6）结果计算。

试样的水溶性氯化物含量 X 应按式（7-39）进行计算：

$$X = \frac{(V - V_0) \times c \times 35.46}{m \times \frac{100}{200}} \times 1\ 000 \qquad (7\text{-}39)$$

式中，X 为试样的水溶性氯化物含量，mg/kg；V 为试样耗用硝酸汞标准溶液的体积，mL；V_0 为空白耗用硝酸汞标准溶液的体积，mL；c 为硝酸汞标准溶液的浓度，mol/L；m 为试样的绝干质量，g；35.46 为与 1.00 mL 硝酸汞标准溶液 $c\left[\frac{1}{2}Hg(NO_3)_2\right] = 1.00\ mol/L$ 相当的以毫克表示的氯化物的质量。

两份测定计算值之差不应超过 2 mg/kg。

（7）试验报告。

最终的试验报告应包括以下信息：

① 本报告的编号及试验方法。

② 试验的日期和地点。

③ 所测物料的标志。

④ 取两份试样测定的结果作为氯化物含量，结果修约至整数位。

⑤ 任何规定操作步骤的变更或可能影响其测定结果的其他细节的变化。

3. 硝酸银电位滴定法

（1）原理。

取一定量的片状样品，用沸水抽提 1 h，过滤抽提物并用过氧化氢氧化，以减少可能因碳水化合物引起的干扰，加硝酸溶解并酸化试液，然后采用电位滴定法，在丙酮的存在下，以硝酸银滴定来测定氯离子的含量。

（2）试剂。

① 试验时，应使用分析纯（A. R.）试剂和蒸馏水或去离子水，电导率应小于 0.2 mS/m。

② 硝酸-水（1 + 1）。

将 500 mL 的硝酸（$\rho = 1.4\ g/mL$）用蒸馏水稀释至 1 L。

③ 硝酸：$c(HNO_3) = 1.5\ mol/L$。

量取 100 mL 的硝酸（$\rho = 1.4\ g/mL$），用蒸馏水稀释至 1 L。

④ 丙酮（CH_3COCH_3）：不含氯化物。

⑤ 硝酸银标准溶液：$c(AgNO_3) = 20\ mmol/L$。

准确称取经干燥的硝酸银 3.397 g，用蒸馏水使其完全溶解后移入 1 000 mL 的容量瓶中，并用蒸馏水稀释至刻度。此溶液应避光保存。

⑥ 氢氧化钠（NaOH）溶液：0.1 mol/L。

称取 4 g 氢氧化钠，用蒸馏水使其完全溶解后移入 1 000 mL 的容量瓶中，并用蒸馏水稀释至刻度。

⑦ 过氧化氢溶液：$c(H_2O_2) = 30\%$（质量分数）。

（3）仪器。

① 清洗所用的玻璃器皿和其他接触到试样或抽提液的仪器，所有的玻璃器皿均应

在 30 ℃的硝酸中浸泡 5 ～ 10 min，并用煮沸的蒸馏水彻底淋洗，用于制备样品的镊子和剪刀应以同样的方法用煮沸的蒸馏水洗净。

② 电位计或其他测量仪表：测量的直流电压为 0 ～ 300 mV，并具有不低于 2 mV 的准确度。用一支银电极（银离子选择性电极）作指示电极，用一支玻璃电极作参比电极。

③ 玻璃微量注射器：0.100 mL，可以读到 0.001 mL。

④ 用 500 cm³ 的锥形高等级抗蚀的玻璃或石英瓶。

⑤ 热水浴及其他加热装置。

⑥ 分析天平，精确至 0.001 g。

⑦ 磁力搅拌器。

（4）试样的采取和制备。

应戴干净的手套拿取样品。将样品剪成 5 mm×5 mm 的纸样，贮于具有磨口玻璃塞的广口瓶中，操作时应小心拿取，防止污染试样，保持试样远离酸雾，并防止落灰尘。

（5）试验步骤。

① 每个试样抽提两份，按照测试试样的方法做试剂的空白试验。在拿取、存放和操作过程中，应保证待测样品不被化学实验室的大气所污染，也不应被裸手操作所污染。

② 称取风干试样，对于高纯度的电气用纸称取 20 g，而对于一般用纸称取 4 g，精确至 0.001 g，同时另称取试样测定水分。将试样装入 500 mL 锥形瓶中，对高纯度的电气用纸加入 300 mL 煮沸的蒸馏水，对于一般用纸加入 100 mL 蒸馏水。装上空气冷凝器，在沸水中抽提（60±5）min。

当抽提到达时间后取出，让抽提液冷却至室温，倾出或用玻璃滤器过滤，对于高纯度的电气用纸，移取 150 mL 滤液于一个 250 mL 烧杯中；对于一般用纸，移取 50 mL 滤液。然后加入 10 滴氢氧化钠溶液及 10 滴过氧化氢溶液，放在电热板上加热氧化脱色，待溶液蒸发至约 5 mL 为止。待试液冷却至室温后，加入硝酸溶液 1 mL。转移此溶液于一个滴定用的 50 mL 烧杯中，分别用 10 mL 丙酮洗涤烧杯三次。

③ 将电位滴定仪的电极浸入试液中，用电磁搅拌器以一个恒定的速度连续搅拌。在电位计上读出电位值，利用微量注射器每次加入 0.01 mL 的硝酸银标准溶液进行电位滴定。每加入一次硝酸银标准溶液后，读取一次电位值。电位值开始变化缓慢，随着硝酸银标准溶液加入量的增加，电位值变化增大，一直滴定到电位值再次出现缓慢变化为止。如果使用自动滴定仪，其加入滴定液的速率应为 0.1 ～ 0.2 mL/min。

（6）结果计算。

试样的水溶性氯化物含量 X 应按式（7-40）进行计算：

$$X = \frac{35.46 \times c \times V_2 \times (V_1 - V_0)}{V_3 \times m} \tag{7-40}$$

式中，X 为试样的水溶性氯化物含量，mg/kg；c 为硝酸银标准溶液的浓度，mmol/L；V_0 为空白滴定时所消耗硝酸银标准溶液的体积，mL；V_1 为滴定试样时所消耗硝酸银标准溶液的体积，mL；V_2 为抽提时加入水的体积，mL；V_3 为滴定所取滤液的体积，mL；

m 为试样的绝干质量，g。

取两份测定值的平均值作为测定结果。含量在 5 mg/kg 以下时，结果修约至 0.1 mg/kg，其余结果修约至整数。

（7）试验报告。

最终的试验报告应包括以下信息：

① 本报告的编号及试验方法。

② 试验的日期和地点。

③ 所测物料的标志。

④ 试样水溶性氯化物的测定结果。

⑤ 任何规定操作步骤的变更或可能影响测定结果的其他细节的变化。

第七节　包装材料生物学性能评价试验

一、GB/T 16886.5《医疗器械生物学评价 第 5 部分：体外细胞毒性试验》（等同采用 ISO 10993-5）

1. 标准的适用范围

本标准阐述了评价医疗器械体外细胞毒性的试验方法。这些方法规定了下列供试品以直接或通过扩散的方式与培养细胞接触和进行孵育：

（1）用器械的浸提液。

（2）与器械接触。

这些方法是用相应的生物参数测定哺乳动物细胞的体外生物学反应。

2. 术语和定义

（1）阴性对照材料：按照本部分试验时不产生细胞毒性反应的材料。阴性对照的目的是验证背景反应。例如，用高密度聚乙烯作为合成聚合物的阴性对照材料，氧化铝陶瓷棒则用作牙科材料的阴性对照物。

（2）阳性对照材料：按照本部分试验时可重现细胞毒性反应的材料。阳性对照的目的是验证相应试验系统的反应。例如，用有机锡作稳定剂的聚氯乙烯作为固体材料和浸提液的阳性对照，酚的稀释液用作浸提液的阳性对照。

（3）试剂对照：在不加试验材料的条件下，按照浸提条件和试验步骤得到的浸提介质。

（4）培养器皿：适用于细胞培养的器皿，包括玻璃培养皿、塑料培养瓶（或塑料多孔培养板）和微量滴定板等器皿。在这些试验方法中，这些器皿只要符合组织培养级别的要求并适用于哺乳动物细胞培养，就可以互换使用。

（5）近汇合：在对数生长期末，约80%的细胞汇合。

3. 样品制备

（1）样品的选择和制备比例。

① 试验应在最终产品、最终产品中有代表性的样品或与最终产品以相同的工艺过程制得的材料上进行。

② 如果器械由多种材料组成而器械不能以整体用于试验，则将每种与人体组织接触有代表性的材料按比例组合成试验样品。

③ 有表面涂层器械的试验样品应包括涂层材料和基质材料。

④ 器械如使用黏结剂、射频密封或溶剂密封，试验样品应包括黏结和（或）密封处有代表性部位。

⑤ 复合材料应作为最终材料测试。

⑥ 对于不规则的物品，应尽量选择有代表性的部位用于制备。

⑦ 根据客户要求部位取样。

⑧ 标准表面积用于确定所需的浸提液体积。标准表面积包括样品两面连接处的面积，不包括不确定的表面不规则面积。当由于外形不能确定其表面积时，浸提时可使用质量/体积。浸提比例如表 7-16 所示。

表 7-16　浸提比例

厚度/mm	浸提比例（表面积或质量/体积）±10%	材料形态
≤0.5	6 cm²/mL	膜、薄片、管壁
0.5～1.0	3 cm²/mL	管壁、厚板、小型模制件
>1.0	3 cm²/mL	大型模制件
>1.0	1.25 cm²/mL	弹性封口
不规则形状固体器械	0.2 g/mL	粉剂、球体、泡沫材料、非吸收性材料、模制件
不规则形状多孔器械（低密度材料）	0.1 g/mL	薄膜

注：目前尚无测试吸收剂和水胶体的标准方法，推荐以下方案供参考：测定材料"吸收容量"，即材料所吸收浸提液的量。试验样品除材料的"吸收容量"外，应以 0.1 g/mL 或者 1.0 cm²/mL 的比例进行浸提。

⑨ 对于评价多孔表面材料，也可使用其他表面积浸提比，只要它们能模拟临床使用条件或测定潜在危害测试即可。

⑩ 除非有其他不适用性，浸提之前应将材料切成小块，以使材料浸没在浸提介质中。聚合物宜切成 10 mm×50 mm 或 5 mm×25 mm 的小块。

⑪ 由于完整表面与切割表面存在潜在的性能差异，因此对于弹性体、涂层材料、复合材料、层状薄片等应尽量完整地进行试验。

（2）材料浸提液的制备。

① 浸提原则。

为了测定潜在的毒理学危害，浸提条件应模拟或严于临床使用条件，但不应导致试验材料发生诸如熔化、溶解或化学结构改变等明显变化。

浸提液中任何内源性或外源性物质的浓度及其接触试验细胞的量取决于接触面积、

浸提体积、pH、化学溶解度、扩散率、溶质度、搅拌、温度、时间和其他因素。

② 浸提介质。

哺乳动物细胞检测中应使用下列一种或几种溶剂。对浸提介质的选择应进行验证。

a. 含血清培养基。

b. 无血清培养基。

c. 生理盐水溶液。

d. 其他适宜的溶剂。

溶剂的选择应反映浸提的目的，应考虑使用极性和非极性两种溶剂。适宜的溶剂包括纯水、植物油、二甲基亚砜（DMSO）。在所选择的测试系统中，如 DMSO 浓度大于 0.5%（体积分数），则有细胞毒性。

③ 浸提条件。

a. 浸提应使用无菌技术，在无菌、化学惰性的封闭容器中进行。

b. 推荐的浸提条件：

（a）.37 ℃ ±2 ℃下不少于 24 h；

（b）50 ℃ ±2 ℃下（72 ±2）h；

（c）70 ℃ ±2 ℃下（24 ±2）h；

（d）121 ℃ ±2 ℃下（1 ±0.2）h。

可根据器械的特性和具体使用情况选择推荐的浸提条件。当浸提过程使用含血清培养基时，只能采用（a）规定的浸提条件。

c. 浸提液用于细胞之前，如果进行过滤、离心或其他处置，最终报告中应予以说明，对浸提液 pH 的调整也应在报告中说明。对浸提液的处理，如对 pH 的调整可能会影响试验结果。

（3）直接接触试验材料的制备。

① 在细胞毒性检测中，多种形状、尺寸或物理状态（液态或固态）的材料未经修整即可进行测试。固体样品应至少有一个平面。其他形状和物理状态的样品应进行调整。

② 应考虑试验样品的无菌性。

a. 无菌器械试验材料的试验全过程应按无菌操作法进行。

b. 试验材料如取自通常在使用前灭菌的器械，应按照制造商提供的方法灭菌，且试验全过程应按无菌操作法进行。用于试验系统之前，制备试验材料时应考虑灭菌方法或灭菌剂对器械的影响。

c. 试验材料如取自使用中不需要灭菌的器械，则应在供应状态下使用，但在试验全过程中应按无菌操作法进行。

③ 对液体进行试验时应直接附着，或附着到具有生物惰性和吸收性的基质上。其中，滤膜是适用的基质。

④ 对高吸收性材料，如果可能，试验前应用培养基将其浸透，以防止吸收试验器皿中的培养基。

4. 细胞系

（1）优先采用已建立的细胞系并应从认可的贮源获取。

（2）在需要特殊敏感性时，只能使用直接由活体组织获取的原代细胞、细胞系和器官型培养物，但需证明其反应的重现性和准确性。

（3）细胞系原种培养贮存时，应放在相应培养基内，在 -80 ℃或 -80 ℃以下冻存，培养基内加有细胞保护剂，如二甲基亚砜或甘油等。长期贮存（几个月至几年）只能在 -130 ℃或 -130 ℃以下冻存。

（4）试验应使用无支原体污染细胞，使用前采用可靠方法检测是否存在支原体污染。

5. 培养基

（1）培养基应无菌。

（2）含血清或无血清培养基应符合选定细胞系的生长要求。培养基中允许含有对试验无不利影响的抗生素。

培养基的稳定性与其成分和贮存条件有关。含谷氨酰胺和血清的培养基在 2 ℃～8 ℃的条件下贮存不得超过 1 周，含谷氨酰胺的无血清培养基在 2 ℃～8 ℃条件下贮存不得超过 2 周。

（3）培养基的 pH 应为 7.2～7.4。

6. 细胞原种培养制备

（1）用选定的细胞系和培养基制备试验所需的足够的细胞。使用冻存细胞时，如加有细胞保护剂应除去，使用前至少传代培养一次。

（2）取出细胞，用适宜的酶分散法和（或）机械分散法制备成细胞悬浮液。

7. 试验步骤

（1）平行样数：至少采用三个平行试验样品数和对照数。

（2）MTT 法。

① 该试验用于细胞毒性定性和定量评价。

② 从持续搅拌的细胞悬浮液中吸取等量的悬浮液，注入与浸提液接触的每个培养器皿内，轻轻转动培养器皿使细胞均匀地分散在器皿的表面。

③ 根据培养基选择含或不含 5%（体积分数）二氧化碳的空气作为缓冲系统，在温度 37 ℃ ±2 ℃下进行培养。试验应在近汇合单层细胞或新鲜悬浮细胞上进行。

④ 试验前用显微镜检查培养细胞的近汇合和形态情况。

⑤ 试验可选用浸提原液和以培养基作稀释剂的系列浸提稀释液。

试验如采用单层细胞，应弃去培养器皿中的培养基，在每个器皿内加等量浸提液或上述稀释液。如采用悬浮细胞进行试验，细胞悬浮液制备好后应立即将浸提液或上述稀释液加到每个平行器皿中。

⑥ 采用水等非生理浸提液时，浸提液用培养基稀释后应在最高生理相容浓度下试验。建议在稀释浸提液时使用经过浓缩的如 2 倍、5 倍的培养基。

⑦ 加等量的空白试剂和阴性及阳性对照液至其他平行器皿中。如需要，还可用新鲜培养基做对照试验。

⑧ 器皿按③中所述条件进行培养，培养间期应符合选定方法的要求。

⑨ 经过至少 24 h 的培养后，取出培养板先做细胞形态学观察，然后加入 MTT 50 μL（1 mg/mL）培养 2 h，吸弃上清，加异丙醇 100 μL 溶解结晶，在酶标仪上测定吸光度。

⑩ 利用 Excel 软件对数据进行统计分析，计算均值和标准差，通过以下公式计算细胞毒性比：

$$细胞毒性比 = \frac{样品组\ OD\ 均值（或阳性、阴性对照组）}{空白对照组\ OD\ 均值} \times 100\%$$

（3）琼脂覆盖法。

① 该试验用于细胞毒性定性评价，该方法不适用于不能通过琼脂层扩散的可沥滤物或与琼脂反应的物质。

② 从持续搅拌的细胞悬浮液中吸取等量的悬浮液，注入每个试验用平行器皿内。轻轻水平转动器皿，使细胞均匀地分散在每个器皿的表面。

③ 根据培养基选择含或不含 5%（体积分数）二氧化碳的空气作为缓冲系统，在温度 37 ℃ ± 2 ℃下进行培养，直至对数生长期末细胞近汇合。

④ 试验前用显微镜检查培养细胞的近汇合和形态情况。

⑤ 弃去器皿中的培养基，然后将溶化的琼脂与含血清的新鲜培养基混合，使琼脂最终质量浓度为 0.5% ~ 2%，在每个器皿内加入等量的混合液。只能使用适合于哺乳动物细胞生长的琼脂。该混合琼脂培养基应为液态，温度应适合于哺乳动物细胞。各种不同分子量和纯度的琼脂可通用。

⑥ 将试验样品轻轻放在每个器皿的固化琼脂层上，样品应覆盖细胞层表面约十分之一。吸水性材料置于琼脂之前先用培养基进行湿化处理，以防止琼脂脱水。

⑦ 同法制备阴性对照和阳性对照样品器皿。

⑧ 按③中所述的同样条件培养 24 ~ 72 h。

⑨ 从琼脂上小心地取下样品之前、之后检测细胞毒性。用活体染色剂如中性红可有助于检测细胞毒性。活体染色剂可在培养前或培养后与样品一起加入。如在培养前加入，应在避光条件下进行细胞培养，以防因染色剂光活化作用而引起细胞损伤。

⑩ 细胞毒性判定。用显微镜检查细胞，评价诸如一般形态、空泡形成、脱落、细胞溶解和膜完整性等方面的变化，一般形态的改变可描述性地在试验报告中记录或以数字记录。以下给出试验材料计分的有效方法：

细胞毒性计分	含义
0	无细胞毒性
1	轻微细胞毒性
2	中度细胞毒性
3	重度细胞毒性

8. 试验报告

最终的试验报告应包括以下信息：

（1）样品的描述。

（2）细胞系，并对选择进行论证。

（3）培养基。

（4）评价方法和原理。

（5）浸提步骤（如必要），如可能，报告沥出物质的性质和浓度。

（6）阴性、阳性和其他对照物。

（7）细胞反应和其他情况。

（8）结果评价所需的其他有关资料。

9. 结果评价

应由合格的专业人员根据试验数据对试验结果进行总体评价。若评价结果没有充分的可证实性或无效，则应重新进行试验。

二、GB/T 16886.10《医疗器械生物学评价 第 10 部分：刺激与皮肤致敏试验》刺激试验（等同采用 ISO 10993-10）

1. 标准的适用范围

本标准描述了医疗器械及其组成材料潜在刺激和皮肤致敏反应的评价步骤，包括皮肤刺激试验和皮内刺激反应的试验方法。

2. 术语和定义

（1）空白液：制备试验样品的同一种溶剂，不加试验材料以相同的方式处理，用于测定溶剂的背景反应。

（2）腐蚀：组织结构的缓慢破坏，如某种强刺激物的作用。

（3）剂量：对试验系统的一次给样量。

（4）红斑：皮肤或黏膜发红。

（5）焦痂：皮肤结痂或变色的腐痂。

（6）刺激物：引起刺激的物质。

（7）刺激：一次、多次或持续与一种物质或材料接触所引起的局部非特异性炎症反应。

（8）阴性对照：按规定步骤试验时，在试验系统中出现可再现的适当的阴性、无反应或背景反应，证明试验步骤适宜性的材料或物质。

（9）水肿：液体向组织内异常渗透引起的肿胀。

（10）阳性对照：按规定步骤试验时，在试验系统中出现可再现的适当的阳性或反应性应答，证明试验步骤适宜性的材料或物质。

（11）溶剂：用于湿化、稀释、悬浮、浸提或溶解试验物质的材料或物质，如化学制剂、介质、培养基等。

（12）试验材料：供生物学或化学试验用的材料、器械、器械的一部分或组件。

（13）试验样品：用于生物学或化学试验的浸提液或试验材料的一部分。

3. 样品制备

参见本节"一、GB/T 16886.5《医疗器械生物学评价 第 5 部分：体外细胞毒性试验》"中的"3. 样品制备"。

4. 动物饲养

（1）试验兔的饲养管理。

① 除非试验的特殊需要，试验用兔一律为新西兰兔，并应有动物许可证，且同一试验的试验用兔来源应一致。

② 试验兔的预饲养期至少为 7 天，预饲养合格的试验兔方可提供科学试验。

③ 饲养人员必须每天上午、下午记录饲养室的温度、湿度，检查饲养室的通风情况，并观察动物的饮食、行为有无异常。

④ 应保证新西兰兔每天的饮水，饲喂试验兔料前应清除食具内的余料，并根据动物个体情况适量添加。

⑤ 清洁、饲喂工作结束后，用消毒液拖拭饲养室地面，并用拖把除去地面积水。

⑥ 结束饲养室的所有工作后，必须随手关门。

⑦ 若动物发生异常现象，应及时报告兽医隔离诊断，并进行护理治疗，不能治愈的动物应进行安乐死。

（2）试验兔饲养笼具的清洗与消毒。

① 应每天清洁冲刷试验兔饲养笼的托盘；试验兔笼每周至少更换 1 次，食盒每周至少清洗 1 次；每天更换饮水瓶，用清水刷洗饮水瓶、饮水嘴；每月用消毒液擦拭饲养笼架 1 次。

② 试验兔饲养笼及食盒用消毒液浸泡 30 min 后，再用清水刷洗干净。

③ 每批动物试验结束后，必须更换该批动物的笼具、水瓶，用消毒液擦拭笼架，对饲养室进行喷雾消毒，并用紫外线照射后方可进行下一批的动物试验。

5. 皮肤刺激试验

（1）试验仪器、设备、试剂及试验动物。

① 恒温培养振荡器、高压灭菌器、架盘天平、电子秤（图 7-26、图 7-27、图 7-28、图 7-29）。

② 0.9% 氯化钠注射液、符合药典要求的芝麻油。

③ 试验动物品种：新西兰兔 3 只（雌雄不限），试验初体重大于 2.0 kg，年龄为初成年；试验动物对实验环境的适应期至少 7 天。

图 7-26　恒温培养振荡器

图 7-27　高压灭菌器

图 7-28　架盘天平

图 7-29　电子秤

（2）选用皮肤健康无损伤的动物，在试验前 4～24 h 将动物背部脊柱两侧被毛除去（约 10 cm× 15 cm 区域），作为试验和观察部位。

（3）粉剂或液体样品的应用。

将 0.5 g 或 0.5 mL 的试验材料直接置于如图 7-30 所示试验部位。固体和疏水性材料无须湿化处理，粉剂使用前应用水或其他适宜的溶剂稍加湿化。用约 2.5 cm×2.5 cm 透气性较好的敷料，如无刺激性的吸收性纱布块覆盖接触部位，然后用绷带（封闭或半封闭）固定敷贴片至少 4 h。接触期结束后取下敷贴片，用温水或其他适宜的无刺激性溶剂清洗并拭干，以去除残留试验材料。

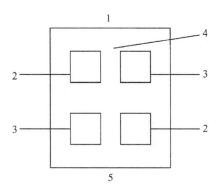

1. 头部；2. 试验部位；3. 对照部位；4. 去毛的背部区域；5. 尾部

图 7-30　皮肤应用部位

（4）浸提液和浸提介质的应用。

将相应的浸提液滴到约 2.5 cm×2.5 cm 大小的吸收性纱布块上，浸提液的用量以能够浸透纱布块为宜，一般情况下每块纱布滴 0.5 mL，视情而定。按图 7-30 所示部位敷贴于动物背部两侧。按图 7-30 所示，将滴有浸提介质的纱布块敷贴在对照接触部位。用绷带（半封闭性或封闭）固定敷贴片至少 4 h。接触期结束后取下敷贴片，用温水或其他适宜的无刺激性溶剂清洗并拭干，以去除残留试验材料。

（5）固体样品的应用。

按图 7-30 所示，将试验材料样品直接接触兔脊柱两侧的皮肤。对照样品同法应用。检测固体物时（必要时可碾成粉末，但应防止污染发生），试验材料可用水或选择一种溶剂充分湿化以保证与皮肤良好的接触性。如使用溶剂，应考虑溶剂本身对皮肤的刺激作用，这种影响应与试验材料所致的皮肤反应相区别。用 2.5 cm×2.5 cm 透气性好的敷料（如纱布块）覆盖材料接触部位，然后用绷带（封闭或半封闭）固定敷贴片至少 4 h。接触期结束后取下敷贴片，用温水或其他适宜的无刺激性溶剂清洗并拭干，以去除残留试验材料。

（6）数据记录与动物观察。

在自然光或全光谱灯下观察皮肤反应。按表 7-17 给出的记分系统描述每一接触部位在每一规定时间内皮肤红肿和水肿反应情况并评分，记录结果应出具试验报告。

表 7-17　皮肤反应记分系统

反　　　应		原发性刺激记分
红斑和焦痂形成	无红斑	0
	极轻微红斑（勉强可见）	1
	清晰红斑	2
	中度红斑	3
	重度红斑（紫红色）至焦痂形成	4
水肿形成	无水肿	0
	极轻微水肿（勉强可见）	1
	清晰水肿（肿起，不超出区域边缘）	2
	中度水肿（肿起约 1 mm）	3
	重度水肿（肿起超过 1 mm 并超出接触区）	4
	刺激最高记分	8

注：应记录并报告皮肤部位的其他异常情况。

① 单次接触试验：在去除敷贴后 1 h、24 h、48 h、72 h 记录各接触部位情况。如存在持久性损伤应延长观察时间，以评价这种损伤的可逆性或不可逆性，但延长期不得超过 14 天。

② 多次接触试验：仅在急性单次接触试验完成后且至少在观察 72 h 后进行。多次接触试验时，每次在去除敷贴片后 1 h 以及再次接触前应记录接触部位情况，接触次数可不限。末次接触后，去除敷贴片后 1 h、24 h、48 h、72 h 记录各接触部位情况。如有持久性损伤应延长观察时间，以评价这种损伤的可逆性或不可逆性，但延长期不得超过 14 天。

（7）评价标准。

① 单次接触试验应按下列规定确定原发性刺激指数（PII）：

a. 使用 24 h、48 h、72 h 的观察数据进行计算。试验之前或 72 h 后的恢复观察数据不用计算。

b. 将每只动物在每一规定时间试验材料引起的红斑和水肿刺激记分相加后再除以观察总数之和。每一试验部位的一个观察数据包括红斑和水肿两个记分。当采用空白溶液或阴性对照时，计算出对照原发性刺激记分，将试验材料原发性刺激记分减去该记分，即得原发性刺激记分，该值即为原发性刺激指数。

② 多次接触试验应按下列规定计算累积刺激指数：

a. 将每只动物在每一规定时间的红斑和水肿刺激记分相加后再除以观察总数，即为每只动物刺激记分。

b. 将全部动物刺激记分相加后再除以动物总数即得出累积刺激指数。

c. 将累积刺激指数对照表 7-18 限定的刺激反应，报告相应的反应类型。

表 7-18 兔刺激反应类型

反应种类	积分	反应种类	积分
无刺激作用	$0 \sim 0.4$	中度刺激	$2.0 \sim 4.9$
轻度刺激	$0.5 \sim 1.9$	严重刺激	$5 \sim 8$

（8）试验报告。

最终的试验报告应包括以下信息：

① 试验材料或器械的描述。

② 试验材料或器械的预期用途/应用。

③ 制备试验样品或试验材料所用方法的详细描述。

④ 试验动物的描述。

⑤ 试验部位接触方法和绷带材料类型（半封闭或封闭式）。

⑥ 试验部位标记方式和读数。

⑦ 观察记录。

⑧ 接触量和接触周期，多次接触时每次均应记录。

⑨ 结果评价。

在某些情况下，采用组织学或无创性方法可能有助于对皮肤反应的评价。

6. 皮内刺激反应试验

任何显示为皮肤、眼、黏膜组织刺激物的材料，或是 pH≤2 或 pH≥11.5 的材料不可以用于皮内试验。

（1）仪器、设备、试剂及试验动物。

① 恒温培养振荡器、高压灭菌器、架盘天平、电子秤等。

② 0.9% 氯化钠注射液、符合药典要求的芝麻油。

③ 试验动物品种：新西兰兔 3 只，雌雄不限，体重不低于 2 kg，年龄为初成年；试验动物对试验环境的适应期至少 7 天。

（2）操作步骤。

① 试验前 4 ~ 18 h 彻底除去新西兰兔背部脊柱两侧被毛，以备皮内注射。

② 用 75% 乙醇清洁暴露皮肤，在兔背一侧选 10 个点，每点间隔适当距离，各点注射 0.2 mL 供试品浸提液；兔背另一侧选 5 个点，每点间隔适当距离，各点注射 0.2 mL 空白对照液，如图 7-31 所示。

（3）数据记录。

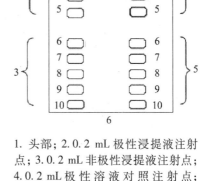

1. 头部；2. 0.2 mL 极性浸提液注射点；3. 0.2 mL 非极性浸提液注射点；4. 0.2 mL 极性溶液对照注射点；5. 0.2 mL 非极性溶液对照注射点；6. 尾部

图 7-31 注射点示意图

① 观察即时、（24±2）h、（48±2）h、（72±2）h 注射局部及周围皮肤组织反应，包括红斑、水肿和坏死等并记录。据红斑、水肿发生情况可记分为 0、1、2、3、4，如

表 7-19 所示。

表 7-19 皮内反应记分系统

反 应		原发性刺激记分
红斑和焦痂形成	无红斑	0
	极轻微红斑（勉强可见）	1
	清晰红斑	2
	中度红斑	3
	重度红斑（紫红色）至焦痂形成	4
水肿形成	无水肿	0
	极轻微水肿（勉强可见）	1
	清晰水肿（肿起，不超出区域边缘）	2
	中度水肿（肿起约 1 mm）	3
	重度水肿（肿起超过 1 mm 并超出接触区）	4
	刺激最高记分	8

注：应记录并报告皮肤部位的其他异常情况。

油类液体皮内注射常会引发炎症反应。

② 在进行 72 h 观察时，可静脉注射适宜的活体染料，如台盼蓝或伊文思蓝，以显示出刺激区域有助于反应评价。

（4）评价标准。

① 使用 24 h、48 h、72 h 的观察数据进行计算。

② 将每只动物在每一规定时间的红斑和水肿刺激记分相加后再除以观察总数之和。计算出试验样品组和对照组的平均记分，将试验样品记分减去对照记分，即得出原发性刺激记分。该值即为试验材料的原发性刺激指数。

③ 如试验样品最终记分不大于 1.0，则符合试验要求。

④ 结果评价：在 72 h 后，分别将每一试验样品和溶剂对照的全部红斑与水肿记分相加，再除以 12 [2（动物数）×3（观察期）×2（记分类型）]，计算出每一试验样品和每一对应溶剂对照的综合平均记分。如试验样品和溶剂对照平均记分之差不大于 1.0，则符合试验要求。在观察期，如试验样品一般反应疑似大于溶剂对照反应，应另取动物重新进行试验，试验样品与溶剂对照平均记分之差不大于 1，则符合试验要求。

（5）试验报告。

最终的试验报告应包括以下信息：

① 试验材料或器械的描述。

② 试验材料或器械的预期用途/应用。

③ 制备试验样品所用方法的详细描述。

④ 试验动物描述。

⑤ 注射方法。

⑥ 注射点记分。

⑦ 观察记录。

⑧ 结果评价。

三、GB/T 16886.10《医疗器械生物学评价 第 10 部分：刺激与皮肤致敏试验》皮肤致敏试验（等同采用 ISO 10993-10）

1. 标准的适用范围

本标准描述了医疗器械及其组成材料潜在刺激和皮肤致敏反应的评价步骤，包括皮肤致敏试验方法（最大限度法和斑贴法）。

2. 术语和定义

（1）变应原/致敏原：能引起特异性超敏反应的物质/材料，当再次接触同一种物质/材料时产生变态反应。

（2）空白液：制备试验样品的同一种溶剂，不加试验材料以相同的方式处理，用于测定溶剂的背景反应。

（3）激发：诱导阶段后的过程，在这一阶段检验个体再次接触诱导材料的免疫学反应。

（4）腐蚀：组织结构的缓慢破坏，如某种强刺激物的作用。

（5）迟发型超敏反应：个体接触一种变应原产生特异性 T 细胞介导的免疫学记忆感应，在再次接触该变应原后引起迟发型超敏反应。

（6）剂量：对试验系统的一次给样量。

（7）红斑：皮肤或黏膜发红。

（8）诱导：个体对特定材料免疫学反应的一种变异状态生成的过程。

（9）刺激物：引起刺激的物质。

（10）刺激：一次、多次或持续与一种物质/材料接触所引起的局部非特异性炎症反应。

（11）阴性对照：当按规定步骤试验时，在试验系统中出现可再现的适当的阴性、无反应或背景反应，证明试验步骤适宜性的材料或物质。

（12）水肿：液体向组织内异常渗透引起的肿胀。

（13）阳性对照：当按规定步骤试验时，在试验系统中出现可再现的适当的阳性或反应性应答，证明试验步骤适宜性的材料或物质。

（14）溶剂：用于湿化、稀释、悬浮、浸提或溶解试验物质的材料或物质，如化学制剂、介质、培养基等。

（15）试验材料：供生物学或化学试验用的材料、器械、器械的一部分或组件。

（16）试验样品：用于生物学或化学试验的浸提液或试验材料的一部分。

3. 样品制备

（1）样品的选择和制备比例。

参见本节"一、GB/T 16886.5《医疗器械生物学评价 第 5 部分：体外细胞毒性试验》"中的"3. 样品制备"（1）项。

（2）材料浸提液的制备。

参见本节"一、GB/T 16886.5《医疗器械生物学评价 第5部分：体外细胞毒性试验》"中的"3. 样品制备"（2）项。

（3）直接接触试验材料的制备。

① 多种形状、尺寸或物理状态（液态或固态）的材料未经修整即可进行测试。固体样品应至少有一个平面。其他形状和物理状态的样品应进行调整。

② 应考虑试验样品的无菌性。

a. 无菌器械试验材料的试验全过程应按无菌操作法进行。

b. 试验材料如取自使用前灭菌的器械，应按照制造商提供的方法灭菌，并在试验全过程中按无菌操作法进行。用于试验系统之前，制备试验材料时应考虑灭菌方法或灭菌剂对器械的影响。

c. 试验材料如取自使用中不需要灭菌的器械，则应在供应状态下使用，但在试验全过程中应按无菌操作法进行。

③ 对液体进行试验应：

a. 直接附着。

b. 附着到具有生物惰性和吸收性的基质上。

注：滤膜是适用的基质。

④ 对高吸收性材料，如果可能，试验前应用培养基将其浸透，以防止吸收试验器皿中的培养基。

4. 动物饲养

（1）豚鼠的饲养管理。

① 试验豚鼠应有相应的动物许可证，同一试验的试验豚鼠来源应一致。

② 试验豚鼠的预饲养期至少为7天，预饲养合格的试验豚鼠方可提供科学试验。

③ 饲养人员必须每天上午、下午记录饲养室的温度、湿度，检查饲养室的通风情况，并观察动物的饮食、行为有无异常。

④ 应保证试验豚鼠每天的饮水。

⑤ 每天饲喂试验豚鼠料前，应清除食具内的余料，并根据饲养笼内的动物密度适量添加。试验豚鼠喂食中应强化维生素C，可添加新鲜蔬菜。

⑥ 清洁、饲喂工作结束后，用消毒液拖拭饲养室地面，并用拖把除去地面积水。

⑦ 结束饲养室的所有工作后，必须随手关门。

⑧ 若动物发生异常现象，须及时报告兽医隔离诊断，并进行护理治疗，对于不能治愈的动物应施行安乐死。

（2）豚鼠饲养笼具的清洗与消毒。

① 豚鼠饲养笼每周至少更换2次，笼盖每周至少清洗2次，食盒每周至少清洗1次，饲养笼架每月擦拭消毒1次。

② 饲养人员把更换后的脏笼具运送至清洗区域。

③ 将脏笼具放置于清洗间指定的区域，把笼盖和食盒先放在盛有消毒液的消毒池中浸泡30 min，然后刷洗干净。

④ 用刮板刮去脏笼具内的垫料等污物，在清洗池中刷洗干净笼具内外壁，并用消毒液浸泡 30 min，沥干。垫料等污物用专用塑料袋包装，集中处理。

⑤ 每批动物试验结束后，必须更换该批动物的笼具、水瓶，用消毒液擦拭笼架、饲养室，喷雾消毒，经紫外线照射后方可进行下一批的动物试验。

5. 皮肤致敏试验（最大限度法）

（1）仪器、设备、试剂及试验动物。

① 恒温培养振荡器、高压灭菌器、架盘天平、电子秤等。

② 75% 酒精、0.9% 氯化钠、符合药典要求的芝麻油、10% 十二烷基硫酸钠（蒸馏水溶液）、弗氏完全佐剂等。

③ 试验动物品种：白化豚鼠 15 只（雌雄不限），试验初体重 300 ~ 500 g，应使动物适应环境至少 7 天。

（2）试验前准备。

① 试验开始前除去豚鼠试验部位（脊柱两侧）被毛。

② 配制部位 A 注射液：将对照液（生理盐水或芝麻油）与弗氏完全佐剂按照 1∶1 的体积比混合，混合至完全乳化。

③ 配制部位 C 注射液：将部位 A 溶液与样品浸提液以 1∶1 的体积比混合。

（3）皮内诱导阶段。

按图 7-32 所示（A、B、C）在每只动物去毛的肩胛骨内侧成对皮内注射 0.1 mL。

部位 A：注射弗氏完全佐剂与选定的溶剂以 50∶50（V/V）比例混合的稳定性乳化剂。

部位 B：注射试验样品（未经稀释的浸提液），对照组动物仅注射相应溶剂。

部位 C：试验样品（部位 B 中采用的浓度）以 50∶50 的体积比例与弗氏完全佐剂和溶剂（50%）配制成的乳化剂混合后进行皮内注射，对照组动物注射空白液体与佐剂配制成的乳化剂。

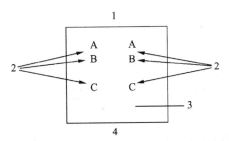

1. 头部；2. 0.1 mL 皮内注射点；3. 去毛的肩胛骨内侧部位；4. 尾部

图 7-32　皮内注射位置图

（4）局部诱导阶段。

皮内注射后 7 ± 1 天，按皮内诱导阶段部位 B 中选定的浓度，将约 8 cm² 样品（滤纸或吸收性纱布块）浸透后局部贴敷于每个动物的肩胛骨内侧部位，覆盖诱导注射点。用包扎带固定样品，并于（48 ± 2）h 后除去包扎带和样品。

如果按注射部位 B 的最大浓度未产生刺激反应，在局部敷贴应用前（24 ± 2）h，试验区用10%十二烷基硫酸钠进行预处理，按摩导入皮肤。对照组动物使用空白液同法操作。

（5）激发阶段。

于局部诱导后14±1天，用试验样品对全部试验动物和对照组动物进行激发。如按皮内诱导阶段部位C中选定的浓度，将适宜的贴敷片浸透，局部贴敷于诱导阶段未试验部位。用包扎带固定，并于（24±2）h后除去包扎带和贴敷片。

（6）结果观察。

除去样品后（24±2）h和（48±2）h，分别观察供试组和对照组动物激发部位皮肤情况，在全光谱光线下观察皮肤反应。按表7-20 Magnusson 和 Kligman 分级标准对每一激发部位和每一观察时间皮肤红斑和水肿反应进行描述并分级。

表7-20　Magnusson 和 Kligman 分级

贴敷试验反应	等级	贴敷试验反应	等级
无明显改变	0	中度融合性红斑	2
散发性或斑点状红斑	1	重度红斑和水肿	3

（7）结果评价。

按表7-20 Magnusson 和 Kligman 分级标准，对照组动物等级小于1，而试验组中等级大于或等于1时一般提示致敏。如对照组动物等级大于或等于1，试验组动物反应超过对照组中最严重的反应则认为致敏。如为疑似反应，推荐进行再激发以确认首次激发结果。试验结果显示为试验和对照动物中的阳性激发结果的发生率。

若试验组动物出现反应的动物数量多于对照组动物，但反应强度并不超过对照组，在此情况下，应在首次激发后1～2周进行再次激发，方法与首次激发相同，只是应用动物的另一腹侧部位。

（8）试验报告。

最终的试验报告应包括以下信息：

① 试验材料或器械描述。

② 试验样品或材料的预期用途/应用。

③ 制备试验样品、试验材料或器械所用方法的详细描述。

④ 试验动物描述。

⑤ 试验部位接触方法。

⑥ 试验部位标记和读数。

⑦ 观察记录。

⑧ 结果评价。

6. 皮肤致敏试验（斑贴法）

（1）仪器、设备、试剂及试验动物。

① 恒温培养振荡器、高压灭菌器、架盘天平、电子秤等。

② 75%酒精、0.9%氯化钠、符合药典要求的芝麻油、10%十二烷基硫酸钠（蒸馏

水溶液）、弗氏完全佐剂等。

③试验动物品种：白化豚鼠 15 只（雌雄不限），试验初体重 300 ～ 500 g，应使动物适应环境至少 7 天。

（2）试验前准备。

试验前除去豚鼠肩胛骨左上侧部位被毛。

（3）诱导阶段。

将约 8 cm² 的敷贴片浸透试验样品，局部贴敷于每只动物的左上背部位。6 h 后除去封闭包扎带和敷贴片。一周中连续 3 天重复该步骤，同法操作三周。对照动物仅使用空白液同法操作。试验过程中如动物被毛重新生长遮盖皮肤则需再次剃毛。

（4）激发阶段。

最后一次诱导贴敷后（14±1）天，用试验样品对全部试验动物和对照动物进行激发。将合适的敷贴片浸透试验样品单独局部贴敷于每只动物去毛的未试部位，6 h 后除去包扎带和敷贴片。

（5）动物观察。

首次激发后或再次激发接触后（24±2）h，剃去激发部位及其周围部位的动物被毛。用温水彻底清洗脱毛区，并用毛巾擦干动物后放回笼中，脱毛后至少 2 h，按表 7-20 Magnusson 和 Kligman 分级评分，并在去除激发敷贴片后（48±2）h 再进行评分。

（6）结果评价。

表 7-20 给出的 Magnusson 和 Kligman 分级标准适用。对照组动物等级小于 1，而试验组中等级大于或等于 1 时一般提示致敏。如对照组动物等级大于或等于 1，试验动物反应超过对照动物中最严重的反应则认为致敏。推荐进行再激发以确认首次激发结果。试验结果表现为试验和对照动物中的阳性激发结果的发生率。

若试验组中出现反应的动物数量多于对照组，但反应的强度不超过对照组，在此情况下，可能有必要进行再次激发以明确判定其反应。再次激发应在首次激发后 1 ～ 2 周进行，方法同首次，只是应贴敷于动物腹侧未试验部位。

（7）试验报告。

最终的试验报告应包括以下信息：

①试验材料或器械描述。

②试验样品或材料的预期用途/应用。

③制备试验样品、试验材料或器械所用方法的详细描述。

④试验动物描述。

⑤试验部位接触方法。

⑥试验部位标记和读数。

⑦观察记录。

⑧结果评价。

第八节　无菌屏障系统评价试验

一、YY/T 0681.3《无菌医疗器械包装试验方法　第 3 部分：无约束包装抗内压破坏》（修改采用 ASTM F1140）

1. 标准的适用范围

由于在灭菌和运输等过程中可能形成压差，本标准为评价包装是否因受到压差作用而导致破坏提供了评价方法，适用于包装寿命周期的各个阶段对包装进行快速评价。

2. 术语和定义

（1）软性的：材料具有适宜的弯曲强度、厚度可使其以 180°折转，密封材料其中至少有一个是软性的。

（2）包装破坏：密封或材料破裂。

（3）约束：包装膨胀过程中限止包装移动的装置。

3. 仪器

（1）无约束条件下对包装进行试验的仪器。

① 敞口包装试验仪，用于对一边敞口的包装进行试验，如图 7-33 所示。

② 封口包装试验仪，通过穿孔对完整密封包装内部加压，如图 7-34 所示。

图 7-33　敞口包装试验仪

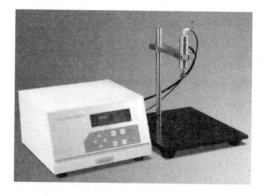

图 7-34　封口包装试验仪

（2）敞口和封口包装的试验仪器的组成。

敞口和封口包装的试验仪由以下部分组成：

① 测量包装内压力的仪器。

② 计时器。

③ 压力调节器，用于维持或升高包装中的压力。

4. 试验方法

（1）试验原理。

① 试验方法 A（胀破试验）：在一台仪器上对包装进行内部加压试验，直到包装破坏。充气和加压设备应能维持内部压力增加，直到包装胀破。该试验测量包装破坏前检出的最大压力。

② 试验方法 B_1（蠕变试验）：在仪器上对包装进行内部施加至规定压力，并保压至规定时间，充气和加压设备应能保持内压力。该试验的测量结果是合格/不合格。

③ 试验方法 B_2（蠕变至破坏）：对包装进行蠕变试验，直至包装破坏。试验设置类似于蠕变试验，只是设置的压力需要高一些，以确保包装在一个合理的时间内（约 15 s）被破坏。该试验测量结果是破坏所需的时间。

（2）样品状态调节。

当相关标准中未规定状态调节周期时，应采用下列周期：

① 对于标准环境 23/50（温度 23 ℃，相对湿度 50%）和 27/65（温度 27 ℃，相对湿度 65%），不少于 88 h。

② 对于 18 ℃~28 ℃ 的室温，不少于 4 h。

（3）试验步骤。

① 试验方法 A（胀破试验）。

a. 敞口包装试验：包装可在有产品或无产品的情况下试验，并记录包装测试准备过程。将包装放入试验仪器，设置规定的参数。对于敞口式包装试验仪，应调节其高度，使包装在胀破时不受约束。通过充气加压使试验开始进行，加压的速度会影响试验结果，应不超过压力指示仪表的响应速度。持续加压，直至发生破坏。目力检验包装，记录破坏的位置、类型（材料或密封）和发生破坏时的压力。

b. 封口包装试验：将完全密封的包装放入试验仪器，仔细插入压力输入装置。最好用包装的中心点作为压力的输入点。输入点的位置可能会影响试验的结果。记录输入点的位置，并对所有样品在相同输入点处试验。通过充气加压使试验开始进行，加压的速度会影响试验结果，应不超过压力指示仪表的响应速度。持续加压，直到破坏。目力检验包装，并记录破坏的位置、类型（材料或密封）和发生破坏时的压力。

② 试验方法 B。

a. 试验方法 B_1（蠕变试验）：将包装放入试验仪中，内部加压至规定的蠕变压力，保持该压力至规定时间。该蠕变试验建议的蠕变压力可以用胀破压的百分数表示。通常蠕变压力取胀破值的 80%。

b. 试验方法 B_2（蠕变至破坏）：除了需要保持压力直至包装破坏外，与试验方法 B_1 等同。蠕变至破坏的蠕变压力可以用胀破压的百分数表示。通常该蠕变压力取胀破值的 90%。但要注意，该规定的蠕变压力可能取决于材料或密封构型，要使试验在一个相应的时间范围内完成，可能需要提高或降低。该项测试的统计值是破坏所需要的时间。

（4）注意事项。

① 本标准规定的试验方法与 YY/T 0681.2 所规定的实际包装密封强度典型测定方

法或等效方法不一定具有相关性。

② 如果无可见的破坏，但设备指示出胀破，可能需要调整灵敏度，或限制材料的孔隙率，或本试验可能不适用。

③ 通常蠕变压力取胀破值的80%，但要注意，该规定的蠕变压力可能取决于材料或密封机构，要使试验在一个相应的时间范围内进行，可能需要提高或降低。

5. 试验报告

最终的试验报告应包括以下信息：

（1）所开展的试验方法（胀破、蠕变或蠕变到破坏）、所用仪器、操作者调节所选用的机器设置、包装的位置。

（2）供试包装的材料类型和其他特征（含或不含产品），以及包装批号和来源名称。

（3）日期、时间、地点、试验者。

（4）供试包装的数量和各个试验方法中包装破坏的数量。

（5）试验方法所用状态调节的参数。

（6）相应的试验结果。

① 胀破试验：胀破压力值和破坏发生的位置和类型。

② 蠕变试验：包装所施加的内压和保压时间。

③ 蠕变至破坏试验：包装所施加的内压和包装破坏的时间。

（7）报告试验总结，包括评论和（或）结论。

二、YY/T 0681.9《无菌医疗器械包装试验方法 第9部分：约束板内部气压法软包装密封胀破试验》（修改采用 ASTM F2054-00）

1. 标准的适用范围

本标准规定了软包装被置于约束板内进行内部加压来检验其周边密封处最小胀破强度的方法，适用于周边密封的软包装（通常指组合袋），尤其适用于其密封具有可剥离特征（由最终使用者剥开后取出内装物）的包装。

2. 术语和定义

（1）软包装或组合装：包装上至少一种密封材料是软性结构的包装（如纸、聚乙烯等）。

（2）约束板：制作成当给包装加压时，接触并限制包装表面膨胀的刚性板。

3. 试剂与仪器

开口包装试验仪和封口后包装试验仪。

4. 试验方法

（1）试验原理。

在仪器上对供试包装内部充入气压，直到包装破裂。多数情况破裂发生在密封区域的一处或几处。充气和加压设备应能在密封被破坏之前保持内部压力增加。在增压过程中，包装应置于两个刚性平行板（约束板）之间，以限制包装的膨胀和变形，但密封周边区域不受约束。在包装内部插入一个传感器检测包装破裂时的内部压力。

（2）样品状态调节。

标准试验条件：在温度为23 ℃ ±2 ℃、相对湿度为50% ±2%的标准实验室大气条件下对供试包装进行状态调节和试验。试验前至少调节 72 h。在非标准试验条件下进行试验时，应记录状态调节参数和试验时的温度和相对湿度。

（3）试验步骤。

① 开口包装试验。

a. 将包装置于约束板内，以试验时包装无约束面积最小的方式放置。为了确保所有试验包装的放置具有一致性，建议采用标记或其他方法定位。确保约束板间距大小设置到相应的值。

b. 将加压管口和传感器插入或放入包装的开口端，关闭夹紧装置，使包括加压管口和传感器的包装开口端处具有气密性。

② 封口后包装试验。

a. 将包装插入约束板内，关闭约束板（如适用），将约束板调至所需间距。将加压管口和传感器仔细插入包装内，粘贴开口，使包装保持气密性。宜将包装的中心点作为压力输入点，这样可将加压管口固定在约束板上。

b. 如果仪器的试验参数可供使用者选定，设置加压速率和传感器的灵敏度。如果传感器读出的胀破压的单位可选定，设置到期望的测量单位，通常设定为帕（Pa）、千帕（kPa）。

c. 开始充气试验，持续加压直至发生破坏。此处的破坏就是包装的某个区域因加压而胀破。传感装置检测到包装内的压力急速降低即表明发生胀破，压力读出装置报告压力下降前该点的压力。

d. 目力检测供试包装并注明破坏的位置和类型，以及产生破坏的压力。如果破坏发生在非密封区域，可根据研究目的剔除该试验数据。

5. 试验报告

最终的报告应包括或对以下内容具有可追溯性：

（1）对开口或封口后包装进行试验所用仪器、试验设备设置的选择（加压速度和压降检测传感器的灵敏度）、约束板的间距。

（2）包装材料的类型以及供试包装的其他特征，即包装内有无内装物、密封类型及构造等，包装批号和来源。

（3）包括日期、时间、地点和试验者的识别，供试包装的数量，各实验值，设定的传感装置报告反映值的测量单位。

（4）试验时的状态调节参数和环境条件。

（5）总体结果，包括意见或结论、样品均值和标准差。这些文件中还可以包括破坏模式、包装密封破坏的区域、非正常试验条件的结果。

三、YY/T 0681.2《无菌医疗器械包装试验方法 第2部分：软性屏障材料的密封强度》（修改采用 ASTM F88/F88M）

1. 标准的适用范围

本标准适用于软性材料与刚性材料或另一软性材料间的密封试验。

2. 术语和定义

（1）平均密封强度：在试验条件下，使一个软性材料从一个刚性材料或另一个软性材料逐渐分离时每单位密封宽度所需的平均力。

（2）软性的：表明一个材料其弯曲强度和厚度允许回转180°的角度。

（3）最大密封强度：在试验条件下，使一个软性材料从一个刚性材料或另一个软性材料逐渐分离时每单位密封强度所需的最大力。

3. 试验仪器

拉伸试验机。

4. 试验方法

（1）样品状态调节。

样品应在23 ℃ ±1 ℃，50% ±2%环境下进行状态调节，至少40 h后并在此环境下进行试验。

（2）制样。

将样品切成宽度为15 mm、25 mm或25.4 mm，允许公差为±0.5%（优先采用15 mm试样宽度）。

（3）试验步骤。

当对材料试验时，所测力值的一部分可能是由弯曲部分形成的，而不只是密封强度，因此可以采用不同的握持样品的方案，使其与拉伸方向呈不同角度，从而控制弯曲力。图7-35 标示出了支持方案。校准拉力试验机采用三种测试技术：A（无支撑）、B（90°支撑）、C（180°支撑）中的一种技术，将裁剪样片的两个尾巴分别夹在夹具上。保持样片的密封部位与两个夹具的距离大致相等并与拉力垂直，且使样品保持适当的松弛状态，确保密封部位在测试前没有受到任何外力。将机器归零，调整拉伸速率为200 ~ 300 mm/min。点击"开始"，拉伸样品，记录包装封口剥离时的最大拉力和破坏模式，并计算单位封口宽度的力，即剥离强度。

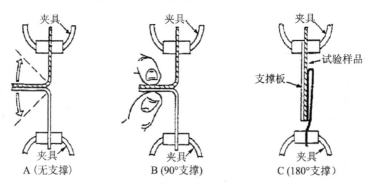

图7-35 尾部握持方法

（4）关注要点。

最大密封力是重要的信息，在有些应用中，可能要规定打开密封的平均力，这种情况下应形成报告。通常密封曲线上取10% ~ 90%之间的曲线段计算平均密封强度。如果试样明显不是在密封区内剥离，破坏主要是因基材断裂、撕裂或拉伸所致，用破坏的平均力来描述剥离性能就没有实际意义，这种情况下就不宜形成报告。

试样两端的拉伸可使试样发生以下一种或多种情况：① 密封表面分离（剥离）；② 在密封边缘处材料断裂或撕裂；③ 密封下面的基材破坏；④ 材料分层；⑤ 材料伸长；⑥ 材料在远离密封处断裂或撕裂。报告时，只将第一种情况（有时将第二种情况）作为密封强度的直接结果。其他四种情况由于是材料自身被破坏，必须在试验报告中予以识别。图 7-36 标示出了试验条的破坏模式。

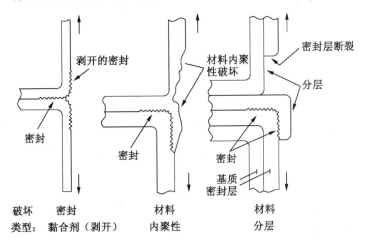

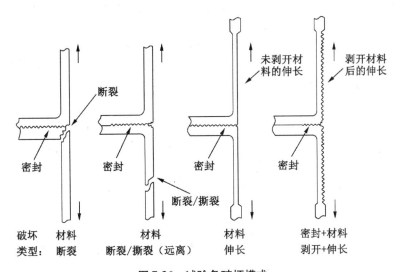

图 7-36 试验条破坏模式

5. 试验报告

最终的试验报告应包括以下信息：

（1）供试材料完整的识别。

（2）形成密封所用设备、试验方法或规程，如果已知。

（3）试验密封所用设备。

（4）试验环境条件：温度和湿度。

（5）夹具移动速度。

（6）夹具初始间距。

（7）密封宽度。

（8）材料的机器方向与拉伸方向的关系。

（9）达到有效破坏的力（强度）值。

（10）握持尾部的方法和用于握持试样的专用固定器。

（11）如果密封是在两个不同材料之间形成的，记录各夹具所夹持的材料。

（12）供试样品数量和取样方法。

（13）任何其他可能影响结果的相关信息。

（14）用目力按标准附录 B 观察确定的样品破坏类型。

（15）各试样拉伸至破坏所受的最大力，最好用牛顿/米（N/m）或牛顿/原始试样宽度（mm）表示。

（16）平均剥离力，如适用。

（17）给出对应于夹具移动的力的曲线，如必要。

（18）其他不受干扰影响的数据，如果这些数据是出于具体的试验目的。

（19）任何认为适宜的统计学计算（最常用的是均值、范围和标准差）。

四、YY/T 0681.6《无菌医疗器械包装试验方法 第 6 部分：软包装材料上印墨和涂层抗化学性评价》（修改采用 ASTM F2250）

1. 标准的适用范围

本标准规定了印墨、印刷上层的覆盖漆或涂层化学接触承受能力的评价程序，适用于对某一特定化学品（典型的化学物质包括水、乙醇、酸等）稳定的有印刷和有涂层材料的表面，慎用于特殊的化学品。

2. 试验仪器

（1）方法 A 的仪器。

① 能夹持材料使其倾斜约 45°的平面，以便使供试化学品流下。

② 装供试化学物的小型倾注容器或注射器。

（2）方法 B 的仪器。

① 平面玻璃，其大小能盖住供试样品并易于操作。

② 装供试化学物的小型倾注容器或注射器。

③ 计时器。

④ 吸收材料。

（3）方法 C 的仪器。

① 棉签。

② 供试化学物容器。

（4）方法 D 的仪器。

① 平面玻璃，其大小能盖住供试样品并易于操作。

② 装供试化学物的小型倾注容器或注射器。

③ 计时器。

④ 棉签。

3. 试验方法

（1）试验原理。

本标准包括四个方法。这些方法的严格程度从方法 A 到方法 D 逐步提高，应根据预期的接触类型来选择。例如，预期偶然接触（如把化学品泼洒或泼溅到材料表面上）使用方法 A。当期望耐化学性取决于预期的接触水平（B）或擦拭水平（C）时，分别使用方法 B 或方法 C。方法 D 表示化学品和材料持续接触并需要有耐化学性，如包装在一定时间内被浸入化学品中并受擦拭。

（2）样品状态调节。

① 试验前将供试样品在温度 23 ℃ ±2 ℃ 和相对湿度 50% ±5% 下至少调节 24 h。

② 在试验熟化或固化后的印墨或涂层前，确保样品经在适宜条件下放置足够长的时间以使其充分固化。

（3）试验步骤。

① 方法 A——倾注法。

a. 切割供试样品。切割材料至所需面积，约为 13 cm×13 cm。如果测试大的印刷或涂胶面积，可能需要切割多个样品。

b. 样品固定在倾斜大约 45°的平面上，其定位不会使所用化学品在试验区域产生聚焦。固定样品时注意使其平整，无皱纹、折缝或折痕，被评价表面（印刷或涂胶面）宜向上。

c. 沿样品高的一边倾注或喷射化学品，这样能覆盖并流经整个样品面积。

d. 检查印刷或涂胶样品有无呈现消失、模糊或褪色，并检查流下的化学品中有无来自样品的颜色。

e. 按使用者规定的格式记录结果。结果可记录为通过（无变化）/失败，或破坏的程度或百分比。

② 方法 B——记时接触法。

a. 切割供试样品，同①中的 a。

b. 样品置于一平面上，注意使其平整，无皱纹、折缝或折痕，被评价表面（印刷或涂胶面）宜向上。

c. 在供试面积上均匀地倾注或喷射化学物质。

d. 将平面玻璃放在样品上开始计时。本方法的接触时间可为 1 min。应根据预期的接触时间确定试验接触时间，如果要对材料划分等级，应使用多个时间间隔。

e. 达到规定时间后，仔细移走平面玻璃，检查样品的任何消失、模糊或褪色。

f. 用吸收性材料轻轻擦拭，检查擦拭材料上是否有印刷或涂层转移，样品有无模糊或褪色。

g. 按使用者规定的格式记录结果，同①中的 e。

③ 方法 C——擦拭法。

a. 切割供试样品（同①中的 a），并进行样品放置，同②中的 b。

b. 将棉签浸透供试化学物质，然后把浸有化学物的棉签放在样品上。在轻压作用下来回擦拭，擦拭行程宜大约为 75 mm。明显的压力变化可能影响试验结果。

c. 使用者可选择以印墨/涂层开始模糊、变浅或转移到棉签上的擦拭次数报告结果。在这种情况下，一个擦拭来回计为两次。

d. 当使用本方法为材料分等级时，可报告失败前擦拭次数的对数值。当进行常规质量分析试验时，产品规范可要求材料达到一个最小值，如 10 次。擦拭次数可根据特定的应用和协定的规范，结果也可报告为通过/失败。

④ 方法 D——定时接触后擦拭。

本方法为方法 B 和方法 C 的结合，即将倾注有化学物质的样品与表面玻璃接触 5 min 后，再用棉签来回擦拭。

4. 试验报告

最终的试验报告应包括以下信息：

（1）批号、材料来源、日期、时间、地点、试验操作者和供试材料的完整性识别。

（2）供试化学物质和使用方法。

（3）材料的状态调节。

（4）任何或所有与标准的偏离。

五、YY/T 0681.7《无菌医疗器械包装试验方法 第 7 部分：用胶带评价软包装材料上印墨或涂层附着性》（修改采用 ASTM F2252）

1. 标准的适用范围

本标准规定了对软包装材料上墨迹或涂层牢固性的评价方法，适用于表面会粘贴胶带并去除时表面无破坏的软包装材料。

2. 仪器

专用测试胶带，宽 19 ~ 25 mm。

3. 试验方法

（1）样品状态调节。

试验前将供试样品在温度 23 ℃ ±2 ℃、相对湿度 50% ±5% 下至少调节 24 h。在试验催化或固化后的印墨或涂层前，确保样品在适宜条件下放置足够长的时间以使其充分固化。

（2）试验步骤。

① 将供试样品放在一平面上，样品宜放置平整，无皱纹、折缝或折痕。

② 切下一条长度足以盖住供试样品印刷或涂层面的胶带。对于较大的面积，几条短的胶带可能较容易操作。胶带长度不超过 30 cm 时，贴胶带和去除胶带则较为容易。

③ 用平稳连贯的动作且胶带或样品不起皱的方式将胶带贴到样品上。用拇指和食指沿胶带滑动以确保其完全黏合，表面无任何气泡。

④ 一只手持样品使其表面平放，另一只手沿大约 120°~ 150°角度向背面剥离胶带。提起胶带用连贯的适度动作向后拉，其速度通常为 300 ~ 450 mm/s。胶带贴上后的时间不同，可能影响结果。

⑤ 检查试验样品有无印刷缺失或涂层间断。

⑥ 检查胶带有无从试验样品上转移的墨迹或涂层。可以建立一个作为辅助性目力检验的参照标准，用以确定转移的程度。

⑦ 记录测试结果。用确定的参照物对粘贴的程度进行表征。如果印墨有多种颜色，报告的结果可能因颜色的不同而有所差异。这是一项主观判定性试验，操作者的前期培训对报告试验结果的一致性至关重要。

六、YY/T 0681.13《无菌医疗器械包装试验方法 第13部分：软性屏障膜和复合膜抗慢速戳穿性》（修改采用 ASTM F1306）

1. 标准的适用范围

本标准规定了软性屏障膜和复合膜抗驱动测头的戳穿性。本试验在室温下以恒定的试验速率对材料施加双轴应力，直到戳穿发生，测定穿孔前的力、能量和伸长。

2. 术语和定义

（1）伸长：驱动测头戳穿软性膜材时的弹性/塑性形变。

（2）抗戳穿性：软性膜材承受驱动测头使其伸长和（或）穿透的能力。

（3）穿破：戳穿过程中越过屏障膜的可见裂纹的形成过程。

（4）测头戳穿深度：在通用试验机记录仪上观察到的测头从与膜接触至负载呈瞬间下降时的移动距离。

（5）穿透：软性膜被驱动测头戳穿后呈现出脆弹性破坏。

3. 仪器

（1）通用试验机，应有记录装置。

（2）压力传感器。

（3）戳穿试验测头：一般用直径为 3.2 mm 的半球测头（双轴应力），以使材料间和实验室间结果具有标准可比性。

（4）试样夹具：样片的试验直径为 35 mm（如果使用其他测头，夹具直径与测头直径之比至少为 10∶1）。

（5）样品切制器。

4. 试验方法

（1）样品制备。

① 试样应厚度均匀，中心区域厚度偏差为 ±2% 或 ±0.002 5 mm，取其较大者。

② 试样尺寸应为 76 mm×76 mm。

（2）样品状态调节。

除非另有规定，应在温度 23 ℃ ±2 ℃、相对湿度 50% ±5% 的环境条件下调整至少 40 h。

（3）试验步骤。

① 按仪器制造商提供的说明书对试验仪器进行校准。

② 选择发生穿透时测力器受力在其 20%～80% 量程范围内。

③ 用样品切制器对每种样品至少切制 5 个 76 mm×76 mm 的试样。

④ 测量膜试样中心的厚度应为 3 个计数的均值。

⑤ 将试验机的移动速度调整为 25 mm/min。

⑥ 将膜试样夹于夹具中，将夹具置于测头下方，使测头对准膜试样的中央，并尽可能下移，但不与之相接触。

⑦ 对试验机身设置合适的停止和返回位，如必要，应将数据采集装置清零。

⑧ 启动试验机。在膜被突破的瞬间返回起始位置。突破是膜试样上肉眼可见的任一大小的孔，或负载瞬间降至零附近的点。

⑨ 从机器试验软件输出中记录试样标识、穿透力（峰值）、穿透能量（功）和测头戳穿深度（开始破裂处）。

⑩ 对剩余试样重复测试步骤。

5. 试验报告

最终的试验报告应包括以下信息：

（1）样品识别。

（2）以下各项 5 个值的均值和标准差：

① 穿透力（N）。

② 穿透能量（J）。

③ 测头戳穿深度（mm）。

④ 每个样品膜试样的厚度（3 个值）。

七、YY/T 0681.4《无菌医疗器械包装试验方法 第 4 部分：染色液穿透法测定透气包装的密封泄漏》（修改采用 ASTM F1929）

1. 标准的适用范围

本标准适用于能保持染色液并能在 20 s 的最低时间内不会使整个密封区都变色的透气材料和透明膜之间形成的密封边的检验；只适用于一个包装封口处的独立泄漏，而不适用于透气性包装材料中发现的多个小泄漏（这需要用其他技术来检测）；慎用于无涂胶纸，因为其特别容易受染色液渗透影响。

检测和定位位于透明膜和透气材料密封边中大于或等于 50 μm 的通道。有害微生物或微粒污染可通过泄漏进入器械。这些泄漏经常出现在包装的相同或不同材料间形成的密封处。

2. 术语和定义

（1）毛细作用：液体向纤维材料内移动。

（2）染色液：一种染色剂和一种表面活性剂的混合水溶液，设计成在发生毛细作用前的时段内用以指示有缺陷的部位。

（3）通道：跨过包装密封宽度的小的连续开放路径，微生物可通过它进入包装。

3. 试剂与仪器

（1）破坏包装材料的工具，如小刀。

（2）染色液分配器，如滴眼器或注射染色液的注射器。

（3）显微镜，或放大 5 ～ 20 倍的光学放大镜。

（4）新鲜染色穿透水溶液，含有物质的质量百分浓度如下：

毛细作用剂：TRITON X-100　　　　　0.5%

指示染液：甲苯胺蓝（Toluidine）　　　0.05%

由于 TRITON X-100 具有黏性，该溶液的制备最好是用已知皮重的容器，内装约所需量 10% 的水，将相应量的 TRITON X-100 加入水中，搅动或振动使之混合。在 TRITON X-100 散开后加入其余的水，最后加入甲苯胺蓝染料。

4. 试验方法

（1）试验原理。

染色液将在毛细作用下随时间渗入透气材料，但一般不会在建议的最大时间内发生。可通过观察密封区的透气面来验证是否发生毛细作用。发生毛细作用前染料将不会染到材料的表面。

（2）样品状态调节。

试验前需调整样品。当无具体要求，且包装材料对湿度敏感时，在温度 23 ℃ ± 2 ℃、相对湿度 50% ±2% 的环境下调整至少 24 h。包装应为干燥状态，如包装有接触过液体的迹象，则应在试验前使包装在常规贮存温度下彻底干燥。

（3）试验步骤。

向包装内注射足够染液，覆盖最长边约 5 mm 深，旋转包装以使每条封口边都能接触到染液，各边接触时间不超过 5 s，总时间不超过 20 s。在包装较透明一边，肉眼观察封口区域染料的渗漏情况。若需要做详细的分析，则可使用放大倍数为 5 ～ 20 倍的光学仪器用于检测。

（4）注意事项。

当穿刺包装注入染色液时，应注意不要刺破另一侧包装面。如果在包装内模拟器械的附近穿刺，穿刺就相对方便。器械会起到将两个包装表面分离开的作用，以减少同时刺透两侧包装面的机会。

（5）判定方法。

由于泄漏程度会因环境条件的不同而有所差异，不同的试验地点间数据的可比性尚不明确，因此本方法常以"通过"或"不通过"作为结果。染色液透过密封区到达另一侧或染色液通过确定的通道进入密封区内部的迹象，应作为泄漏点存在的判定；染色液通过表面的毛细作用透过透气材料的迹象，不应作为泄漏点存在的判定。

5. 试验报告

最终的试验报告应包括以下信息：

（1）本试验方法的引用。

（2）所用染色液。

（3）检查方法。

（4）结果。

（5）泄漏点的定性描述或图示描述。

八、YY/T 0681.5《无菌医疗器械包装试验方法 第 5 部分：内压法检测粗大泄漏（气泡法）》（修改采用 ASTM F2096）

1. 标准的适用范围

本标准适用于医用包装中粗大泄漏的检验，包括托盘和组合袋包装。本标准在实验室环境下对不常见的包装材料和包装规格的检验非常有用，如较大或较长的包装，而此类包装不适合采用其他任何测试包装完整性的试验仪器。此方法灵敏度对 250 μm 以上孔径的检出概率为 81%。

2. 术语和定义

呼吸点压：使气体开始通过多孔材料的压力。

3. 试验仪器

（1）密封与泄漏试验仪（图 7-37），应能提供 0 ~ 5 kPa 的气压。

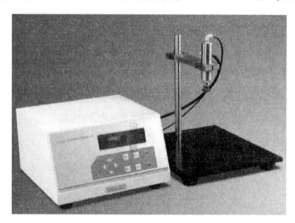

图 7-37　密封与泄漏试验仪

（2）盛水容器，适合于将试验样品浸没约 2.5 cm。

4. 试验方法

（1）试验原理。

包装在水下充气至预先确定的压力，然后观察显示包装破损的连续气泡流。对透气性材料和非透气性材料给出了两个不同的试验方法。两个方法的主要差异在于对透气材料给出了浸透时间。

（2）非透气性包装的试验步骤。

① 使用无孔包装对照样品确定最小试验压力。用针尖在对照样品上制造一个已知的缺陷，不超过 250 μm，并在缺陷周围画圈标记。用穿刺装置在包装中央穿刺一个孔，孔的大小应保证最小漏气，其位置应不影响已知的缺陷。向中央穿刺孔插入空气源及压力监测装置，密封插入点。将对照样品放入水下约 1 in，至少保持 5 s，然后向对照样品内充气。调整气流，使对照样的逐渐膨胀，直到缺陷点冒泡。记录冒泡时的压力，即为最小试验压力。

② 试验样品的测试。用穿刺装置在包装中央穿刺一个孔，插入气源和压力监测装

置，密封插入点。把测试样品放入水下约 1 in，至少保持 5 s，然后向对照样品内充气。调节流量阀，保证包装压力相同或略高于最小试验压力，并维持稳定压力。持续观察，如果看到有气泡冒出说明包装已有破损。观察时间根据包装大小而定。将样品移出水面，并标记破损处。

（3）多孔包装试验样品。

如果多孔材料在观察到破损之前就已经开始吸气，对多孔材料使用阻断剂，并重复（2）中①和②的测试。

5. 试验报告

最终的试验报告应包括以下信息：

（1）日期、时间、地点和检验人员。

（2）包装类型、规格、材料、可追溯识别号。

（3）制备包装的描述，包括包装内全部产品的描述。

（4）用于确定试验灵敏度缺陷大小、试验压力和所使用的阻隔剂。

（5）试验包装的数量，每个包装的大约检验时间，包装呈现泄漏的数量和各泄漏的位置。

九、YY/T 0681.11《无菌医疗器械包装试验方法　第 11 部分：目力检测医用包装密封完整性》（修改采用 ASTM F1886）

1. 标准的适用范围

本标准规定了能够以 60% ～ 100% 的概率确定 75 m 以上宽度的通道，适用于至少一面透明的软材料包装和硬材料包装。

2. 术语和定义

（1）通道：任何穿越密封宽度的路径。

（2）无菌包装完整性：包装的密封及材料具有的保证其微生物屏障功能的特性。

3. 试验仪器

（1）光源，能对样品给出 540 lx 光照度的白光或日光。

（2）不能拭除的标记笔。

4. 试验方法

（1）试验原理。

本试验方法提供了定性目力检验试验方法，用以评价未打开的完整的密封，以确定是否存在可能会影响包装完整性的缺陷。

（2）试验步骤。

①用目力观察，应能从距离产品 30 ～ 45 cm 处进行密封检验。可用放大器/放大镜作为识别缺陷的分析工具。

②检验包装的整个密封区域的完整性和一致性。

③识别并记录穿越整个密封宽度的通道所在的密封部位，并加以标识。

④记录每个包装上识别出的通道数量和位置。

（3）注意事项。

① 有些包装材料和涂胶可能在紫外光下发出反射光，在紫外灯箱下观察密封区将增强密封与未密封的反差，缺陷更容易得到识别。

② 如果需要对剥开式包装的通道或不完全性密封区域进行确认，应将可疑包装的两面材料用手完全剥开，检验密封区转移胶的特征是否与未打开包装的不完全密封的特征属性相同。应注意剥开动作要确保平稳和连续，不引入任何外来干预。对于热封，剥开前要使其冷却至环境条件，使涂胶与基质形成连接。

③ 在有些情况下，通道或未密封区可能只能在包装剥开后观察到。涂胶转移只能定性测量一个材料释放涂层的能力，并不能作为形成密封的确凿证据。具有连续的密封完整性却不能给出完整的涂胶转移也是有可能的。这是因为涂胶在其覆盖的基质上相对于被密封面可能有一个较强的亲合。这种情况下，可能需要借助其他物理密封完整性试验来确定是否是一个未密封区。

第九节　包装系统稳定性评价试验

一、GB/T 4857.1《包装 运输包装件 试验时各部位的标示方法》（等效采用 ISO 2206）

1. 标准的适用范围

本标准适用于标示包装件，标示包装容器亦可参照使用。

2. 标示方法

（1）平行六面体包装件。

包装件应按照运输时的状态放置，使它一端的表面对着标注人员。若运输状态不明确，而包装件又有接缝，则应将其中任意一条接缝垂直立于标注人员右侧。标示方法如图 7-38 所示。

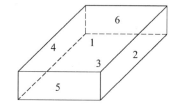

图 7-38　包装平面标示方法

① 面：上表面标示为 1，右侧面为 2，底面为 3，左侧面为 4，近端面为 5，远端面为 6。

② 棱：棱由组成该棱的两个面的号码表示，如包装件上表面 1 和右侧面 2 相交形成的棱用 1－2 表示。

③ 角：角由组成该角的三个面的号码表示，如 1－2－5 是指包装件上表面 1、右侧面 2 和近端面 5 相交组成的角。

（2）圆柱体包装件。

包装件按直立状态放置，标示方法如图 7-39 所示。

圆柱体的顶面两个相互垂直直径的四个端点用 1，3，5，7 表示，圆柱体底面对应的四个端点用 2，4，6，8 表示。这些端点分别连成与圆柱体轴线相平行的四条直线，各以 1－2，3－4，5－6，7－8 表示。

圆柱体上有接缝时，要把其中的一个接缝放在 5－6 线位置，其余按上述方法顺序进行标示。

（3）袋。

袋应卧放，标注人员面对袋的底部。如包装件上有边缝或纵向缝，则应将其中一条边缝置于标注人员的右侧，或将纵向缝朝下。袋的上表面标示为 1，右侧面为 2，下面为 3，左侧面为 4，袋底即面对标注人员的端面为 5，袋口装填端为 6。标示方法如图 7-40 所示。

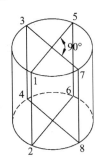

图 7-39　包装件直立状态标示方法

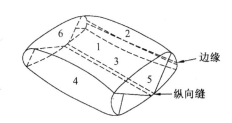

图 7-40　袋型包装标示方法

（4）其他形状的包装件。

其他形状的包装件可根据包装件的特性和形状，按（1）（2）（3）所述的方法之一进行标示。

二、GB/T 4857.2《包装 运输包装件基本试验 第 2 部分：温湿度调节处理》（修改采用 ISO 2233）

1. 标准的适用范围

本标准适用于运输包装件和单元货物温湿度调节的处理。

2. 试验原理

使试验样品在预定的温湿度条件下经历预定的时间。

3. 温湿度调节处理条件

根据运输包装件的特性及在流通过程中可能遇到的环境条件，选定（1）中表 7-21 所示的温湿度条件之一和（2）中温湿度调节处理时间之一进行温湿度调节处理。

（1）温湿度条件。

① 温湿度条件见表 7-21。

表 7-21　温湿度条件

条件	温 度（公称值）		相对湿度（公称值）RH/%
	℃	K	
1	-55	218	无规定
2	-35	238	无规定
3	-18	255	无规定
4	+5	278	85
5	+20	293	65
6	+20	293	90
7	+23	296	50
8	+30	303	85
9	+30	303	90
10	+40	313	不受控制
11	+40	313	90
12	+55	328	30

② 允许误差。

a. 温度。

极限误差：对于条件 1、2、3 和 10，至少 1 h 测量 10 次的测量值与公称值相比最大允许温度误差为 ±3 ℃。对于其他条件，最大允许温度误差为 ±2 ℃。

平均误差：对于所有条件，相对于公称值，平均误差应为 ±2 ℃。

b. 相对湿度。

极限误差：对于所有条件，至少 1 h 测量的最大允许相对湿度相对于公称值的误差应为 ±5%。

平均误差：对于所有条件，相对于公称值，相对湿度平均误差应为 ±2%。相对湿度的平均值，应通过至少 1 h 的时间，取 10 次测量的平均值获得，或通过仪器的连续记录求出。

（2）温湿度调节处理时间。

4 h、8 h、16 h、48 h、72 h，或 7 天、14 天、21 天、28 天。

4. 试验仪器

试验仪器如图 7-41、图 7-42 所示。

图 7-41　恒温恒湿调节箱　　　　图 7-42　干燥箱

5. 试验方法

（1）将试验样品放置在温湿度室的工作空间内，将其架空放置，使温湿度调节处理的空气可以自由通过其顶部、四周和至少 75％ 的底部面积。

（2）应选择和试验样品运输及储存条件相似的温度和相对湿度，并将其暴露在规定的条件下一段时间，时间的选择参照"3. 温湿度调节处理条件"中（2）的规定。温湿度调节处理的时间从达到规定条件 1 h 后开始算起。

（3）若试验样品由具有滞后现象特性的材料构成，如纤维板等，则需要在温湿度调节处理之前进行干燥处理。具体方法为：将试验样品放置在干燥室内至少 24 h，在该环境条件下，当被转移到试验条件下时，试验样品已通过吸收潮气接近平衡。当规定的相对湿度不大于 40％ 时，不做干燥处理。

6. 试验报告

最终的试验报告应包括以下信息：

（1）说明试验是按本标准执行。

（2）温湿度调节处理时的温度、相对湿度及时间。

（3）试验时试验场地的温度和相对湿度。

（4）任何预干燥的详细说明。

（5）和本标准描述的试验方法之间的任何差异。

三、GB/T 4857.3《包装 运输包装件基本试验 第 3 部分：静载荷堆码试验方法》（等同采用 ISO 2234）

1. 标准的适用范围

本标准适用于评定运输包装件和单元货物在堆码时的耐压强度或对内装物的保护能力；既可以作为单项试验，也可以作为系列试验的组成部分。

2. 术语和定义

试验样品：完整满装的运输包装件和单元货物。

3. 试验原理

采用三种试验方法之一进行试验时，将试验样品放置在一个平整的水平面上，并在上面均施加匀载荷。施加的载荷、大气条件、承载时间以及试验样品的旋转状态等是预先设定的。

4. 试验设备

（1）水平平面。

水平平面应平整坚硬，最高点与最低点之间的高度差不超过 2 mm。如为混凝土地面，其厚度应不低于 150 mm。

（2）加载方法。

① 方法 1：包装件组。该组包装件的每一件应与试验中的试验样品完全相同。包装件的数目应以其总质量达到合适的载荷量而定。

② 方法 2：自由加载平板。该平板应能连同适当的载荷一起，在试验样品上自由地调整达到平衡。载荷与加载平板可以是一个整体。加载平板的中心应置于试验样品顶部的中心，其尺寸至少应较包装件的顶面各边大出 100 mm。该板应足够坚硬，并在完全承受载荷下不发生变形。

③ 方法 3：导向加载平板。采用导向措施使该平板的下表面能连同适当的载荷一起始终保持水平。加载平板居中置于试验样品顶部时，其各边尺寸至少应较试验样品的顶面各边大出 100 mm。该板应足够坚硬，并在完全承受载荷下不发生变形。

④ 安全设施。试验中所加载荷的稳定性和安全性除了取决于试验样品的抗变形能力外，还取决于其顶面和加载平板件底面之间的摩擦力。为此应提供一套稳妥的试验设施，并能在一旦发生危险的情况下，保证载荷受到控制，以便防止对附近人员造成伤害。

5. 试验程序

（1）试验样品的准备。

将预装物装入试验样品中，并按发货时的正常封闭程序对包装件进行封装。如果使用的是模拟内装物，其尺寸和物理性质应尽可能接近于预装物的尺寸和物理性质。同样，封装方法应和发货时使用的方法相同。

（2）试验样品的温湿度预处理。

按 GB/T 4857.2 标准的要求选定一种条件对试验样品进行温湿度预处理。

（3）试验步骤。

① 将试验样品按预定状态置于水平平面上，使加载用的包装件组、自由加载平板或导向加载平板居中置于试验样品的顶面。

如果使用方法 2 或方法 3，在不造成冲击的情况下将作为载荷的重物放在加载平板上，并使其均匀地和加载平板接触，使载荷的重心处于试验样品顶面中心的上方。重物与加载平板的总质量与预定值的误差应在 ±2% 之内。载荷重心与加载平板上面的距离不应超过试验样品高度的 50%。

如果使用方法 2 或方法 3 对试验样品进行测量，试验样品应在充分预加载后施加压力，以保证加载平板和试验样品完全接触。

② 载荷应保持预定的持续时间，一般为 24 h，依材料的情况而定，或直至包装件压坏。

③ 去除载荷，对试验样品进行检查。试验期间，必要时随时可对试验样品的尺寸进行测定；如果试验特殊加载，可将合适的仿模楔块放在试验样品的上面或下面，或可以根据需要上下面都放；如果试验样品置于托盘上或处于堆码状态，应选取并排放置的几个试样进行试验或使用实际的堆码形式进行试验。

6. 试验报告

最终的试验报告应包括下列信息：

（1）说明试验是按本标准执行。

（2）实验室名称和地址，顾客名称和地址。

（3）报告的唯一性标志。

（4）接收试验样品日期，试验完成日期和天数。

（5）负责人姓名、职位和签字。

（6）说明试验结果仅对试验样品有效。

（7）没有实验室证明，复印部分报告无效。

（8）试验样品数量。

（9）详细说明：包装容器的名称、尺寸、结构和材料规格，衬垫、支撑物、固定方法、封口、捆扎状态以及其他防护措施，试验样品的总质量以及内装物的质量（单位为千克）。

（10）内装物名称、规格、型号、数量等，如果使用的是模拟内装物，应予以说明。

（11）预处理的温度、相对湿度和时间，试验场所试验期间的温度、相对湿度，这些数值是否符合 GB/T 4857.2 标准的要求。

（12）采用 GB/T 4857.1 标准中规定的标示方法描述试验样品放置的状态。

（13）总质量以千克（kg）计算，包括加载平板的质量、样品承受载荷的持续时间及所使用的加载方法。是否采用导向装置，若采用应说明采用方式。

（14）试验样品偏斜测量点的位置，以及在什么试验阶段上进行这些偏斜的测量。

（15）所用仿模楔块的形状和尺寸。

（16）试验设备的说明。

（17）说明所用试验方法与本部分的差异。

（18）试验结果的记录，以及观察到的可以帮助正确解释试验结果的任何现象。

四、GB/T 4857.4《包装 运输包装件基本试验 第4部分：采用压力试验机进行的抗压和堆码试验方法》（等同采用 ISO 12048）

1. 标准的适用范围

本标准适用于评定运输包装件在受到压力时的耐压强度及包装对内装物的保护能力；既可以作为单项试验，也可以作为系列试验的组成部分。

2. 试验原理

将试验样品放置于压力机的压板之间，然后选择以下任一方法：

（1）在抗压试验的情况下进行加压，直至试验样品损坏或达到预定载荷和位移值。

（2）在堆码试验的情况下，施加预定载荷，直至试验样品损坏或持续到预定的时间。

3. 试验设备

压力试验机，如图 7-43 所示。

4. 试验程序

（1）试验样品的准备。

将预装物装入试验样品中，并按发货时的正常封闭程序对包装件进行封装。如果使用的是模拟内装物，其尺寸和物理性质应尽可能接近于预装物的尺寸和物理性质。同样，封装方法应和发货时使用的方法相同。

（2）试验样品的温湿度预处理。

按 GB/T 4857.2 标准的要求选定一种条件对试验样品进行温湿度预处理。

图 7-43　压力试验机

（3）试验步骤。

① 抗压试验。

a. 将包装与其内装物分别称量，然后填满包装，测量其外部尺寸。

b. 将试验样品按预定状态放置于压力试验机的下压板中心。当载荷未施加到试验样品的整个表面时，为了模拟试验样品在运输过程中的受压情况，应在试验样品与压力机压板之间插入适当的仿模楔块。

c. 通过两块压板以适当速度进行相对运动对试验样品施加载荷，直至达到预定值或在达到预定值之前试验样品出现损坏现象，加载时不应出现超过预定峰值的现象。如果试验样品发生损坏，记录此时达到的载荷数值。在测量变形时，应设定一个初始载荷作为基准点。基准点除非另外说明，否则按表 7-22 中给出的初始载荷基准点记录。

表 7-22　初始载荷

平均压缩载荷	初始载荷	平均压缩载荷	初始载荷
101 ~ 200	10	10 001 ~ 20 000	1 000
201 ~ 1 000	25	20 001 ~ 100 000	2 500
1 001 ~ 2 000	100	……	……
2 001 ~ 10 000	250		

d. 如果需要，在预定时间内保持预定载荷，或直至试验样品损坏。如果试验样品已发生损坏，应记录经过的时间。

e. 移开压板卸除载荷，检查试验样品，如果发生损坏，测量出它的尺寸，并且检查内装物是否损坏。

f. 如果需要测定试验样品的对角和对棱受外界压力载荷时的耐压能力，用两块压板均不能自由倾斜的试验机按照上述步骤操作即可。

② 堆码试验。

a. 进行试验样品的堆码试验，可使用 GB/T 4857.3 标准中提到的施加静载荷的三种方法之一。其过程按①中所述进行，在预定时间内保持预定载荷，或保持预定载荷直至试验样品损坏。如果试验样品已发生损坏，应记录经过的时间。

b. 如果需要测定试验样品在堆码过程中受外界压力载荷时的耐压能力，应选择其中一块压板固定的试验机。

c. 移开压板卸除载荷，检查试验样品，如果发生损坏，测量出它的尺寸，并且检查内装物是否损坏。

d. 在试验过程中的任意时刻，都可能有必要对包装件的尺寸进行测量。

e. 如有必要，可在压板间插入代表特定载荷条件的适当的仿模楔块。

5. 试验报告

最终的试验报告应包括下列内容：

（1）说明试验是按本标准执行。

（2）实验室名称和地址，顾客名称和地址。

（3）报告的唯一性标志。

（4）接收试验样品日期，试验完成日期和天数。

（5）负责人姓名、职位和签字。

（6）说明试验结果仅对试验样品有效。

（7）没有实验室证明，复印部分报告无效。

（8）试验样品数量。

（9）详细说明：包装容器的名称、尺寸、结构和材料规格，衬垫、支撑物、固定方法、封口、捆扎状态以及其他防护措施。

（10）内装物名称、规格、型号、数量等，如果使用的是模拟内装物，应予以说明。

（11）预处理的温度、相对湿度和时间，试验场所试验期间的温度、相对湿度。

（12）采用 GB/T 4857.1 标准中规定的标示方法描述试验样品放置的状态。

（13）说明进行的是抗压试验还是堆码试验。

（14）使用设备的类型，包括压力机是机械传动操作还是液压传动操作，以及两块压板是否固定安装。

（15）包装件上测量点的位置，以及在什么试验阶段上进行的这些测量。

（16）所用仿模的形状和尺寸。

（17）施加载荷的速度，施加载荷的大小（以牛顿为单位），以及项试验样品的承载持续时间。

（18）说明所用试验方法与本部分的差异。

（19）试验结果的记录，以及观察到的可以帮助正确解释试验结果的任何现象。

五、GB/T 4857.5《包装 运输包装件 跌落试验方法》（等效采用 ISO 2248）

1. 标准的适用范围

本标准适用于评定运输包装件在受到垂直冲击时的耐冲击强度及包装对内装物的保护能力；既可以作为单项试验，也可以作为系列试验的组成部分。

2. 试验原理

提升试验样品至预定高度，然后使其按预定状态自由落下，与冲击台面相撞。

3. 试验设备

冲击试验台（图7-44）、支撑装置、释放装置等。

图 7-44　冲击试验台示意图

4. 试验程序

（1）试验样品的准备。

将预装物装入试验样品中，并按发货时的正常封闭程序对包装件进行封装。如果使用的是模拟内装物，其尺寸和物理性质应尽可能接近于预装物的尺寸和物理性质。同样，封装方法应和发货时使用的方法相同。

（2）试验样品的温湿度预处理。

按 GB/T 4857.2 标准的要求选定一种条件对试验样品进行温湿度预处理。

（3）试验步骤。

① 提升试验样品至所需的跌落高度位置，并按预定状态将其支撑住。其提起高度与预定高度之差不得超过预定高度的 ±2%。跌落高度是指准备释放时试验样品的最低点与冲击台面之间的距离。

② 按下列预定状态释放试验样品：

a. 面跌落时，试验样品的跌落面与水平面之间的夹角最大不超过 2°。

b. 棱跌落时，跌落的棱与水平面之间的夹角最大不超过 2°，试验样品上规定面与冲击台面夹角的误差不大于 ±5°或夹角的 10%（以较大的数值为准），使试验样品的重力线通过被跌落的棱。

c. 角跌落时，试验样品规定面与冲击台面之间的夹角误差不大于 ±5°或此夹角的 10%（以较大数值为准），使试验样品的重力线通过被跌落的角。

d. 无论何种状态和形状的试验样品，都应使试验样品的重力线通过被跌落的面、线、点。

③ 实际冲击速度与自由跌落时的冲击速度之差不超过自由跌落时的 ±1%。

④ 试验后按有关标准或规定检查包装及内装物的损坏情况，并分析试验结果。

5. 试验报告

最终的试验报告应包括下列内容：

（1）内装物的名称、规格、型号、数量等。

（2）试验样品数量。

（3）详细说明：包装容器的名称、尺寸、结构和材料规格，附件、缓冲衬垫、支撑物、固定方法、封口、捆扎状态以及其他防护措施。

（4）试验样品的质量和内装物的质量，以千克计。

（5）预处理的温度、相对湿度和预处理时间。

（6）试验场所的温度和相对湿度。

（7）详细说明试验时试验样品的放置状态。

（8）试验样品的跌落顺序、跌落次数。

（9）试验样品的跌落高度，以毫米计。

（10）试验所用设备类型。

（11）试验结果的记录，以及观察到的可以帮助正确解释试验结果的任何现象。

（12）说明所用试验方法与本标准的差异。

（13）试验日期，试验人员签字，试验单位盖章。

六、GB/T 4857.6《包装 运输包装件 滚动试验方法》 （等效采用 ISO 2876）

1. 标准的适用范围

本标准适用于评定运输包装件在受到滚动冲击时的耐冲击强度及包装对内装物的保护能力；既可以作为单项试验，也可以作为系列试验的组成部分。

2. 试验原理

将试验样品放置于一平整而坚固的平台上，并加以滚动，使其每一测试面依次受到冲击。

3. 试验设备

冲击试验台。

4. 试验程序

（1）试验样品的准备。

将预装物装入试验样品中，并按发货时的正常封闭程序对包装件进行封装。如果使用的是模拟内装物，其尺寸和物理性质应尽可能接近于预装物的尺寸和物理性质。同样，封装方法应和发货时使用的方法相同。

（2）试验样品的温湿度预处理。

按 GB/T 4857.2 标准的要求选定一种条件对试验样品进行温湿度预处理。

（3）试验步骤。

① 平面六面体形状的试验样品：将试验样品置于冲击台面上，面 3 与冲击台面相接触，如图 7-45 所示。将试验样品倾斜直至重力线通过棱 3－4，试验样品自然失去平衡，使面 4 受到冲击，如图 7-46 所示。参考上述方法与表 7-23 的要求进行试验。

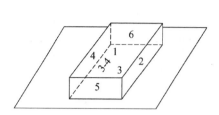

图 7-45 试验样品在冲击台放置示意图

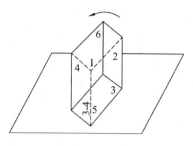

图 7-46 试验样品倾斜放置示意图

表 7-23 棱边与被冲击面试验

棱边	被冲击面	棱边	被冲击面
3 - 4	4	3 - 6	6
4 - 1	1	6 - 1	1
1 - 2	2	1 - 5	5
2 - 3	3	5 - 3	3

② 其他形状的试验样品：同①。

③ 试验后按有关标准的规定对包装及内装物的损坏情况进行检查，并分析试验结果。

5. 试验报告

最终的试验报告应包括下列内容：

（1）内装物的名称、规格、型号、数量等。

（2）试验样品数量。

（3）详细说明：包装容器的名称、尺寸、结构和材料规格，附件、缓冲衬垫、支撑物、固定方法、封口、捆扎状态以及其他防护措施。

（4）试验样品的质量和内装物的质量，以千克计。

（5）预处理的温度、相对湿度和预处理时间。

（6）试验场所的温度和相对湿度。

（7）试验设备的说明。

（8）记录试验结果，并提出分析报告。

（9）说明所用试验方法与本标准的差异。

（10）试验日期，试验人员签字，试验单位盖章。

七、GB/T 4857.7《包装 运输包装件基本试验 第7部分：正弦定频振动试验方法》（修改采用 ISO 2247）

1. 标准的适用范围

本标准适用于评定运输包装件和单元货物在正弦定频振动情况下的强度及包装对内装物的保护能力；既可以作为单项试验，也可以作为系列试验的组成部分。

2. 试验原理

将试验样品放置于振动台上，使用近似的固定低频正弦振荡使其产生振动。试验时的温湿度条件、试验持续时间、最大加速度、试验样品放置状态及固定方法皆为预定的。

必要时可在试验样品上添加一定载荷，模拟运输包装件处于堆码底部条件下经受正弦振动环境的情况。

3. 试验设备

振动试验仪。

4. 试验程序

（1）试验样品的准备。

将预装物装入试验样品中，并按发货时的正常封闭程序对包装件进行封装。如果使用的是模拟内装物，其尺寸和物理性质应尽可能接近于预装物的尺寸和物理性质。同样，封装方法应和发货时使用的方法相同。

（2）试验样品的温湿度预处理。

按 GB/T 4857.2 标准的要求选定一种条件对试验样品进行温湿度预处理。

（3）试验步骤。

① 记录试验场所的温湿度。

② 将试验样品按预定的状态放置在振动台上，试验样品重心点的垂直位置应尽可能地接近振动台台面的几何中心。如果试验样品不固定在台面上，可以使用围栏。必要时可在试验样品上添加载荷，其加载程序应符合 GB/T 4857.3 标准的规定。

③ 方法 A。

a. 操作振动台，产生可选范围在 $0.5g \sim 1.0g$ 之间的加速度，试验样品应不与台面分离。

b. 选择一定（正、负）峰值之间的位移，在相应的频率范围内确定试验频率，产生 $0.5g \sim 1.0g$ 之间的加速度值，进行试验。

④ 方法 B。

a. 操作振动台，产生可选范围的加速度，该加速度可以使试验样品从台面分离从而引起相对冲击。

b. 选择预定的振幅，开始使试验样品在 2 Hz 的频率下振动，并逐渐提高频率，直至试验样品即将与振动台分离的状态。

c. 试验后按有关标准规定检查包装及内装物的损坏情况，并分析试验。

5. 试验报告

最终的试验报告应包括下列内容：

（1）说明试验是按本标准执行。

（2）内装物的名称、规格、型号、数量等；如果使用的是模拟内装物，应予以详细说明。

（3）试验样品数量。

（4）详细说明：包装容器的名称、尺寸、结构和材料规格，附件、缓冲衬垫、支撑物、固定方法、封口、捆扎状态以及其他防护措施。

（5）试验样品的质量和内装物的质量，以千克计。

（6）试验设备的说明。

（7）固定措施，是否使用了低围框或高围框。

（8）是否添加载荷，如果加有载荷，应说明所加载荷的质量（以千克计）及试验样品承受载荷的持续时间。

（9）试验时试验样品放置的状态。

（10）预处理的温湿度条件及时间。

（11）试验场所的温湿度和相对湿度。

（12）振动台的振动方向、振幅、频率以及试验的持续时间。

（13）试验结果的记录，以及观察到的可以帮助正确解释试验结果的任何现象。

（14）使用的试验方法（方法 A 或方法 B），试验结果分析。

（15）说明所用试验方法与本标准的差异。

（16）试验日期，试验人员签字，试验单位盖章。

八、GB/T 4857.8《包装 运输包装件 六角滚筒试验方法》

1. 标准的适用范围

本标准用于评定运输包装件在流通过程中所受到的反复冲击碰撞的适应能力及包装对内装物的保护能力；既可以作为单项试验，也可以作为一系列试验中的组成部分；适用于直方体或相似开关的运输包装件，其他形状的运输包装件可参考本标准进行试验；慎用于最大边与最小边尺寸之比大于 5，或最大边尺寸超过 1 200 mm，或质量超过 270 kg 的运输包装件。

2. 试验原理

六角滚筒试验使试验样品经受在旋转六角滚筒内表面上一系列的随机转落，依靠设置的层析和挡板使试验样品以不同的面、棱或角跌落，形成对试验样品不同的冲撞危害，其转落顺序和状态是不可预料的。

3. 试验设备

六角滚筒试验机，如图 7-47 所示。

图 7-47 六角滚筒试验机

4. 试验程序

（1）试验样品的准备。

将预装物装入试验样品中，并按发货时的正常封闭程序对包装件进行封装。如果使用的是模拟内装物，其尺寸和物理性质应尽可能接近于预装物的尺寸和物理性质。同样，封装方法应和发货时使用的方法相同。

（2）试验样品的温湿度预处理。

按 GB/T 4857.2 标准的要求选定一种条件对试验样品进行温湿度预处理。

（3）试验步骤。

① 六角滚筒试验机的 1 面保持水平，将试验样品的 1 面向上，以其 2 面和 5 面沿导

板放置在试验机的1面上，然后启动。

② 试验进行到下列情况之一时停机：

a. 达到预定转落次数。预定的转落次数可根据运输包装件在流通过程中可能遇到的反复冲击碰撞的情况确定。

b. 当试验样品出现预定的变形和破损状态。预定的变形和破损状态由产品标准规定。

③ 试验后按有关标准、规定检查包装及内装物的损坏情况，并分析试验结果。

5. 试验报告

最终的试验报告应包括下列内容：

（1）内装物的名称、规格、型号、数量等；如果使用的是模拟内装物，应予以说明。

（2）试验样品数量。

（3）详细说明：包装容器的名称、尺寸、结构和材料规格，附件、缓冲衬垫、支撑物、固定方法、封口、捆扎状态以及其他防护措施。

（4）试验样品的质量和内装物的质量，以千克计。

（5）试验设备的种类以及是否安装圆锥体。

（6）预处理的温度、湿度和时间。

（7）试验场所的温度和相对湿度。

（8）预定试验样品的损伤状态或转落次数。

（9）记录到的试验样品的损伤状态或转落次数。

（10）说明所用试验方法与本标准的差异。

（11）其他的详细试验记录。

（12）试验日期，试验人员签字，试验单位盖章。

九、GB/T 4857.9《包装 运输包装件基本试验 第9部分：喷淋试验方法》（等同采用 ISO 2875）

1. 标准的适用范围

本标准适用于评定运输包装件和单元货物对淋雨的抗御性能及包装对内装物的保护能力；既可作为单项试验，也可以作为系列试验的组成部分。

2. 试验原理

将试验样品放在试验场地上，在一定温度下用水按预定的时间及速率对试验样品表面进行喷淋。喷淋方法分为连续式（方法A）和间歇式（方法B）。

3. 试验设备

（1）试验场地：满足隔热和加热。

（2）喷淋装置。

（3）供水系统。

4. 试验程序

（1）试验样品的准备。

将预装物装入试验样品中，并按发货时的正常封闭程序对包装件进行封装。如果使用的是模拟内装物，其尺寸和物理性质应尽可能接近于预装物的尺寸和物理性质。同样，封装方法应和发货时使用的方法相同。

（2）试验样品的温湿度预处理。

按 GB/T 4857.2 标准要求选定一种条件对试验样品进行温湿度预处理。

（3）试验步骤。

① 按要求校准喷淋装置。

② 调整喷头的高度，使喷嘴与试验样品顶部最近点之间的距离至少为 2 m。开启喷头直至整个系统达到均衡状态。除非另有规定，否则喷水的温度和试验场地温度均应在 5 ℃～30 ℃之间。

③ 将试验样品放在试验场地，在预定的位置和预定的温度下，使水能够按照校准时的标准落到试验样品上，在预定的时间内持续地进行喷淋。

④ 检查试验样品及其内装物是否出现防水性能下降或渗水现象。

5. 试验报告

最终的试验报告应包括下列内容：

（1）说明试验是按本标准执行。

（2）实验室名称和地址，顾客名称和地址。

（3）报告的唯一性标志。

（4）接收试验物品日期，试验完成日期和天数。

（5）负责人姓名、职位和签字。

（6）说明试验结果仅对试验样品有效。

（7）没有实验室证明，复印部分报告无效。

（8）试验样品数量。

（9）详细说明：包装容器的名称、尺寸、结构和材料规格，附件、缓冲衬垫、支撑物、固定方法、封口、捆扎状态以及其他防护措施，试验样品的质量和内装物的质量（以千克计）。

（10）内装物名称、规格、型号、数量等；如果使用的是模拟内装物，应予以说明。

（11）预处理的温度、湿度和时间。

（12）标示方法和试验时试验样品放置的状态。

（13）试验场所的温度和试验时水的温度。

（14）说明所用试验方法与本标准的差异。

（15）试验持续时间。

（16）试验结果的记录，以及观察到的可以帮助正确解释试验结果的任何现象。

十、GB/T 4857.10《包装 运输包装件基本试验 第10部分：正弦变频振动试验方法》（修改采用 ISO 8318）

1. 标准的适用范围

本标准适用于评定运输包装件和单元货物在正弦变频振动或共振情况下的强度及包装对内装物的保护能力；既可以作为单项试验，也可以作为系列试验的组成部分。

2. 试验原理

将试验样品置于振动台上，在预定的时间内按规定的加速度值及扫频速率在3～100 Hz之间来回扫描。随后可在3～100 Hz之间的主共振频率的±10%范围内经受预定时间的振动。必要时可在试验样品上添加一定载荷，以模拟运输包装件处于堆码底部条件下经受正弦环境的情况。

3. 试验设备

振动试验台，如图7-48 所示。

4. 试验程序

（1）试验样品的准备。

将预装物装入试验样品中，并按发货时的正常封闭程序对包装件进行封装。如果使用的是模拟内装物，其尺寸和物理性质应尽可能接近于预装物的尺寸和物理性质。同样，封装方法应和发货时使用的方法相同。

图7-48 振动试验台

（2）试验样品的温湿度预处理。

按 GB/T 4857.2 标准要求选定一种条件对试验样品进行温湿度预处理。

（3）试验步骤。

① 记录试验场所的温湿度。

② 将试验样品按预定的状态放置在振动台上，试验样品重心点的垂直位置应尽可能接近实际振动平台的几何中心。如果试验样品不固定在台面上，可以使用围栏。必要时可在试验样品上添加负载。

③ 方法 A。

a. 使振动台以选定的加速度做垂直正弦振动，以每分钟二分之一倍频程的扫频速率，在 3～100 Hz 频率之间进行扫频试验。

b. 使用加速度计测量时，要将加速度计尽可能紧贴到靠近包装件的振动台上，但要有防护措施，以防止加速度计与包装件相接触。

c. 当存在水平振动分量时，由此分量引起的加速度峰值不应大于垂直分量的20%。

④ 方法 B。

a. 按方法 A 的程序进行试验，在一个或多个完整的扫描周期内，采用一个合适的低加速度值（典型的加速度值在 0.2g～0.5g 范围内）做共振扫频，并记录在试验样品及振动台上的加速度值。

b. 在主共振频率的 ±10% 范围内进行共振试验，也可在第二和第三共振频率的

±10% 范围内进行试验。

    c. 试验后检查包装及内装物的损坏情况，并分析试验结果。

5. 试验报告

最终的试验报告应包括下列内容：

（1）说明试验是按本标准执行。

（2）内装物的名称、规格、型号、数量等；如果使用的是模拟内装物，应予以说明。

（3）试验样品数量。

（4）详细说明：包装容器的名称、尺寸、结构和材料规格，附件、缓冲衬垫、支撑物、固定方法、封口、捆扎状态以及其他防护措施。

（5）试验样品的质量和内装物的质量，以千克计。

（6）试验设备的说明。

（7）是否添加载荷，如果加有载荷，说明所加载荷的质量（以千克计）及试验样品承受载荷的持续时间。

（8）试验场所的温度和相对湿度。

（9）振动持续时间，加速度的频率范围；如果使用方法 B，则应说明主共振频率及第二、第三共振频率。

（10）试验结果分析。

（11）说明所用试验方法与本标准的差异。

（12）试验结果的记录，以及观察到的可以帮助正确解释试验结果的任何现象。

（13）试验日期，试验人员签字，试验单位盖章。

十一、GB/T 4857.11《包装 运输包装件基本试验 第 11 部分：水平冲击试验方法》（修改采用 ISO 2244）

1. 标准的适用范围

本标准适用于评定运输包装件和单元货物在受到水平冲击时的耐冲击强度和包装对内装物的保护能力；既可作为单项试验，也可以作为系列试验的组成部分。

2. 试验原理

使试验样品按预定状态以预定的速度与一个同速度方向垂直的挡板相撞。也可以在挡板表面和试验样品的冲击面、棱之间放置合适的障碍物以模拟在特殊情况下的冲击。

3. 试验设备

试验设备如图 7-49 所示。

(a) 水平冲击试验机　　　　(b) 吊摆冲击试验机　　　　(c) 斜面冲击试验机

图 7-49　冲击试验机

4. 试验程序

（1）试验样品的准备。

将预装物装入试验样品中，并按发货时的正常封闭程序对包装件进行封装。如果使用的是模拟内装物，其尺寸和物理性质应尽可能接近于预装物的尺寸和物理性质。同样，封装方法应和发货时使用的方法相同。

（2）试验样品的温湿度预处理。

按 GB/T 4857.2 标准的要求选定一种条件对试验样品进行温湿度预处理。

（3）试验步骤。

① 将试验样品按预定状态放置在台车（水平冲击试验机和斜面冲击试验机）或台板（吊摆冲击试验机）上。

a. 利用斜面或水平冲击试验机进行试验时，试验样品的冲击面或棱应与台车前缘平齐；利用吊摆冲击试验机进行试验时，在自由悬吊的台板处于静止状态下，试验样品的冲击面或棱应恰好触及挡板冲击面。

b. 对试验样品进行面冲击时，其冲击面与挡板冲击面之间的夹角不得大于 2°。

c. 对试验样品进行棱冲击时，其冲击棱与挡板冲击面之间的夹角不得大于 2°。如试验样品为平行六面体，则应使组成该棱的两个面中的一个面与挡板冲击面的夹角误差不大于 ±5°或在预定角的 ±10% 以内，以较大的数值为准。

d. 对试验样品进行角冲击时，试验样品应撞击挡板，其中任何与试验角邻接的面与挡板的夹角误差不大于 ±5°或在预定角度的 ±10% 以内，以较大的数值为准。

② 利用水平冲击试验机进行试验时，使台车沿钢轨以预定速度运动，并在到达挡板冲击面时达到所需要的冲击速度。

③ 利用斜面冲击试验机进行试验时，将台车沿钢轨斜面提升到可获得要求冲击速度的相应高度上，然后释放。

④ 利用吊摆冲击试验机进行试验时，拉开台板，提高摆位，当拉开到台板与挡板冲击面之间距离能产生所需冲击速度时，将其释放。

⑤ 无论采用何种试验机进行试验，冲击速度误差应在预定冲击速度的 ±5% 以内。

⑥ 试验后按有关标准规定检查包装及内装物的损坏情况，并分析试验结果。

5. 试验报告

最终的试验报告应包括下列内容：

（1）说明试验是按本标准执行。

（2）内装物的名称、规格、型号、数量等；如果使用的是模拟内装物，应予以说明。

（3）试验样品数量。

（4）详细说明：包装容器的名称、尺寸、结构和材料规格，附件、缓冲衬垫、支撑物、固定方法、封口、捆扎状态以及其他防护措施。

（5）试验样品的质量和内装物的质量，以千克计。

（6）预处理时的温度、相对湿度和时间。

（7）试验所用设备、仪器的类型。

（8）试验时试验样品的放置状态。

（9）试验样品、试验顺序和试验次数。

（10）冲击速度；必要时，测试冲击时最大减加速度。

（11）说明所用试验方法与本标准的差异。

（12）如果使用附加障碍物，说明其放置位置及其有关情况。

（13）记录试验结果，并提出分析报告。

（14）试验日期，试验人员签字，试验单位盖章。

十二、GB/T 4857.12《包装 运输包装件 浸水试验方法》（等效采用 ISO 8474）

1. 标准的适用范围

本标准适用于评定运输包装件承受水浸害的能力和包装对内装物的保护能力；既可作为单项试验，也可以作为系列试验的组成部分。

2. 试验原理

将试验样品完全浸于水中，保持一定的时间后取出。在预定的大气条件下和时间内进行沥水和干燥。

3. 试验设备

水箱、浸水装置、刚性格栅。

4. 试验程序

（1）试验样品的准备。

将预装物装入试验样品中，并按发货时的正常封闭程序对包装件进行封装。如果使用的是模拟内装物，其尺寸和物理性质应尽可能接近于预装物的尺寸和物理性质。同样，封装方法应和发货时使用的方法相同。

（2）试验样品的温湿度预处理。

按 GB/T 4857.2 标准的要求选定一种条件对试验样品进行温湿度预处理。

（3）试验时的温湿度条件。

① 浸水时，应在试验样品离开预处理条件 5 min 之内开始进行。如果达不到预处理条件，则应尽可能在接近预处理的温湿度条件下进行试验。

② 沥水、干燥时，应在与预处理相同的温湿度条件下进行。

（4）试验步骤。

① 在水箱内充以一定深度的水，水温在 5 ℃～40 ℃ 范围内选择，浸水过程中水温变化在 ±2 ℃ 以内。

② 将试验样品放入浸水装置内，一同浸入水中，浸水下放速度不大于300 mm/min，直至试验样品的顶面沉入水面 100 mm 以下，并保持一定的时间。保持时间从 5 min、15 min、30 min 或 1 h、2 h、4h 中选择。

③ 达到预定时间后，以不大于 300 mm/min 的速度将试验样品提出水面。

④ 将试验样品按预定状态放在格栅上，使其暴露在预定的大气条件下。暴露时间从 4 h、8 h、16 h、24 h、48 h、72 h 或 1 周、2 周、3 周、4 周中选择。

⑤ 记录试验样品浸水、沥水、干燥引起的任何明显的损坏或任何其他变化。按有关标准或规定检查包装及内装物的损坏情况，并分析试验结果。

5. 试验报告

最终的试验报告应包括下列内容：

（1）内装物的名称、规格、型号、数量等。

（2）试验样品数量。

（3）详细说明：包装容器的名称、尺寸、结构和材料规格，附件、缓冲衬垫、支撑物、固定方法、封口、捆扎状态以及其他防护措施。

（4）试验样品的质量和内装物的质量，以千克计。

（5）预处理时的温度、相对湿度和时间。

（6）试验时试验样品的预定状态。

（7）浸水时水的温度及浸水时间。

（8）试验场地的温度和相对湿度。

（9）沥水和干燥时间。

（10）试验结果的记录，以及观察到的可以帮助正确解释试验结果的任何现象。

（11）说明所用试验方法与本标准的差异。

（12）试验日期，试验人员签字，试验单位盖章。

十三、GB/T 4857.13《包装 运输包装件基本试验 第13部分：低气压试验方法》（修改采用 ISO 2873）

1. 标准的适用范围

本标准适用于评定在空运时增压仓和飞行高度不超过 3 500 m 的非增压仓飞机内的运输包装件和单元货物耐气压的影响的能力及包装对内装物的保护能力。对于海拔较高的地面运输包装件和单元货物可参照本部分进行低气压试验。

2. 试验原理

将试验样品置气压试验箱（室）内，然后将试验箱（室）内气压降低到相当于35 000 m 高度时的气压。将此气压保持预定的时间后，使其恢复到常压。

3. 试验设备

气压试验箱（室）应具有足够的空间以容纳试验样品，并能进行气压和温度控制。

4. 试验程序

（1）试验样品的准备。

将预装物装入试验样品中，并按发货时的正常封闭程序对包装件进行封装。如果使用的是模拟内装物，其尺寸和物理性质应尽可能接近于预装物的尺寸和物理性质。同样，封装方法应和发货时使用的方法相同。

（2）试验样品的温湿度预处理。

按 GB/T 4857.2 标准要求选定一种条件对试验样品进行温湿度预处理。

（3）试验步骤。

① 将试验样品放置在气压试验箱（室）内，以不超过 150×10^5 mPa/min 的速率将气压降至 650×10^5 mPa（$\pm 5\%$），在预定的时间内保持该气压，保持时间可在2 h、4 h、8 h、16 h 内选取。

② 以不超过 150×10^5 mPa/min 的增压速率充入符合实验室温度的干燥空气，使气压恢复到初始状态。

③ 试验后按有关标准规定检查包装及内装物的损坏情况，并分析试验结果。

5. 试验报告

最终的试验报告应包括下列内容：

（1）说明试验是按本标准执行。

（2）内装物的名称、规格、型号、数量等。

（3）试验样品数量。

（4）详细说明：包装容器的名称、尺寸、结构和材料规格，附件、缓冲衬垫、支撑物、固定方法、封口、捆扎状态以及其他防护措施。

（5）试验样品的质量和内装物的质量，以千克计。

（6）气压试验箱（室）内的温度、湿度、压力、增（减）压速率和气压保持时间。

（7）试验及仪器的说明。

（8）试验结果的记录，以及观察到的可以帮助正确解释试验结果的任何现象。

（9）和本标准描述的试验方法之间的任何差异。

（10）试验日期，试验人员签字，试验单位盖章。

十四、GB/T 4857.14《包装 运输包装件 倾翻试验方法》（等效采用 ISO 8768）

1. 标准的适用范围

本标准规定了对运输包装件进行倾翻试验时所用试验主要性能要求、试验程序及试验报告的内容，可用于评定运输包装件倾翻时承受冲击的能力和包装对内装物的保护能力；既可以作为单项试验，也可以作为包装一系列试验的组成部分；适用于在储运过程中包装件的旋转底面尺寸相对于高度较小的情况，一般情况下用于最长边与最短边尺寸之比不小于3：1的包装件。

2. 试验原理

将试验样品按预定状态放置在冲击台面上，在其重心上方的适当位置，渐渐施加水平力，使其沿底棱自由倾翻。

3. 试验设备

冲击台面、施力装置。

4. 试验程序

（1）试验样品的准备。

将预装物装入试验样品中，并按发货时的正常封闭程序对包装件进行封装。如果使用的是模拟内装物，其尺寸和物理性质应尽可能接近于预装物的尺寸和物理性质。同样，封装方法应和发货时使用的方法相同。

（2）试验样品的温湿度预处理。

按 GB/T 4857.2 标准要求选定一种条件对试验样品进行温湿度预处理。

（3）试验步骤。

① 将试验样品按预定状态放置在冲击台面上。对于细高状试验样品，应以正常状态放置，对其侧面进行倾翻；对于扁平状试验样品或底面不确定的试验样品，应把较小的面作为底面，对其较大的面进行倾翻。

② 在高于试验样品重心或其上棱的适当位置施加水平力。渐渐加大作用力，使试验样品绕底面倾斜直至达到平衡。然后使其在无冲击下失去平衡，自由倾翻到冲击台面上。

③ 检查试验样品并记录有关试验现象。

④ 选择试验强度，重复上述操作步骤依次进行试验。试验完毕后按有关标准或规定检查包装及内装物的损坏情况，并分析试验结果。

5. 试验报告

最终的试验报告应包括下列内容：

（1）说明试验是按本标准执行。

（2）试验样品数量。

（3）详细说明：包装容器的名称、尺寸、结构和材料规格，附件、缓冲衬垫、支撑物、固定方法、封口、捆扎状态以及其他防护措施。

（4）内装物的说明。如果使用模拟物，应加以详细说明。

（5）试验样品的质量和内装物的质量，以千克计。

（6）预处理时的温度、相对湿度及时间，试验时的温度和相对湿度。

（7）试验时，试验样品的状态及倾翻顺序和倾翻次数。

（8）施力装置类型。如果已知重心位置，记录试验样品重心的高度。

（9）任何与本标准的差异。

（10）试验结果的记录，以及观察到的可以帮助正确解释试验结果的任何现象。

（11）试验日期，试验人员签字，试验单位盖章。

十五、GB/T 4857.15《包装 运输包装件基本试验 第 15 部分：可控水平冲击试验方法》（等效采用 ASTM D4003）

1. 标准的适用范围

本标准适用于评定运输包装件在受到水平冲击时的耐冲击强度和包装对内装物的保护能力；既可以作为单项试验，也可以作为包装件系列试验的组成部分。

2. 试验原理

将试验样品按预定的状态，以一定的冲击速度冲击，使试验样品承受脉冲程序装置产生的预定冲击脉冲。

3. 术语和定义

（1）止回载荷装置：与试验样品相同或相似的模拟装置。

（2）止回载荷：冲击时，止回载荷装置对试验样品所产生的挤压力，以模拟在运输车辆中包装件后部所受到的载荷。

（3）脉冲程序装置：控制冲击试验机产生的冲击脉冲参数（如脉冲的波形、峰值加速度和持续时间等）的装置。

4. 试验设备

冲击试验机、止回载荷装置、测试系统。

5. 试验程序

（1）试验样品的准备。

将预装物装入试验样品中，并按发货时的正常封闭程序对包装件进行封装。如果使用的是模拟内装物，其尺寸和物理性质应尽可能接近于预装物的尺寸和物理性质。同样，封装方法应和发货时使用的方法相同。

（2）试验样品的温湿度预处理。

按 GB/T 4857.2 标准要求选定一种条件对试验样品进行温湿度预处理。

（3）试验步骤。

① 将试验样品放置在台车的轴向中心的位置上，接受冲击的面或棱稳定地靠着隔板。止回载荷装置放在试验样品的后部，紧靠着试验样品。

a. 试验样品进行面冲击时，其冲击表面与隔板之间的夹角应不大于 2°。

b. 试验样品进行棱冲击时，其冲击棱与隔板之间的夹角应不大于 2°，并应使组成该棱的两个面中的一个面与隔板的夹角为预定角，其角度误差不大于 ±5°或在预定角的 ±10% 以内，两者取较大值。

② 根据要求的冲击加速度值、冲击波形和脉冲持续时间选择合适的脉冲程序装置，按预定的冲击速度进行冲击。冲击速度误差应不大于预定水平冲击速度的 ±5%。

③ 试验后按有关标准规定检查包装及内装物的损坏情况，并分析试验结果。

6. 试验报告

最终的试验报告应包括下列内容：

（1）试验样品数量。

（2）详细说明：包装容器的名称、尺寸、结构和材料规格，附件、缓冲衬垫、支撑物、固定方法、封口、捆扎状态以及其他防护措施。

（3）内装物的说明。如果使用模拟物，应加以详细说明。

（4）试验样品的质量和内装物的质量，以千克计。

（5）预处理时的温度、相对湿度及时间，试验时的温度和相对湿度。

（6）试验场所的温度和相对湿度。

（7）试验所用设备、仪器类型。

（8）试验样品、试验顺序与试验次数。

（9）冲击速度、冲击加速度、冲击波形、脉冲持续时间及止回载荷装置与台面的摩擦特性。

（10）脉冲程序装置的形式。

（11）任何与本标准的差异。

（12）试验结果的记录，以及观察到的可以帮助正确解释试验结果的任何现象。

（13）试验日期，试验人员签字，试验单位盖章。

十六、GB/T 4857.17《包装 运输包装件基本试验 第 17 部分：编制性能试验大纲的通用规则》（等效采用 ISO 4180-1）

1. 标准的适用范围

本标准规定了编制运输包装件性能试验大纲的一般原理以及运输包装件经受性能试验后评价包装件质量时应考虑的因素，适用于编制流通系统的运输包装件性能试验大纲。

2. 术语和定义

（1）性能试验大纲：为确定在流通系统中运输包装件的性能，进行单项或一系列的实验室试验时所依据的技术文件。

（2）单项试验大纲：用同一种方法进行多次试验的性能试验大纲。必要时也可用相同或不同的强度和包装件状态进行重复试验。

（3）多项试验大纲：进行某些试验或一系列试验时编制的性能试验大纲。

（4）运输包装件：产品经过运输包装后形成的总体。

（5）流通系统：产品完成全部包装工作后，直至到达用户，所进行的全部操作，包括所有的装卸、运输和贮存。流通系统是由一些单个环节组成的，这些单个环节包括：① 运输包装件以相同或不同的运输方式从一个场所运送到另一个场所。运输中包括装卸作业。流通系统的运输方式可以是公路、铁路、水运、空运或这些运输方式的组合。② 贮存。

3. 试验原理

运输包装件实验室试验的目的是模拟或重现。

4. 试验程序

（1）试验方法。

① 编制单项或多项试验大纲时采用的试验方法按 GB/T 4857.18 标准中表 1 的规定。

② 当用不同的试验方法可以达到同一试验目的时，任选一种。

（2）试验顺序。

① 推荐顺序如下：

a. 试验时的温湿度调节处理按 GB/T 4857.2 标准的规定。试验开始时的温湿度应调节处理，但不排除各项试验所要求的其他条件的调节处理。

b. 堆码，按 GB/T 4857.3 或 GB/T 4857.16 标准的规定。

c. 冲击，按 GB/T 4857.5 和 GB/T 4857.11 标准的规定。

d. 气候处理，按 GB/T 4857.9 标准的规定。

e. 振动，按 GB/T 4857.7 或 GB/T 4857.10 标准的规定。

f. 堆码，按 GB/T 4857.3 或 GB/T 4857.16 标准的规定。

g. 冲击，按 GB/T 4857.5 和 GB/T 4857.11 标准的规定。

② 为确定流通系统中共振是否对运输包装件造成危害，应在推荐顺序的"b. 堆码"和"c. 冲击"之间增加共振试验，试验方法按 GB/T 4857.10 标准进行。若能证明这种共振不可能引起损坏，则此项试验可以省略。

③ 根据流通系统实际状态，在试验大纲中可以适当插入其他试验。

④ 当特殊环境条件下要求不同的试验顺序时，可以确定适用的试验顺序并在试验报告中说明。

⑤ 运输包装件做单项试验的次数是由单程运输或多程运输等因素决定的。当在流通系统中经常出现某一特定危害时，则有必要增加相应单项试验的次数。

（3）试验强度的选择。

试验强度应根据流通系统中的危害、运输包装件内装物特性和使用的运输方式来选择。

① 试验强度基本值。试验强度基本值是以普通流通系统为基础，以"平均"质量和尺寸的运输包装件为对象考虑的试验强度"基本"值。适用于不同运输方式和贮存方法的试验强度基本值按 GB/T 4857.18 标准中表 2 的规定。

② 试验强度优先值。由于运输方式和运输状态等因素的影响，试验强度可能在一定范围内发生变化。试验强度的优选系统按 GB/T 4857.18 标准中表 3 的规定。在确定试验强度时，应根据试验方法和危害性质在此范围内优先选择适用的定量值。

（4）试验强度基本值的修正。

① 试验强度修正因素。

当流通系统的特点或包装件的特点不同于（3）中的①项时，或由于运输包装件和内装物的特点使试验强度合理改变时，都构成了试验强度基本值的修正因素。

② 试验强度修正因素的选择。

不能用硬性的规定来选择修正因素，必须根据流通系统的实际情况和其他因素选择对某项试验强度值的修正因素。对应于不同试验变量和运输方式的修正因素按 GB/T 4857.18 标准中表 4 的规定。

在某些情况下，可以对试验强度的其他方面进行调整，如缩短试验时间、采用各种堆码负荷等。

③ 试验强度修正因素的综合。

试验强度修正因素的综合应以一个特别重要的因素为基础。当不存在这种因素时，应选择修正因素中的最高值。

考虑所选因素的累积效应，在合理试验强度优选系列内，偏离试验强度基本值的总和不应超过两级，但垂直冲击的跌落高度情况除外。如果对流通系统有详尽的了解，说明更多级别的变动是可行的，则可以修正这一规定。

（5）包装件状态的选择。

① 试验时运输包装件的状态，应是用试验来模拟或重现正常运输情况下包装件经受危害时的状态。

② 选择包装件状态时，应考虑的其他方面因素：

a. 同一被试包装件不应以不同的状态进行次数过多的单项试验。如对单程运输的包装件，合理的单项试验次数可以是冲击试验 5 次，其他试验 1 次。

b. 应避免垂直冲击试验和水平冲击试验之间的重复。如对被试包装件的同一表面上实施这两种试验。

c. 在可能条件下，应考虑运输包装件的对称性，以避免试验重复。

（6）危害因素。

在流通系统中，运输包装件要经受一些可能引起损坏的危害。这些危害是多种因素作用的结果，其中最重要的是：

① 流通系统各环节的特性。

② 包装件设计，即包装件的尺寸、质量、形状以及整体搬运辅助装置（如提手）的设计。

5. 性能试验大纲的编制程序

根据构成流通系统的每个环节，决定试验大纲中所要进行的试验。如果某种特定危害不会超过某一预定等级，相对于这种危害的试验可以取消。其编制程序如下：

（1）查明流通系统中所含的每个环节及其重复出现的顺序和次数。

（2）确定这些环节中包含的危害形式或程度。

（3）决定模拟或重现这些危害需要进行的试验，包括运输包装件调节处理、包装件状态、设置障碍物等。

（4）对特定的包装件，针对与其相关的流通系统，确定试验强度基本值。

（5）根据需要，选择试验强度基本值的修正因素和修正值，确定最终试验强度值。

（6）按"4. 试验程序"中的（2）项安排试验。

6. 验收准则的确定

被试包装件的验收准则应根据包装件或其内装物质量的降低程序、内装物的减少程度、包装件或其内装物变质的程序、已损坏包装件是否代表在随后的流通系统中的一种危害或潜在危害等来确定。在确定可以接受的损坏程度时，应考虑以下因素：

（1）内装物的单位价值。

（2）内装物的单位数量。

（3）包装件的发货数量。

（4）流通费用。

（5）内装物的危险性，如无危害、对人体有危害、对其他商品有危害等。

十七、GB/T 4857.23《包装 运输包装件基本试验 第23部分：随机振动试验方法》（等效采用 ASTM D4728）

1. 标准的适用范围

本标准适用于评定运输包装件经受随机振动时，包装对内装物的保护能力；既可以作为研究包装件受压影响（变形、压坏或破裂）的单项试验，也可以作为包装件系列试验的组成部分。

2. 试验原理

在规定的环境条件下，按预定的方向和固定方式，把试验样品放到振动试验机上，在一定频率范围内，按预定的加速度进行一定时间的随机振动。

3. 术语和定义

（1）均衡：在整个预定频率范围内的每一个特定频率段上，对随机振动输入信号进行不同程度的修正或调整，从而使振动台面或试验样品上的某一特定控制点达到预定的振动要求。

（2）功率谱密度：单位频率下随机振动的加速度信号的均方值。

（3）σ 驱动信号削波：用 σ 值或均方根值的倍数对驱动信号瞬时值的限制。

（4）闭环：输入的信号会被输出的信号或系统的响应修正的一种控制方式。通过这一控制方式，使得输出信号或系统相应的波形无限接近于输入信号的波形。

（5）加速度均方根值：在全部频率范围内 PSD 积分值的平方根值。

4. 试验设备

试验设备如图 7-50 所示。

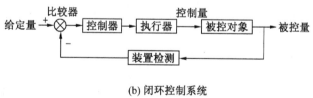

（a）振动试验台　　　　　　　　　　（b）闭环控制系统

图 7-50　试验设备

5. 试验程序

（1）试验样品的准备。

将预装物装入试验样品中，并按发货时的正常封闭程序对包装件进行封装。如果使用的是模拟内装物，其尺寸和物理性质应尽可能接近于预装物的尺寸和物理性质。同样，封装方法应和发货时使用的方法相同。

（2）试验样品的温湿度预处理。

按 GB/T 4857.2 标准的要求选定一种条件对试验样品进行温湿度预处理。

（3）试验强度的选择。

根据试验目的选用适当的试验强度，应优先选用从流通环境中实际采集的 PSD 试验振动谱和加速度均方根值。如果可能，应把试验结果与真实运输效果对比来修正随机振动谱。

（4）随机振动试验的允差。

① 随机振动所产生的 PSD 强度误差在整个试验频率范围内的任意一个频率分析段上都不能超过 ±3 dB，当累计分析带宽为 10 Hz 时，这个误差允许达到 ±6 dB。同时，加速度均方根的误差不能超过预定的 ±15%。

② 带宽最大为 2 Hz，DOF 最小为 60，带宽应根据 PSD 曲线上每段的斜率而变化。斜率越大，使用的频谱分析带宽越小，应使带宽两端的 PSD 值控制在 ±3 dB 之内。

③ 在使用 σ 驱动信号削波时，σ 驱动信号削波处理水平不能低于 3σ。

（5）试验步骤。

① 记录试验场所的温湿度。

② 按预定的状态将试验样品置于振动台台面上。

③ 试验样品的重心要尽量接近台面的中心，保证预期的振动（水平或垂直）能够传送到外包装上。

④ 集装货载、堆码振动或单独的试验样品通常应使用不固定方式放置，试验样品用围框围住，以免振动过程中从台上坠落。调整保护设施的位置，使试验样品的中心能在各水平方向 10 mm 范围内做无约束运动。

⑤ 只有当试验样品包装件在实际运输条件下需要固定时，试验时才将样品固定放置。

⑥ 试验开始时，应保证其强度不能超过选择的 PSD 曲线强度。试验应从至少低于预定 PSD 6 dB 开始起振动，然后分一步或几步增加强度直至达到预定值，使闭环控制系统在较低的试验强度下完成均衡。

⑦ 继续振动直至完成预定时间的随机振动，或直至试验样品出现预定损伤时停止试验。这段时间的振动完全是在预定强度下完成的，振动强度调节时间不计在内。

⑧ 随机振动试验应以真实的运输环境数据为基础。如果需要，也可以考虑增加试验强度来缩短试验时间，但应把试验结果与真实运输效果对比来修正试验强度。

⑨ 如果能够得到实际流通过程中的反馈信息，允许根据实际货物的破损情况来调整试验时间和 PSD。实验室试验后样品破损情况与实际货物的运输损害情况不符时就可以进行调整。

6. 试验报告

最终的试验报告应包括下列内容：

（1）应用本标准的情况。

（2）试验样品数量、放置状态。

（3）包装容器的名称、尺寸、结构和材料规格，附件、缓冲衬垫、支撑物、固定方法、封口、捆扎状态以及其他防护措施。

（4）内装物的名称、规格、型号、数量等。

（5）试验样品的质量和内装物的质量，以千克计。

（6）试验前后试验样品的照片。

（7）预处理时的温度、相对湿度及时间。

（8）试验场所的温度和相对湿度。

（9）标示样品的面、角、棱。

（10）试验说明。

（11）是否添加载荷。如果加有载荷，应说明所加载荷的质量及试验样品承受载荷的持续时间。

（12）固定措施，是否使用了低围框或高围框，是否固定在振动台台面上及固定方式。

（13）随机振动 PSD 曲线的选择依据，包括对测量和测试技术分析细节的描述。

（14）试验的方法，包括试验强度的频谱分析带宽、DOF、驱动信号处理方式和试验时间。

（15）所有有助于正确理解试验的共振现象的描述，以及有利于改进内、外包装和产品的观察叙述。

（16）试验结果的记录，以及观察到的可以帮助正确解释试验结果的任何现象。

（17）试验前样品接受的任何测试。

（18）试验报告编号、接受任务的日期和试验日期。

（19）试验人员签字，试验单位盖章。

第十节　试验方法学的研究

无菌医疗器械制造商和包装生产企业都可以根据顾客或相关方的要求起草关于包装检测方法的企业标准，但必须要建立在充分理解 GB/T 19633 即 ISO 11607-1 和 ISO 11607-2 标准的基础上，列入企业标准中的所有测试方法必须经过确认。目前国内外有许多可以接受的测试方法，这些测试方法可能来自科学文献、国家标准，或由某实验室开发。在采用时应考虑的重要因素是：

（1）说明实际测量的是要预期达到测量的指标。

（2）确定灵敏度和精确度对于测量预期的指标在特定的范围内是足够的。

（3）确定测试方法的再现性。可以通过严谨设计的试验或应用科学的程序而达成。这些试验结果需要形成满足 ISO 11607-1 标准中 4.4.1 条要求的文件。

无菌医疗器械制造商或包装生产企业在开发测试方法的过程中一般采取 ILS 方法（又称循环研究），因为实验室研究的测试方法通常要向使用者声明测试方法的可重复性和再现性。重复性用于衡量实验室内的波动，这种波动可能是由于几个变量，包括操作者、测试装置随时间的变化等造成的。再现性用于衡量实验室间的波动。在许多情况下，ILS 将向使用者提供测试方法灵敏度的信息。灵敏度是测试方法的极限的度量。ILS 可以提供测试方法的稳定性的信息。总而言之，对所有测试方法的确认都要求通过试验进行。在试验中要按照预期执行的测试方法并显示可以重复。如果没有这个确认的步骤，使用者可能无法确定其收集的数据是否适用。

第八章

医疗机构直接使用的无菌医疗器械包装

医疗机构直接使用的无菌医疗器械包装是指在医疗机构内部循环重复使用的医疗器械在使用后经过清洗、消毒和干燥后包装，并最终完成灭菌后再供临床使用的包装系统。

第一节　医疗机构直接使用的无菌医疗器械包装产品

医疗机构直接使用的无菌医疗器械包装产品按包装体系可分为以下几类：

（1）医疗机构直接使用的包装材料：平纸、皱纹纸、无纺布和纺织品。

（2）医疗机构直接使用的预成型无菌屏障系统：纸塑袋、纸袋等各种袋子和硬质容器。

（3）医疗机构直接使用的无菌屏障系统：消毒供应中心（CSSD）用包装材料通过闭合方式形成的器械和敷料包，以及预成型无菌屏障系统通过密封形成的袋子等。

通过以上的产品分类可以清楚地认识到什么是"包装材料"、"预成型无菌屏障系统"和"无菌屏障系统"，同时也可以把产品的质量责任界定清楚，即材料生产企业（纸、膜、无纺布、棉布等工厂）必须对包装材料的性能负责，制袋生产企业必须对预成型无菌屏障系统的性能负责，CSSD 用包装材料生产企业必须对无菌屏障系统的性能负责。

CSSD 可以是医疗机构的一个部门，也可以是非医疗机构性质的社会组织。CSSD 的工作是一个生产过程，为手术室和其他科室提供无菌产品。包装是产品的一个组件，其中器械本身的质量由器械制造商保证。可能有些器械不是 CSSD 采购的，CSSD 的任务是保证清洗、消毒、包装、灭菌的质量。在包装方面，包装材料（皱纹纸、无纺布、纺织品等）是 CSSD 采购的，预成型包装物（纸塑袋、纸袋、硬质容器等）也是 CSSD 采购的，最终的无菌屏障系统是通过 CSSD 操作实现的。所以 CSSD 的责任就是正确选择包装材料和预成型包装物，并且正确进行加工操作形成无菌屏障系统。

在 2008 年原国家卫生部颁布的 WS 310《医院消毒供应中心》推出之前，医院几乎采用的只有棉布一种包装材料。WS 310 推出后，各种包装产品才开始广泛使用。目前用于手术的敷料包以纺织品为主，用于手术的器械包一部分医院已采用了灭菌盒。这类产品基本上是进口的，虽然使用不多，但医院付出的成本费用却是巨大的；而且这种包装一般需要自动清洗，配置一套自动清洗设备也需要投入很高的费用。目前也有部分医院的手术器械包仍然使用棉布。现在临床使用的各种包，如换药包、备皮包等大部分采用无纺布，少部分使用灭菌袋，使用传统棉布的已经很少了。临床使用的单只医疗器械包装已基本上全部采用灭菌袋，如口腔科的牙钻等。纸袋是棉织品灭菌最好的包装物，在国外已普遍采用，但是由于使用习惯的问题，目前在我国很少使用。若医院采用过氧化氢等离子灭菌，一般使用由聚烯烃非织造材料构成的袋子，也有少数医院采用 PP 无纺布。新的包装材料的采用，极大地降低了医院感染的风险，特别是对手术部位的感染控制起到了关键性作用。

医疗机构常用的灭菌盒如图 8-1 所示。

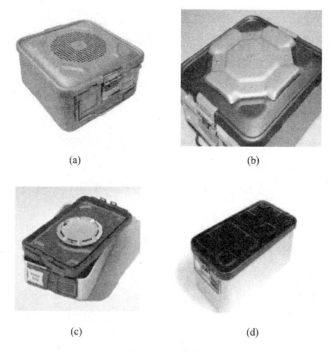

(a)　　　　　　　　　　(b)

(c)　　　　　　　　　　(d)

图 8-1　灭菌盒

医疗机构常用的纸塑卷袋如图 8-2 所示。

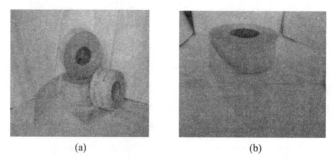

(a)　　　　　　　　　　(b)

图 8-2　纸塑卷袋

医疗机构常用的纸塑自封袋如图 8-3 所示，聚烯烃无纺布和膜复合袋如图 8-4 所示。

图 8-3　纸塑自封袋

图 8-4　聚烯烃无纺布和膜复合袋

医疗机构常用的全纸袋如图 8-5 所示。

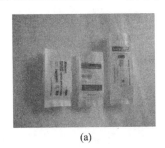

(a)

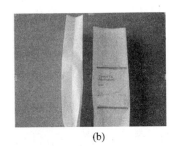

(b)

图 8-5　全纸袋

医疗机构常用的无纺布如图 8-6 所示。

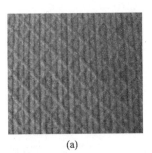

(a)

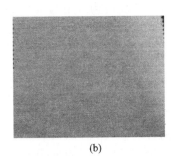

(b)

图 8-6　无纺布

医疗机构常用的纺织品和皱纹纸如图 8-7、图 8-8 所示。

图 8-7　纺织品

图 8-8　皱纹纸

第二节　相关包装产品的法规和监督要求

一、国外概况

ISO 11607 标准前言中明确指出："无菌屏障系统是最终灭菌医疗器械安全的基本保证。管理机构之所以将无菌屏障系统视为医疗器械的一个附件或一个组件，正是认识到了无菌屏障系统的重要特性。世界上许多地方把销往医疗机构用于内部灭菌的预成型无菌屏障系统视为医疗器械。"因此，美国医院将使用的灭菌袋作为二类医疗器械管理，和普通注射器类别一样，在欧盟则作为一类医疗器械管理。但是在国外，直接供医疗机构使用的包装材料不作为医疗器械管理，销往医疗器械工厂的任何包装也不作为医疗器械管理。

二、国内状况

（1）目前，我国对涉及公共卫生安全的产品由卫生部门管理。2013 年之前把销往医疗机构用于内部灭菌的预成型无菌屏障系统作为健康相关产品中的消毒产品，需要经原国家卫生部评审批准后方可进入市场。2013 年国务院简政放权，取消了有关审批项目，开始施行备案制度。

需要备案的国内医疗机构常用的灭菌包装物包括：

① 用于压力蒸汽灭菌且带有灭菌标识的包装物。

② 用于环氧乙烷灭菌且带有灭菌标识的包装物。

③ 用于甲醛灭菌且带有灭菌标识的包装物。

（2）医疗机构直接使用的无菌医疗器械包装产品相关的法规性文件包括《传染病防治法》和《消毒管理办法》；规范性文件包括《国家卫生计生委关于取消下放部分消毒产品和涉水产品行政审批项目的公告》、《消毒产品生产企业卫生规范》（卫监督发〔2009〕53 号）、《消毒产品生产企业卫生许可规定》（卫监督发〔2009〕110 号）、《消毒产品卫生安全评价规定》（卫监督发〔2009〕105 号）、《消毒产品标签说明书管理规范》（卫监督发〔2005〕426 号）、《健康相关产品生产企业卫生条件审核规范》、《传染病防治日常卫生监督工作规范》（卫监督发〔2010〕82 号）、《卫生部关于进一步规范消毒产品监督管理有关问题的通知》（卫法监发〔2003〕41 号）、《消毒技术规范》等；技术标准包括 GB/T 19633、GB 18282、GB 16886、GB 15979、YY/T 0698、YY/T 0681、WS 310 等。

（3）原国家卫生部发布的《消毒管理办法》中明确规定：

第二十条　消毒剂、消毒器械、卫生用品和一次性使用医疗用品的生产企业应当取得所在地省级卫生行政部门发放的卫生许可证后，方可从事消毒产品的生产。

第三十二条　经营者采购消毒产品时，应当索取下列有效证件：

① 生产企业卫生许可证复印件。

② 产品备案凭证或者卫生许可批件复印件。有效证件的复印件应当加盖原件持有者的印章。

第三十四条　禁止生产经营下列消毒产品：

① 无生产企业卫生许可证、产品备案凭证或卫生许可批件的。

② 产品卫生质量不符合要求的。

第四十九条　本办法下列用语的含义：

消毒产品：包括消毒剂、消毒器械（含生物指示物、化学指示物和灭菌物品包装物）、卫生用品和一次性使用医疗用品。

原国家食品药品监督管理局"国食药监械〔2004〕84 号"文中第三十条规定：

消毒包装纸：用于手术器械的消毒包装，不作为医疗器械管理。

原国家食品药品监督管理局"国食药监械〔2004〕53 号"文中第三十条规定：

灭菌指示胶带（卡、袋）：用于指示灭菌效果，本身无灭菌作用，不作为医疗器械管理。

根据以上国家有关规定，可以看出：

① 带指示剂的包装物作为消毒产品管理，要求办理生产许可。

② 带指示剂的包装物要求办理产品备案。

③ 不带指示剂的包装材料和包装物均不作为医疗器械管理。

④ 利用新材料、新工艺技术和新杀菌原理生产的消毒剂和消毒器械需要到卫生部门办理批件。

（4）《消毒产品卫生监督工作规范》对消毒产品实行风险分类监督。按照消毒产品的性质、用途和使用对象，按照风险程度实行分类监督。将包括消毒剂、消毒器械、卫生用品在内的消毒产品分为三类：第一类是具有较高风险，需要严格管理以保证安全、有效的消毒产品，包括用于医疗器械的高水平消毒剂和消毒器械、灭菌剂和灭菌器械、皮肤黏膜消毒剂、生物指示物和灭菌效果化学指示物。第二类是具有中度风险，需要加强管理以保证安全、有效的消毒产品，包括除第一类产品外的消毒剂、消毒器械、化学指示物，以及带有灭菌标识的灭菌物品包装物、抗（抑）菌制剂。第三类是风险程度较低，实行常规管理可以保证安全、有效的除抗（抑）菌制剂外的卫生用品。同一种消毒产品涉及不同类别时，应以较高风险类别进行管理。上述分类与《消毒产品卫生安全评价规定》中对消毒产品的分类要求是一致的。文件中还规定了评价风险应考虑消毒产品使用的预期目的、适用范围以及消毒产品生产单位（责任单位）、经营和使用单位是否存在违法行为等因素。根据 WTO 非歧视性原则，对进口消毒产品的监管要求等同于国产消毒产品。目前，国家对国产消毒产品实行生产企业卫生许可制度。由于进口消毒产品的生产企业在国外，无法对其生产条件和生产过程控制、出厂产品卫生质量等源头进行监督，因此，加强对进口消毒产品在华责任单位的监管尤为重要和必要。

（5）《消毒产品卫生监督工作规范》中明确规定：

第二十三条　消毒产品经营、使用单位的监督检查方法：

① 核查经营、使用的国产消毒产品与产品卫生许可批件或卫生安全评价报告和备案凭证、生产企业卫生许可证标注的生产企业名称、产品类别是否一致，进口消毒产

卫生许可批件或卫生安全评价报告和备案凭证标注的在华责任单位名称、产品类别是否一致。

②核查销售国产消毒产品生产企业卫生许可证或进口消毒产品在华责任单位营业执照、产品卫生许可批件或产品卫生安全评价报告是否合法、有效。

③检查消毒产品进货记录和有效期，对使用中的手消毒剂还应检查是否在启封后使用有效期内使用。

④检查经营、使用的消毒产品标签（铭牌）、说明书，参见第十八条。

⑤必要时对消毒产品进行监督抽检，抽检方法参见第十九条。

（6）利用新材料、新工艺技术和新杀菌原理生产的消毒剂和消毒器械判定依据：

①新材料。应当同时满足下列条件：在国内首次生产、销售、使用，未列入卫生部规定的消毒剂原料清单内，未列入《中华人民共和国药典》的原料清单，未列入现行国家标准、规范的消毒剂的原材料。

②新工艺技术。指生产技术参数和（或）工艺流程的改变，导致消毒剂和消毒器械的安全性或有效性明显优于常规产品的生产加工技术。

③新杀菌原理。指除下列消毒因子（表8-1、表8-2）之外的以物理、化学或物理与化学消毒因子协同作用生产的消毒器械所产生的杀菌原理。

表8-1　已批准的消毒因子及其相应的消毒器械清单

序号	消毒因子	相应的消毒器械	使用范围
1	湿热	压力蒸汽灭菌器、清洗消毒机、餐饮具消毒柜	医疗器械和用品、实验室物品、餐饮具消毒或灭菌
2	干热	灭菌器、消毒柜	医疗器械和物品、实验室物品、餐饮具消毒或灭菌
3	微波	消毒灭菌器	医疗器械和物品、实验室物品、餐饮具消毒或灭菌
4	红外线	消毒柜	食饮具消毒
5	紫外线	紫外线灯管、消毒机	室内空气、物表、食饮具、水消毒
6	高压静电吸附	空气消毒机	室内空气消毒
7	等离子体	空气消毒机	室内空气消毒
8	超声波	清洗消毒机	医疗器械和用品清洗、消毒
9	过滤	空气消毒机	室内空气消毒

注：表内任何消毒因子之间的协同作用均不属于新杀菌原理。

表8-2 国内生产销售的其他类消毒器械清单

序号	产品类别	产品名称	使用范围
1	化学指示物类	压力蒸汽、环氧乙烷、低温甲醛蒸汽、过氧化氢气体等离子体灭菌化学指示物	压力蒸汽、环氧乙烷、低温甲醛蒸汽、过氧化氢气体等离子体灭菌过程和效果验证
		BD测试纸（包）	真空度检测
2	生物指示物类	压力蒸汽、环氧乙烷生物指示物	压力蒸汽、环氧乙烷灭菌效果验证
3	浓度指示卡类	各种消毒剂浓度测试卡	各种消毒剂浓度测定
4	强度指示卡类	紫外线强度指示卡	紫外线强度测定
5	带指示物的包装材料类	压力蒸汽、环氧乙烷、低温甲醛蒸汽、过氧化氢气体等离子体灭菌包装材料	压力蒸汽、环氧乙烷、低温甲醛蒸汽、过氧化氢气体等离子体灭菌包装材料鉴定
6	灭菌过程验证装置类（PCD）	压力蒸汽灭菌验证装置	管腔类器械压力蒸汽灭菌效果验证

（7）原国家卫生部关于印发消毒产品卫生安全评价规定的通知（新的安全评价）：

产品责任单位应当在第一类、第二类消毒产品首次上市前自行或者委托第三方进行卫生安全评价，并对评价结果负责。卫生安全评价合格的消毒产品方可上市销售。

产品责任单位是指依法承担因产品缺陷而致他人人身伤害或财产损失赔偿责任的单位或个人。国产产品责任单位为生产企业，委托生产加工时特指委托方；进口产品的责任单位为在华责任单位。

卫生安全评价内容包括产品标签（铭牌）、说明书、检验报告（含结论）、企业标准或质量标准、国产产品生产企业卫生许可资质、进口产品生产国（地区）允许生产销售的批文情况。其中，消毒剂、生物指示物、化学指示物、带有灭菌标识的灭菌物品包装物、抗（抑）菌制剂还包括产品配方，消毒器械还应当包括产品主要元器件、结构图。

产品责任单位在对消毒产品进行卫生安全评价时，应当对消毒产品进行检验，并对样品的真实性负责。所有检验项目应当使用同一个批次产品完成（检验项目及要求见表8-4）。

消毒产品的检验应当在具备相应条件的消毒产品检验机构进行。消毒产品检验机构应当符合消毒管理的有关规定，通过实验室资质认定，在批准的检验能力范围内从事消毒产品检验活动。

消毒产品检验机构应当遵循有关法律、法规及本规定，依据消毒产品卫生标准、技术规范和检验规范开展检验，出具检验报告（含结论），对检验数据和结果的真实性、准确性负责。如果卫生标准、技术规范没有明确检验方法，可按照企业标准进行检验。

对出具虚假检验报告或者疏于管理难以保证检验质量的消毒产品检验机构给予严肃处理。

产品责任单位的卫生安全评价应当形成完整的《消毒产品卫生安全评价报告》，评价报告包括基本情况和评价资料两部分（格式见表8-5）。卫生安全评价报告在全国范围内有效。第一类消毒产品卫生安全评价报告有效期为四年，第二类消毒产品卫生安评价报告长期有效。

第一类、第二类消毒产品首次上市时，产品责任单位应当将卫生安全评价报告向所在地省级卫生计生行政部门备案（备案登记表见表 8-6）。

产品经营、使用单位在经营、使用第一类、第二类消毒产品前，应当索取卫生安全评价报告和备案凭证复印件。其中卫生安全评价报告中的评价资料只包括标签（铭牌）、说明书、检验报告结论、国产产品生产企业卫生许可证、进口产品生产国（地区）允许生产销售的证明文件及报关单。

相关表格见表 8-3 ～ 表 8-7。

表 8-3　配方的书写格式和要求

原材料名称	CAS 号	原材料商品名称	原材料纯度	原材料级别	原材料投加量	原材料投加百分比（%）

注：1. 单一化学原材料应填写原材料化学名称、CAS 号和商品名称。单一植物原材料应填写拉丁文名称。

2. 复合原材料只填写复合原材料的商品名，但应另行列明复合原材料的组分构成，包括各组分的原材料化学名称（或植物拉丁文名称）、CAS 号以及原材料投加百分比。

3. 以植物提取物为原材料的只填写原料商品名，但应另行列明提取物所使用的植物拉丁文名称及其用量、提取工艺和提取液的质量规格。

表 8-4　带有灭菌标识的灭菌物品包装物检验项目

检测项目	包装材料材质		
	纸质	非纸质	
		透气材料	不透气材料
包装材料一般检查	+	+	+
包装材料无菌有效期试验	+	+	+
包装材料质量测定	+	–	–
灭菌因子穿透性能测定	+	+	+
灭菌对包装标识的影响试验	+	+	+
包装材料不透气性试验	+	–	+
透气性材料微生物屏障试验	+	+	+
微生物通透性试验	–	±	+
包装材料有效期试验	+	+	+

注："＋"为必做项目，"－"为不做项目，"±"为选做项目。

表8-5　消毒产品卫生安全评价报告

产品名称：

剂型/型号：

产品责任单位名称（盖章）：

评价日期：

评价资料：

（一）标签（铭牌）、说明书；

（二）检验报告（含结论）；

（三）企业标准或质量标准；

（四）国产产品生产企业卫生许可证；

（五）进口产品生产国（地区）允许生产销售的证明文件及报关单；

（六）产品配方；

（七）消毒器械元器件、结构图。

产品责任单位名称		产品责任单位地址		
法定代表人/责任人		电话		邮编
实际生产单位名称		实际生产单位地址		
实际生产企业卫生许可证号		法定代表人/责任人		
进口产品报关单号				
该产品属于哪类产品		第一类（　）第二类（　）		
该产品名称是否符合《健康相关产品命名规定》和《消毒产品标签说明书管理规范》的要求		是（　）　否（　）		
标签（铭牌）、说明书是否符合《消毒产品标签说明书管理规范》及相关标准、规范的要求		是（　）　否（　）		
检验项目是否齐全		是（　）　否（　）		
检验结果是否符合要求		是（　）　否（　）		
产品企业标准（质量标准）是否符合要求		是（　）　否（　）		
该产品的类别是否与企业卫生许可的类别相适应		是（　）　否（　）		
产品配方是否添加了禁止使用的原材料		是（　）　否（　）		
产品配方是否与实际生产产品配方一致		是（　）　否（　）		
消毒器械结构图是否与产品实际结构一致		是（　）　否（　）		
所用原材料是否合格		是（　）　否（　）		
原材料所用量是否符合相关法定要求		是（　）　否（　）		
评价结论：消毒产品是否符合相关法规、规范、标准等法定要求		是（　）　否（　）		

承诺：本单位对消毒产品的卫生安全评价结论负责，保证所提供标签（铭牌）、说明书、检验报告（含结论）、企业标准或质量标准、产品配方、消毒器械元器件、结构图真实、有效，与所生产销售的产品相符，并承担相应的法律责任。

　　注：1. 经营使用单位索证时，产品责任单位提供的卫生安全评价报告资料包括标签（铭牌）、说明书、检验报告结论、国产产品生产企业卫生许可证、进口产品生产国（地区）允许生产销售的证明文件及报关单。

　　2. 卫生安全评价报告备案时，产品责任单位需提供一式两份，一份为卫生计生行政部门存档，一份为企业存档。

　　3. （一）、（三）、（四）和（五）为原件或复印件，（二）、（六）和（七）为原件。复印件应由产品责任单位加盖公章。

　　4. 本表应使用A4规格纸张打印，资料按顺序排列，逐页加盖产品责任单位公章，并装订成册。

表8-6 消毒产品卫生安全评价报告备案登记表

产品名称	中文			
	英文			
剂型/型号			产品类别	
生产企业	中文名称			
	英文名称			
	地　址		生产国（地区）	
	联系电话		联系人	
在华责任单位	名　称			
	地　址			
	联系电话		联系人	
	传　真		邮　编	

保　证　书

本报告中内容和所附资料均真实、合法、有效，复印件和原件一致，与生产销售产品相符。如有不实之处，我单位愿负相应法律责任，并承担由此造成的一切后果。

产品责任单位（签章）　　　法定代表人（签字）

年　　月　　日

申请人：　　　　　　　　　　　　申请日期：

注：1. 进口产品须填写产品英文名称。
2. 产品类别填写第一类产品或第二类产品。

表8-7 消毒产品卫生安全评价报告备案凭证

××××× ：

收到你单位销售的《消毒产品卫生安全评价报告》。

产品剂型/型号：

产品类别：第一类（　　）　第二类（　　）

产品执行标准号（国产产品为备案企业标准号）：

生产企业名称：

生产企业地址：

生产国（地区）：

在华责任单位名称：

单位地址及联系电话：

法定代表人：

国产消毒产品生产企业卫生许可证号：

工商营业执照号（限进口产品）：

进口产品报关单号：

（省级卫生计生行政部门仅对该产品的卫生安全评价报告进行形式审查，备案凭证不是产品质量的证明文件。第一类产品卫生安全评价报告有效期为四年）

（盖章）

年　　月　　日

（8）综上所述，销往医疗机构用于内部灭菌的预成型无菌屏障系统是一类风险较高的医疗用品，主要体现在：

① 产品要与医疗机构的灭菌方式相适应，而医院的灭菌方式是多样的，目前采用的有高压蒸汽灭菌、环氧乙烷灭菌、过氧化氢等离子灭菌、低温甲醛蒸汽灭菌等多种方式，这就要求包装材料必须适应医院的灭菌条件，因此这类产品是非常特殊的医疗专业用品。

② 产品要有很好的微生物屏障性能，确保在使用前保持无菌状态。

③ 产品要具备一定的生物相容性要求，确保卫生、无毒。

④ 产品要有一定的强度要求，确保在转运过程中安全、不破损。

根据国外的经验，销往医疗机构用于内部灭菌的预成型无菌屏障系统作为医疗器械管理是比较合适的。

第三节　医疗机构消毒中心直接使用的包装系统

医疗机构的消毒中心在决定将要使用的包装系统时，应考虑这些包装系统的设计和开发应符合 GB/T 19633 标准的要求。

一、对包装供应商的一般要求

原国家卫生部发布的 WS 310 行业标准中指出，医疗机构直接使用的无菌医疗器械包装材料应符合 GB/T 19633 标准的有关规定。下面就 GB/T 19633 标准中和医疗机构直接使用的无菌医疗器械包装材料相关的内容进行讨论。

（1）预成型无菌屏障系统应在采购和使用前做好适应性试验。针对要采购的材料和（或）预成型无菌屏障系统，供应商应提供符合 ISO 11607（GB/T 19633）标准的符合性声明（验证报告）。如含有其他配套的标签、胶带、托盘里衬等产品，供应商应确定引入的配套产品在应用上均符合使用要求。

（2）生产医疗机构直接使用的无菌医疗器械包装材料的原材料供应商必须保证原材料生产过程的可追溯性，且要符合 GB/T 19633 标准的要求。

（3）包装材料应是无毒的，具体试验方法参见《消毒技术规范》中的有关规定及 YY/T 0698 标准的有关要求。关于 GB/T 19633 标准在检测方法列表中规定的生物学评价，应依据 ISO 10993（GB/T 16886）标准，而 GB/T 16886 的第 5 和第 10 部分也是《消毒技术规范》中规定的有关内容。如果无菌屏障系统或相关组成成分包含中性乳胶，则应在标识中说明。

（4）对包装材料应进行微生物屏障性能验证并附有验证报告，这些验证应充分考虑灭菌、储存、转运和发放等过程的控制要求。具体的试验方法可参见《消毒技术规范》中的有关规定。在上一章中关于检测方法列表中的有关微生物屏障性能测试方法依据的 DIN 58953-6 标准和《消毒技术规范》中的有关规定是基本一致的，即符合《消毒技术规范》的要求也就满足了 GB/T 19633 标准的要求。

（5）对于包装材料和预成型无菌屏障系统的物理特性，供应商应提供完整的检测报告。这些物理特性包括材料和密封，如质量、密封宽度、密封强度、抗撕裂或抗刺穿、匀速打开或撕开时没有破纸或破膜。更加完善的物理、化学性能的检测报告应符合 YY/T 0698 标准的规定。

（6）包装材料和预成型无菌屏障系统应能满足已经确认的可以达到灭菌效果的灭菌参数要求。具体试验方法参见《消毒技术规范》中的有关规定。

（7）包装材料和预成型无菌屏障系统产品标识的印刷或灭菌指示剂的印刷在经过预期的灭菌过程中应不降解、不褪色或导致字迹模糊。

（8）无菌屏障系统在储存时，应确保不暴露于对其有影响的环境条件，如相对湿度、直接光照或荧光、温度等。包装材料或预成型无菌屏障系统供应商应提供储存条件和货架寿命期的建议。如果预期或实际储存条件超出规定的要求，使用者应咨询供应商。

（9）无菌屏障系统应满足无菌操作。医疗器械和（或）包装系统的制造商应提供针对无菌使用的指南。

（10）图 8-9 ～ 图 8-14 给出了储存、运输的参考示例。

图 8-9　装配

图 8-10　储存（1）

图 8-11　储存（2）

图 8-12　储存（3）

图 8-13　储存（4）

图 8-14　无菌品的转运与发放

二、医疗机构消毒中心选用包装材料、预成型无菌屏障系统和无菌屏障系统的原则

（1）包装材料的验证报告。

（2）制造商提供的技术信息应确认满足 GB/T 19633 标准中与材料相关的要求。

（3）在特定的储存和运输至使用地点的条件下，可以为医疗器械提供充分的保护。

（4）可以经受预期的灭菌过程。医疗器械及包装系统的制造商应提供产品灭菌过程的相容性信息。关于对通用灭菌过程和包装材料相容性的更多解释，参见第三章的有关内容。

（5）保持无菌屏障系统的完整性，直到最终使用。

（6）保证在使用地点的无菌使用。

（7）易于识别包装内容物。

包装材料的使用者应确保无菌屏障系统或包装系统符合 GB/T 19633 标准，满足其中与产品相容性相关的要求，包装过程、灭菌过程以及储存、转运和发放过程均得到确认和控制。

三、医疗机构消毒中心选用包装材料、预成型无菌屏障系统和无菌屏障系统应注意的问题

医疗机构消毒中心对包装材料、预成型无菌屏障系统和无菌屏障系统的筛选过程应包括对无菌屏障系统的能力评价，对用于保护无菌屏障系统在最终使用前的完整性和无菌使用的保护性包装也应进行评价。

医疗机构消毒中心应基于与医疗器械相关的风险、使用条件、储存与运输要求以及消毒中心工作人员的卫生保健等情况，对相关风险进行分析并采取措施降低/控制这些风险，具体参见第二章有关内容。

选择无菌屏障系统和包装系统时应考虑以下内容：

（1）储存时间和储存条件可能影响所需要的无菌屏障系统或包装系统的类型，某些器械在使用前可能需要储存一段时间，因此要求更耐受的无菌屏障系统和附加的保护性包装。对无菌屏障系统或包装系统的处理量越大，其破裂的可能性越大，包装变形、衬垫损坏、撕裂、穿孔或密封开封的可能性越大。

（2）器械的尺寸、质量和形状应予以考虑。某些器械可能要求更具有柔韧性的无菌屏障系统。

（3）如果无菌屏障系统使用了多种不同的包装材料，验证各项材料之间的相容性，以及验证包装内容和预期灭菌过程的相容性是非常重要的。

（4）运输方式和运输经历的环境应予以考虑。在某些情形下，运输路径可以是专用的通道，也可以在不同部门之间。当包装系统暴露于未控制的环境时，可能增加完整性丧失的风险，从而危害无菌保持性甚至污染包装内容物。

四、包装过程应预先考虑的问题

（1）医疗器械的设计应有助于无菌使用。

（2）尖锐物品应进行防护，以防止使用者受伤害或无菌屏障系统与医疗器械受损害。

（3）相关附件可以用于无菌屏障系统内部，以达到有助于器械固定、干燥和无菌使用的目的，如内包装、托盘、托盘里衬或固定器械的装置。

（4）保护装置应满足：

① 无毒，预期用于医疗包装且有生产商验证报告的产品。

② 在储存和运输过程中为医疗器械提供保护，直至最终使用。

③ 允许用于预期的灭菌过程并与之相容，有能力承受灭菌过程的条件。

④ 不应经受额外的化学或物理变化而导致性能和安全性受到损害，或与其接触的医疗器械受到不可逆的影响。

⑤ 不影响无菌使用。

⑥ 易于识别包装内容物。

⑦ 储存在受控的环境中以保持洁净。

（5）包装系统的质量和包装内容物不应超过国家规范中规定的手工处理的质量范围。目前世界各个国家规定的范围约为 5 ~ 11.4 kg。

五、无菌屏障系统或包装系统的标识

医疗机构消毒中心对无菌屏障系统或包装系统进行标识的过程应包括以下内容：

（1）何时在医疗机构内进行标识：

① 袋子或卷材如果在灭菌之前进行标识，标签应使用在薄膜（film）上面；如果在灭菌之后进行标识，则可以使用在任意一侧。标签应不遮挡器械。

② 袋子或卷材，如果采用印刷或书写，将标识置于包装外侧密封线包围的区域。

③ 在向有内包装物的无菌屏障系统添加标识时，应注意不要损坏包装材料或内包装物。

（2）在包装包裹上书写标识时，应当写在密封胶袋上，而不应直接写在包装材料上。

（3）用于标识特定灭菌过程的特殊标签的使用不应妨碍灭菌过程，如不应阻挡包装的透气区域。

（4）在灭菌过程和储存过程直到最终使用过程，应确保标识保持在无菌屏障系统上。

（5）标签或胶带及其胶黏剂应无毒。

（6）应使用适用于选定的灭菌过程的无毒的印刷油墨。

（7）不应使用圆珠笔或任何潜在可能给无菌屏障系统造成穿孔或刺穿的书写工具。

六、常用的无菌屏障系统

无菌屏障系统的制造可以主要基于但不限于以下概念：

（1）可密封的袋子或卷材。

（2）灭菌包裹。

（3）可重复使用的容器。

七、可密封袋子和卷材（预成型无菌屏障系统）

（1）两侧封口的连续卷材。卷材松散，被切为所需长度，医疗器械被放置在两层和两端中间然后密封。

（2）预制成固定尺寸且三边密封的袋子，医疗器械被放置在袋内然后密封第四边。使用可密封袋子和卷材应注意以下问题：

① 袋子尺寸和包装材料的强度取决于预期包装的医疗器械。对包装来说，过大或带锐边的器械会对封口和材料造成意外的破坏，可能造成破裂，应保留足够的空间以方便密封。过多的较小器械可能在无菌屏障系统中来回移动，导致封口破裂，穿透或磨损包装材料。较薄的或脆弱的材料在包装、运输和发放的过程中可能被损坏。

② 如果制造商没有特殊规定，预成型无菌屏障系统最多充满透气面内表面的75%。对于较大尺寸的器械，应注意保持器械到封口处更大的距离。

（3）当使用两层包装袋时，里面的袋子应当可以移动。这样可以使灭菌剂穿透并防止两层袋子在灭菌过程中粘连在一起。折叠里面的袋子以装入另一个袋子或折叠外面的袋子时应避免压迫或损害无菌屏障系统。使用两个用薄膜和透气材料制造的袋子组合时，要注意薄膜和薄膜、透气材料和透气材料的正确对应，以保证内包装物可以识别和灭菌剂穿透。

（4）所有袋子的封口，包括采用闭合方式折叠封口时采用的胶带封条，应是光滑的，即要求没有折皱、气泡或皱纹。

（5）自封袋和使用胶带封口的袋子的安全性比热封袋要差。密封过程中应保证折叠和闭合不应有倾斜，并要注意保证两角密封良好，以确认封口边完好的闭合。正确使用胶带是提供完整闭合性和保证无菌屏障系统完整性的重要步骤。要注意采用合适的闭合方法以保证包装完整性。

（6）密封设备应有能力控制和监控关键过程参数，如温度、压力、密封时间/速度，保证这些参数与确认标准一致，如在任何关键参数偏离时报警或停机。操作者不应更改任何过程参数，除非经过适宜的培训，且必须符合操作程序在确认的过程之内。密封操作者应有能力保持密封条件符合无菌屏障系统制造商所建议的密封条件。密封设备应是专用的。

（7）不应使用绳子、线、弹性带、曲别针或类似的辅助工具进行闭合操作。

（8）医疗器械装入袋子时应方便无菌操作。医疗器械的手持部分应当放置在开口端。应当提示密封区域一旦被打开即视为非无菌。

（9）如果需要按特定的方向打开以避免纤维起屑，打开袋子时应按照制造商所指示的方向。成型的包装应有提示打开方向的设计，如箭头标识、密封开口成人字形。

（10）用于医疗器械包装的卷材尺寸多样，但适合尺寸的单个袋子并不容易找到。由于卷材两端需要密封，无法形成人字形封口。在没有人字形封口的情况下，制造商应当指示撕开方向，且建议在封口外侧预留充分的空间以方便按照制造商的指示打开。

（11）很多医疗机构仍在使用某些无法撕开、需要剪切包装才能获得内装产品的无菌屏障系统，替代可以撕开的预成型无菌屏障系统，如有些无菌屏障系统使用全塑袋、顶头袋或全塑卷材制作的袋子。这些包装在使用中存在一个较大的风险，就是产品可能接触到无菌屏障系统非无菌的外表面，在无菌使用时必须格外注意。可以通过以下方式避免：剪除顶部然后向下倒置，使医疗器械滑落到一个适宜的表面且不碰到无菌屏障系统外表面。

（12）热封过程的无菌屏障系统确认方案检查如表8-8～表8-16所示（此表是ISO提供的标准化确认方案文档）。

表8-8　职责表

机构名称	
地址	
确认参与者	
整个确认的负责人	
文件位置	

表8-9　装配好的无菌屏障系统

无菌屏障系统包装内容	
是否为最糟糕情况？如果是，描述其基本原理	
装配的无菌屏障系统的数量	
装配时使用的批准的程序文件或SOP	
是否使用内部整理托盘、尖头保护器为医疗器械提供支撑和保护无菌屏障系统	□是　　□否
如果使用内部支撑/保护工具，请描述	

表8-10　灭菌过程表

灭菌器的制造商和型号			
灭菌器的序列号			
是否为第三方灭菌商	□是	□否	
灭菌周期（如果可以，请附打印件）	□蒸汽（最高温度/最低温度） □环氧乙烷（EO） □其他	□等离子气体 □低温甲醛蒸汽（LTSF）	
是否为最糟糕情况周期	□是	□否	周期参数：
所用已批准的SOP或装载程序			
过程是否经过确认	□是	□否	
确认人			
确认日期			
下次确认日期			

表 8-11 透析袋和卷材

预成型无菌屏障系统制造商			
型号/等级			
供应商联系信息 姓名： 地址： 电话：			
供应商是否为透析袋和卷材的制造商	□ 是	□ 否	
制造商是否提供质量体系的书面证据（如体系证书、注册证）	□ 是	□ 否	
制造商是否对其透析袋/卷材的制造过程进行确认	□ 是	□ 否	□ 验证
供应商是否提供其符合 GB/T 19633 要求的书面证据	□ 是	□ 否	□ 确认
如适用，供应商是否提供符合区域性产品规范要求的书面文件（如 YY/T 0698.5）	□ 是	□ 否	□ 验证
密封温度范围（℃）	从_____至_____		
	数据来源：		
	□ 可用验证		
预期灭菌过程			
预成型无菌屏障系统是否与灭菌过程相容	□ 是	□ 否	
预成型无菌屏障系统在医院的储存和处理是否符合地区/国家/当地标准或要求	□ 是	□ 否	□ 无

表 8-12 密封设备（封口机）

密封设备制造商			
密封设备的型号			
序列号（SN）			
是否存在温度开关公差？根据 DIN 58953-7（±5 ℃），输入公差	□ 是	□ 否	公差：
密封设备供应商			
供应商联系信息 姓名： 地址： 电话：			
校准日期			
制造商是否提供设备满足 ISO 11607-2 要求的书面证据	□ 是	□ 否	□ 验证
制造商是否提供操作指南	□ 是	□ 否	
升级日期和地点			

表 8-13　保护性包装处理、运输、分配和储存挑战的描述

保护性包装： 描述保护性包装的类型 在冷却后使用 清晰标明为保护性包装 运输方式	□ 是 □ 是 □ 是	□ 否 □ 否 □ 否
描述处理、分配和储存 文件编制是否完成	□ 是	□ 否
无菌产品在到达最终使用地点前移动和处理的频率： 丧失完整性的事故的次数		
考虑包装系统的最糟糕情况的性能确认（保护性包装和无菌屏障系统的组合）： 什么是最糟糕情况 选择的理由		

表 8-14　确定测试方法和接收准则

特　性	评价方法	接收准则
密封完整性		完整连续的密封 符合规定的宽度 没有通道打开 没有皱纹、折痕或气泡
包装完整性		没有小孔、撕裂、破损
密封强度		
无菌使用		打开时无损伤或污染包装内容物
剥离能力	剥离时没有材料破裂、层离、分离或降级	□ 是　　　□ 否
其他		

表 8-15　确认步骤

安装确认（IQ）	□ 已执行	
	上次确认的日期：＿＿＿＿＿＿＿＿	
	□ 合格	□ 不合格
	日期/签字	
运行确认（OQ）	□ 已执行	
	上次确认的日期：＿＿＿＿＿＿＿＿	
是否符合表 8-14 中制定的接收准则？请附结果	□ 合格	□ 不合格
	日期/签字	
性能确认（PQ）	□ 已执行	
是否符合表 8-14 中制定的接收准则？请附结果	□ 合格	□ 不合格
	已执行	

表8-16 确认的最后批准

□ 确认过程中所有部分都合格通过，附结果

□ 确认过程中以下部分不合格（请描述）：

_____

需要跟踪或采取的纠正措施：

_____

□ 跟踪措施已被确定并形成文件，附结果

下次计划评审日期：_____

签　字：_____

日　期：_____

地　址：_____

机打名字：_____

八、灭菌包裹物

灭菌包裹种类很多，可以是一次性使用的，也可以是重复使用的纤维材料。灭菌包裹可以用于单个医疗器械包装，也可以用于放在篮筐内的多个医疗器械包装，或放在托盘中的套装医疗器械包装。使用灭菌包裹物包装时应注意以下问题：

（1）灭菌包裹的等级应根据医疗器械的尺寸、形状和质量确定，或依据医疗机构自有的指导原则和包裹制造商的使用建议来确定。

（2）所选灭菌包裹的尺寸应可以充分覆盖要包裹的器械。包裹器械时应不留空隙，也不应包裹太紧，否则可能造成包裹出现孔洞或撕裂。包裹尺寸也应足够大，以适应在灭菌周期内移动而不会开包或撕裂。所选灭菌包裹物的尺寸应足够覆盖医疗器械，但不应太大而缠绕几圈，否则可能阻止灭菌剂的穿透。

（3）适宜的包裹技术对于提供曲折的路径以阻止微生物进入无菌屏障系统是非常重要的。一种包裹技术经过制造商验证其有效性后可以推荐使用。所选的包裹方法应不影响医疗器械的无菌使用。医疗机构应依据国家或地区法规验证或确认包裹方法在消毒中心内使用。

（4）灭菌包裹技术应设计成打开包裹时所有弯曲折线远离无菌区域。

（5）包裹的表面区域应当平整、光滑、大小足够且干净。

（6）包裹的包装应设计成所有边缘都安全且不影响进入无菌区域的无菌使用。

（7）闭合系统应提供打开的迹象，即闭合系统被打开时，应当能显示被打开，不能重复操作。

（8）指示胶带是最常用的包裹包装的闭合方法。根据灭菌方法的不同，有数种不同的胶带可供选择。专门用于织物包裹材料和非织物包裹材料的胶带亦有不同。可能对包装造成压迫的闭合方法不宜采用，如使用绳子、线、弹性绷带、曲别针、书订或类似的物品。

（9）如果使用了可重复使用的织物作为灭菌包裹材料，应注意以下几点：

① 应建立洗涤和修复的处理程序，并形成文件。可以包括目力检验、其他试验方

法和再次使用的可接受准则。

② 处理程序应符合产品说明书。

③ 供应商应在产品说明书中给出最大允许循环使用次数，消毒中心应按说明书中的次数使用；否则使用寿命终点应是可测定的。

（10）闭合回路式的包装方式（包裹方法）。

① 总则。使用皱纹纸、无纺布或纺织品在灭菌前包裹医疗器械形成闭合回路的方法很多，以下这些图示的例子并非是全部的包裹方法，仍然有其他可以接受的方法存在。应鼓励医疗机构自行发明有利于自己工作的、更适应于器械和灭菌方式的包裹方式，新发明的包裹方式应通过包装完整性的验证。不同的包裹层可以采用不同的包裹方法，应注意限制胶带和标签所覆盖的面积，保证足够的透气面积，从而取得有效的灭菌和干燥。包裹方法取决于所要包裹的医疗器械并由使用者决定。

② 信封式。包裹步骤如图 8-15 ～ 图 8-17 所示。

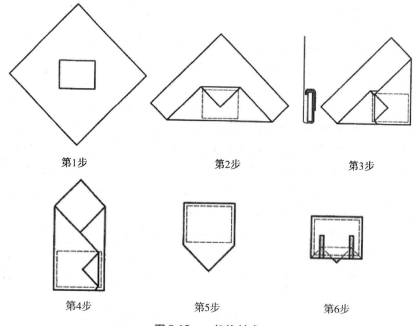

第1步   第2步   第3步

第4步   第5步   第6步

图 8-15　一般信封式

第 1 步：将医疗器械旋转在包材中间，使之与包材对角线呈直角。

第 2 步：包材向上折，覆盖医疗器械的宽面，然后将剩余部分向下折回，并保持折线与之前的折线水平，保持医疗器械被完整覆盖，从而形成一个三角形，使无菌打开成为可能。

第 3 步：按照第 2 步的方法，将右边向左折。

第 4 步：按照第 2 步的方法，将左边向右折。

第 5 步：将剩余部分的包材折好以覆盖医疗器械，并将角插到信封里，直到其突出来。

第 6 步：包材关闭形成一个闭合系统，可以带或不带过程指示剂。

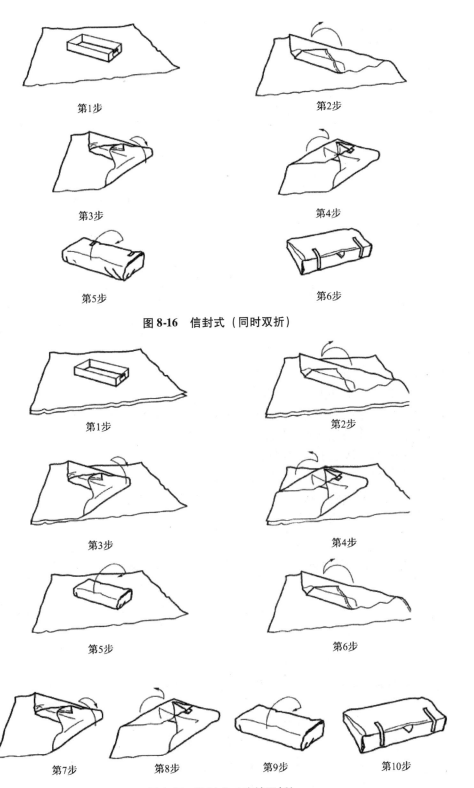

图 8-16 信封式（同时双折）

图 8-17 信封式（连续双折）

③ 平行包裹法。包裹步骤如图 8-18 所示。

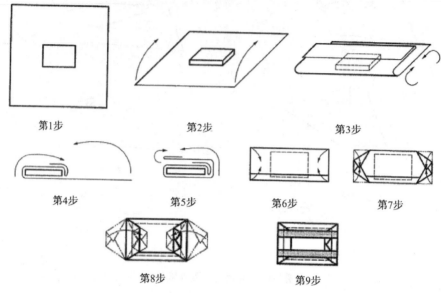

图 8-18 平行包裹法

第 1 步：将医疗器械旋转在包材中间。

第 2 步：将包材前部折叠使之覆盖医疗器械。

第 3 步：将边缘向内折至与医疗器械紧贴。

第 4 步：将对面的包材折叠好。

第 5 步：将其边缘从上侧向回折。

第 6、7、8 步：折叠好后完全包裹医疗器械。

第 9 步：包材关闭后形成一个合适的闭合系统，可以带或不带过程指示剂。

④ 方形折叠法。包裹步骤如图 8-19 和图 8-20 所示。

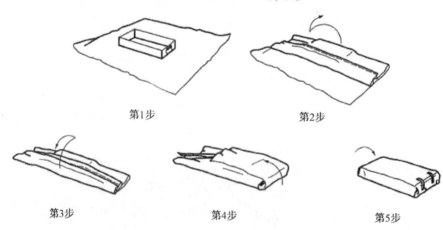

图 8-19 方形折叠法（连续双层一次包裹）

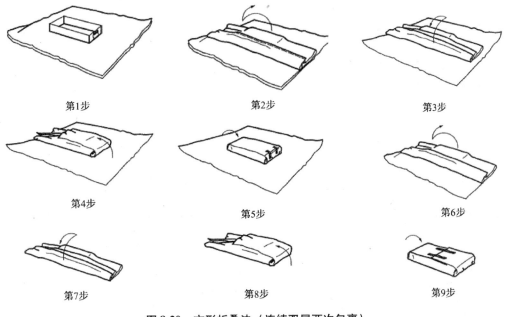

图 8-20 方形折叠法（连续双层两次包裹）

⑤ 巴斯德卷筒法。包裹步骤如图 8-21 所示。

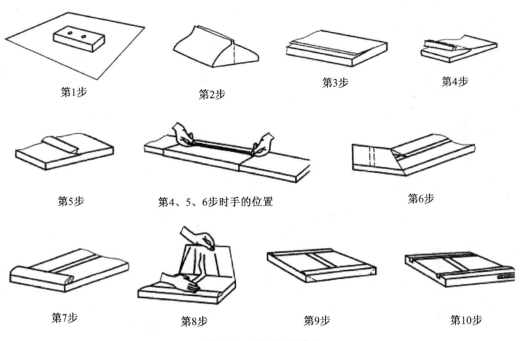

图 8-21 巴斯德卷筒法

（11）包裹过程确认方案检查如表 8-17 ～ 表 8-25 所示（此表是 ISO 提供的标准化确认方案文档）。

表 8-17 职责表

机构名称	
地址	
确认参与者	
整个确认的负责人	
文件位置	

表 8-18 灭菌包裹的描述

灭菌包裹材料制造商			
类型/级别	□ 皱纹纸 □ 非织物 □ 织物 □ 普通纸	□ 其他 如选其他，请说明：	
供应商联系信息 姓名： 地址： 电话：			
供应商是否为包裹材料的制造商	□ 是	□ 否	
制造商是否提供质量体系的书面证据 （体系证书、注册证等）	□ 是	□ 否	
供应商是否提供其符合 GB/T 19633 标准要求的书面证据	□ 是	□ 否	□ 验证
如适用，制造商是否提供符合地区性产品规范的文件？如 YY/T 0698.2 标准	□ 是	□ 否	□ 验证
预期灭菌过程			
无菌屏障系统是否与灭菌过程相容	□ 是	□ 否	
包裹在医院的储存和处理是否符合地区/国家/当地标准或要求	□ 是	□ 否	

表 8-19 包裹闭合系统的描述

闭合系统制造商		
类型/级别/批号	□ 黏合胶带	□ 标签
	□ 指示胶带	□ 其他 如选其他，请说明：
供应商联系信息 姓名： 地址： 电话：		

续表

供应商是否为闭合系统的制造商	□ 是	□ 否	
制造商是否提供质量体系的书面证据（如体系证书、注册证等）	□ 是	□ 否	
供应商是否提供其符合 GB/T 19633 标准要求的书面证据	□ 是	□ 否	□ 验证
制造商是否提供符合地区产品规范的书面证据	□ 是	□ 否	□ 验证
预期的灭菌过程			

表 8-20　已装配的无菌屏障系统（包裹）的描述

无菌屏障系统的内容	
是否为最糟糕的情况配置？如果是，请描述基本原理	
装配的无菌屏障系统数量	
装配时使用的批准的程序或 SOP	
是否使用内部整理托盘、尖端保护器、托盘和包裹之间用的护角、托盘衬垫等支撑医疗器械和保护无菌屏障系统	□ 是　　　　□ 否
如果使用了内部支撑/保护，请描述	

表 8-21　灭菌过程的描述

灭菌器的制造商和型号			
灭菌器的序列号			
是否为第三方灭菌商	□是　　　□否		
灭菌周期（如果可以，请附打印件）	□ 蒸汽（最高温度/最低温度） □ 环氧乙烷（EO） □ 其他	□ 等离子气体 □ 低温甲醛蒸汽（LTSF）	
是否为最糟糕情况周期	□ 是	□ 否	周期参数：
所用已批准的 SOP 或装载程序			
过程是否经过确认	□ 是	□ 否	
确认人			
确认日期			
下次确认日期			

表 8-22　保护性包装处理、运输、分配和储存挑战的描述

保护性包装： 描述保护性包装的类型 在冷却后使用 清晰标明为保护性包装 运输方式	□ 是 □ 是 □ 是	□ 否 □ 否 □ 否

续表

描述处理、分配和储存 文件编制是否完成	□ 是	□ 否
无菌产品在到达最终使用地点前移动和处理的频率： 丧失完整性的事故的次数		
考虑包装系统的最糟糕情况的性能确认（保护性包装和无菌屏障系统的组合）： 什么是最糟糕情况 选择的理由		

表 8-23　确定测试方法和接收准则

特性	评价方法	接收准则
闭合完整性		连续且没有打开或破损，没有通道
包装完整性		没有小孔、撕裂、破损
无菌使用		打开时不会对内容造成损伤或污染
按照形成文件的程序/装配指导进行装配（折叠等）		打开的无菌屏障系统与形成文件的程序/装配指导一致
包装规格按照确定的周期进行处理		满足为该包装规格所定的所有灭菌参数
其他		

表 8-24　确认步骤

安装确认（IQ）	□ 已执行	
	上次确认的日期：_____	
	□ 合格	□ 不合格
	日期/签字	
运行确认（OQ）	□ 已执行	
	上次确认的日期：_____	
是否符合表 8-23 中制定的接收准则？请附结果	□ 合格	□ 不合格
	日期/签字	
性能确认（PQ）	□ 已执行	
是否符合表 8-23 中制定的接收准则？请附结果	□ 合格	□ 不合格
	已执行	

表 8-25　确认的最后批准

□ 确认过程中所有部分都合格通过，附结果 □ 确认过程中以下部分不合格（请描述）： _____ 需要跟踪或采取的纠正措施： _____ 跟踪措施已被确定并形成文件，附结果 下次计划评审日期：_____ 签　　字：_____ 地　　址：_____ 日　　期：_____ 机打名字：_____

九、硬质容器

一个硬质可重复使用容器的设计是为了约束医疗器械或附件，且可在无外在包装的情况下进行灭菌。这种容器一般由一个带把手的底部或底座和一个通过机械结构固定在底座上的盖子组成，也可能包括一个用于固定医疗器械的篮子或托盘。容器本身能提供排气的路径和灭菌剂穿透的路径，在国家或地区法规或相关标准中被称为"可重复使用的容器"。

篮筐、保护套、托盘属于固定装置，不属于无菌屏障系统，应作为无菌屏障系统的一部分使用。

硬质容器应符合以下要求：

（1）只有被证明与特定容器、特定灭菌过程相兼容且有能力保持无菌的过滤器才是可以使用的。过滤器制造商应提供表明这些能力的书面验证报告。

（2）容器应按照制造商的指示进行检验和安装。

（3）"打开迹象系统"应适合灭菌过程并按照容器制造商的说明固定，以表明无菌屏障系统未被有意或意外打开，证实包装内容物在预期使用前未被污染。

（4）每个容器应带有可见的信息卡，卡片应与灭菌过程相容，除非该容器设计是供紧急灭菌使用且是用于此目的时。

（5）每次使用前，应检查底座的密封和盖子是否有损伤，以保证容器完好闭合。

（6）托盘的尺寸应适合所用的容器和灭菌方法。

（7）每次使用后，应按照规定的程序进行清洁、消毒和维护。所用的程序均应经过确认。容器不应超出制造商声明的使用寿命，应有程序保证所用的过滤材料不超出制造商声明的使用寿命。

（8）对于所有无菌屏障系统来说，为了保证无菌使用，过滤材料的外表面和容器的底部和顶部的结合部分均不应接触无菌物品。

（9）硬质容器包装过程确认方案检查如表 8-26 ～ 表 8-34 所示。

表 8-26　职责表

机构名称	
地址	
确认参与者	
整个确认的负责人	
文件位置	

表 8-27　硬质容器的描述

硬质容器制造商				
类型/级别	衬垫	一次性盖子	可重复使用的过滤器	其他
供应商联系信息 姓名： 地址： 电话：				
供应商是否为硬质容器的制造商	□ 是	□ 否		
制造商是否提供质量体系的书面证据（如体系证书、注册证等）	□ 是	□ 否		
供应商是否提供其符合 GB/T 19633 要求的书面证据	□ 是	□ 否	□ 验证	
如适用，制造商是否提供符合地区性产品规范的文件（如 YY/T 0698.8 标准要求）	□ 是	□ 否	□ 验证	
所用过滤器是否为容器制造商所推荐的	□ 是	□ 否	□ 验证	
如果不是，过滤器供应商是否提供其效力、与特定容器相容性和灭菌过程相容性的书面证据	□ 是	□ 否	□ 验证	
预期灭菌过程				
无菌屏障系统是否与灭菌过程相容	□ 是	□ 否		
容器在医院的储存和处理是否符合地区/国家/当地标准或要求	□ 是	□ 否		

表 8-28　证明闭合完整性的"打开迹象系统"的描述

"打开迹象系统"的制造商	
类型/级别	
供应商联系信息 姓名： 地址： 电话：	

续表

供应商是否为"打开迹象系统"的制造商	☐ 是	☐ 否	
"打开迹象系统"是否提供以下特征： 提供打开的视觉迹象 阻止打开容器和提供打开的视觉迹象（物理上阻止打开容器） 表明盖子从灭菌开始已被安全密封	☐ 是 ☐ 是 ☐ 是	☐ 否 ☐ 否 ☐ 否	
如果使用的是一次性"打开迹象系统"，是否有批号	☐ 是 批号：	☐ 否	
制造商是否提供质量体系的书面证据（如体系证书、注册证等）	☐ 是	☐ 否	
供应商是否提供其符合 GB/T 19633 要求的书面证据	☐ 是	☐ 否	☐ 验证
如适用，制造商是否提供符合地区性产品规范的文件（如 YY/T 0698.8 标准要求）	☐ 是	☐ 否	☐ 验证
预期灭菌过程			
闭合系统是否与灭菌过程相容	☐ 是	☐ 否	

表 8-29 装配容器的描述

无菌屏障系统的内容		
容器内是否使用了附加的包装	☐ 是	☐ 否
附加包装是否是无菌屏障系统	☐ 是	☐ 否
这是否为最糟糕情况的配置？如果是，请描述其基本原理		
装配的无菌屏障系统的数量		
装配使用的程序或 SOP		
是否使用了内部整理托盘、尖端保护器等为医疗器械提供支撑和保护无菌屏障系统	☐ 是	☐ 否
如果使用了内部支撑和保护，请描述		

表 8-30 灭菌过程的描述

灭菌器的制造商和型号			
灭菌器的序列号			
是否为第三方灭菌商	☐ 是 ☐ 否		
灭菌周期（如果可以，请附打印件）	☐ 蒸汽（最高温度/最低温度） ☐ 环氧乙烷（EO） ☐ 其他	☐ 等离子气体 ☐ 低温甲醛蒸汽（LTSF）	
是否为最糟糕情况周期	☐ 是	☐ 否	周期参数：
所用已批准的 SOP 或装载程序			

续表

过程是否经过确认	□ 是	□ 否	
确认人			
确认日期			
下次确认日期			

表 8-31　保护性包装处理、运输、分配和储存挑战的描述

描述处理、分配和储存 文件编制是否完成	□ 是	□ 否
无菌产品在到达最终使用地点前移动和处理的频率： 丧失完整性的事故的次数		
考虑包装系统的最糟糕情况的性能确认（保护性包装和无菌屏障系统的组合）： 什么是最糟糕情况 选择的理由		

表 8-32　确定测试方法和接收准则

特性	评价方法	接收准则
锁止机构和闭合连续性/完整性		连续且没有打开或破损，没有通道
过滤器/阀门完整性		没有小孔、撕裂、破损
衬垫完整性		没有损伤
无菌使用		打开时不会对内容造成损伤和污染
其他		

表 8-33　确认步骤

安装确认（IQ）	□ 已执行	
	上次确认的日期：＿＿＿＿＿＿＿	
	□ 合格	□ 不合格
	日期/签字	
运行确认（OQ）	□ 已执行	
	上次确认的日期：＿＿＿＿＿＿＿	
是否符合表 8-32 中制定的接收准则？请附结果	□ 合格	□ 不合格
	日期/签字	
性能确认（PQ）	□ 已执行	
是否符合表 8-32 中制定的接收准则？请附结果	□ 合格	□ 不合格
	已执行	

表 8-34　确认的最后批准

□ 确认过程中所有部分都合格通过，附结果

□ 确认过程中以下部分不合格（请描述）：

_____

需要跟踪或采取的纠正措施：

_____

□ 跟踪措施已被确定并形成文件，附结果

下次计划评审日期：_____

签　字：_____

地　址：_____

日　期：_____

机打名字：_____

十、包装系统性能测试

医疗机构第一次使用任何包装系统时，应对其性能进行测试。性能测试应对无菌屏障系统或包装系统在可预测的严苛的条件（灭菌、储存、运输和发放）下的性能保持进行验证。无菌屏障系统需要保持其完整性，不出现任何可能由施加的外力造成的孔洞、撕裂或密封/闭合的失败。

（1）性能测试应针对所有预期的灭菌程序、包装程序、发放程序和储存程序，直到最终使用进行评价。

（2）性能测试应针对可预测的最糟糕情形进行评价，应考虑一系列因素，这些因素包括但不限于：

① 在无菌屏障系统的组装过程中，其内包含的医疗器械给无菌屏障系统带来最大的挑战，如最大的、最重的、密度非常大的、尖锐物品等，参见 GB/T 19633 标准 5.2.2 条。

② 用于验证测试的样品应当可以对灭菌过程的效力进行监测，监测必须按照国家或地区法规要求进行。监测参数包括但不限于生物、化学指标或过程挑战装置（PCD），可以使用热电偶或数据记录仪测量和记录物理参数。可以通过灭菌过程确认来确定无菌屏障系统的适用性。医疗器械包装和灭菌应符合医疗器械制造商和预成型无菌屏障系统制造商提供的指导。

③ 无菌屏障系统在预期的灭菌过程中，应对与其他产品混合灭菌和满柜灭菌的情形予以考虑。

④ 对无菌屏障系统的分配/运输/储存/打开，应考虑无菌屏障系统或包装系统可能储存的环境和其他条件。将产品压缩在箱子里或储存地点，会增加两套包装的医疗器械之间剪压作用的概率和不利因素导致的小孔和撕裂。由于许多灭菌地点与最终使用地点并不相邻，考虑储存和发放的所有条件尤其重要。

完成性能测试之后，医疗机构应通过目力检测无菌屏障系统样品的完整性（没有孔

或撕裂）和密封完整性，然后确认所有灭菌参数都达到要求。

如果需要更充分的测试，可以在本节相关标准试验方法表中找到替代测试方法。

如果一个无菌屏障系统设计成可重复使用的，制造商应对性能的降低进行预测，量化循环使用次数或有监测、检测系统可以清楚地识别其达到制造商确定的使用寿命。

十一、保护性包装

保护性包装可以用于保护或延长包装的无菌物品的货架寿命期，这些物品可能面临环境挑战或多重处理。无菌屏障系统在运输或移动过程中可能需要保护性包装以保证运输和处理过程不会影响无菌屏障系统。灭菌后的包装应尽可能地减少处理环节。无菌屏障系统失去完整性是一个事故，而不是时间问题。因此，保护无菌屏障系统不受到损害是至关重要的。

当使用保护性包装时，无菌屏障系统应可以清楚识别。保护性包装设计的目的是为了提供额外的保护以避免损害和外界因素。任何保护性包装在灭菌后使用时，必须在被灭菌物品完全降至室温且干燥完全后应用。采用的保护性包装不应对手术环境造成潜在的污染。可以要求在无菌屏障系统进入手术环境前除去保护性包装。

十二、无菌屏障系统稳定性评价

评价无菌屏障系统或预成型无菌屏障系统随着时间的流逝保持其工作特性和密封完整性通常由制造商进行。然而，即使材料表明是可以接受的微生物屏障，医疗机构消毒中心仍应证明组合的无菌屏障系统或包装系统在可预知的环境条件下可以保持完整性，直到最终使用。

无菌屏障系统失去完整性是一个事故，而不是时间问题，这取决于无菌屏障系统或包装系统的性能以及医疗器械与所选无菌屏障系统、储存条件、运输条件和处理次数的综合结果。适宜的储存环境包括多种考虑，如防止任何损害、保持温度和湿度的稳定、限制在尘土和光照中的暴露、保持保护性包装的最小化处理、对清洁和污染的物品进行分离等。有效的仓库控制和管理系统可降低无菌屏障系统的损害，最大化维护包装完整性。

一些国家或地区指南可能提供更多与储存要求有关的信息，如与地面和天花板的距离、存货周转、储存区域的清理、对温度和湿度更多特定的限制、无孔货架的类型、密封和专用房间、通风和空气质量、悬浮粒子。

十三、无菌物品储存、院内发放和院外配送

无菌物品储存、发放和运输方式的描述如表 8-35 ～ 表 8-37 所示。

表 8-35 无菌物品的储存

是否为无菌屏障系统设置专用的储存区域	□ 是　　　□ 否
是否有基于灭菌日期的存货周转系统	□ 是　　　□ 否
是否为无尘环境	□ 是　　　□ 否
是否对地板进行日常清洗	□ 是　　　□ 否 如果是，频率：
货架是否用不透气材料制成	□ 是　　　□ 否
是否对货架/篮子进行日常清洁	□ 是　　　□ 否 如果是，频率：
在货架/篮子上储存是否可以避免所有被损伤的风险	□ 是　　　□ 否
在地板和无菌产品之间的距离是否足够	□ 是　　　□ 否 距离（cm/in）：
是否可以避免阳光直射	□ 是　　　□ 否
湿度是否符合制造商的要求	□ 是　　　□ 否 当前湿度（%）：
温度是否符合制造商的要求	□ 是　　　□ 否 当前温度：
空气是否经过过滤	□ 是　　　□ 否 当前状态：
是否每小时都换气	□ 是　　　□ 否 换气量：
是否保持正压	□ 是　　　□ 否
空气悬浮粒子和微生物是否有计数	□ 是　　　□ 否 粒子数（CFU/m³）：
是否有单独的空间供工业产品脱外包	□ 是　　　□ 否

表 8-36 院内发放

清洁的和（或）无菌医疗器械在运输和储存时是否与污染的医疗器械分开进行	□ 是　　　□ 否
这些无菌医疗器械在运输过程中是否被遮盖或封闭	□ 是　　　□ 否
如果在隔离区之前曾被污染，是否在运输无菌医疗器械前清洁消毒	□ 是　　　□ 否
如果运输系统置于无人看管的公共区域，是否可以被安全锁住	□ 是　　　□ 否

表 8-37　院外配送

所用的运输车辆是否合适	□ 是	□ 否
运输车辆的空气悬挂是否予以考虑	□ 是	□ 否
车辆是否可以并且定期被清洁和维护	□ 是	□ 否
温度和湿度的极限情况是否已考虑	□ 是	□ 否
如果隔离区之前曾被污染，是否在运输无菌医疗器械前清洁消毒	□ 是	□ 否
运输车辆是否为无菌物品专用并被安全锁住	□ 是	□ 否
是否对运输人员进行处理无菌屏障系统的培训	□ 是	□ 否

表 8-38　储存和转运的建议条件

供应商是否提供以下储存和转运的建议条件	是否提供	
温度	□ 是	□ 否
相对湿度	□ 是	□ 否
处理要求	□ 是	□ 否
振动限制	□ 是	□ 否
冲击和其他运动	□ 是	□ 否

十四、工作人员服装要求

工作人员服装要求如表 8-39 所示。

表 8-39　工作人员服装要求

是否有针对处理无菌屏障系统的工作人员的培训计划	□ 是　　　□ 否 如果是，请描述：
是否有手卫生的规定	□ 是　　　□ 否 如果是，请描述：
服装是否有编号	□ 是　　　□ 否 如果是，请描述：
是否有记录从灭菌地点到最终使用地点过程中无菌屏障系统被再次储存和发放的次数	□ 是　　　□ 否 如果是，请描述：

十五、第三方消毒中心

当医疗机构使用的包装或灭菌委托第三方消毒中心进行时，针对第三方消毒中心应考虑以下内容：

1. 总则

第三方消毒中心是灭菌或已经灭菌包装好的医疗器械供应商。当医疗机构出于经济原因把包装外包时，第三方消毒中心可以提供相关的服务。

2. 第三方消毒中心的功能

第三方消毒中心可能执行下列功能中的一个或一组：

（1）完整的最终灭菌包装系统设计、开发和确认。

（2）使用无菌屏障系统及附加的保护性包装形成整个包装系统，为指定的医疗器械进行包装。

（3）按照第三方消毒中心或医疗机构的规范采购材料。

（4）将包装好的医疗器械分包灭菌。

3. 第三方消毒中心的职责

第三方消毒中心和医疗器械制造商一样，应建立符合 ISO 13485（YY/T 0287）标准要求的质量体系，并提供通过质量体系认证的证明。生产过程中应严格执行 GMP 规范和质量体系要求，包括 ISO 11607-1 和 ISO 11607-2（GB/T 19633）的要求。医疗机构作为顾客，应选择确保第三方消毒中心具有与包装的医疗器械相同的条件，包括设计控制、质量体系、包装系统和过程确认，必要时包括灭菌确认。控制批准的最终义务和责任由医疗机构承担。

十六、文档

医疗机构应按照计划或评价准则对所选用的无菌屏障系统进行评价，并将测试结果与接收准则进行对比。评价的结果应形成文件。

确认文件和收集到的数据应按照机构自身的要求保持。文件信息应包括用于测试的材料的型号、尺寸或级别、批号、灭菌过程、任何已知的失效期、建议储存的条件、任何已知的处理过程、使用限制、重复使用的材料允许的最大使用次数和设备的维护等。

第四节 医疗机构直接使用的无菌医疗器械包装与灭菌过程的相容性

一、湿热（蒸汽）灭菌

1. 灭菌过程概述

包装后的医疗器械经受饱和蒸汽和高温。蒸汽是灭菌剂，需要穿透无菌屏障系统和包装系统，并与医疗器械接触。

2. 医疗器械、无菌屏障系统和包装系统的灭菌相容性

（1）医疗器械、无菌屏障系统、包装系统和印刷油墨应对水蒸气和高温不敏感。

（2）无菌屏障系统应有透气区域允许蒸汽进入和排出。蒸汽可穿透部分的面积占整个透气面积要有充分比例，以保证无菌屏障系统在真空和蒸汽填充过程中的完整性。应注意保证个别无菌屏障系统不会阻止透气性，避免透气材料与非透气材料接触，因为这可能会阻止气体穿透。

（3）有腔室的医疗器械应该处于打开状态，允许蒸汽穿透并保持蒸汽与医疗器械所有部分持续接触。

3. 灭菌过程的特性

（1）时间：该过程通常小于 2 h，不需要进行解析。

（2）负载大小：取决于设备准则和医疗器械灭菌过程的确认。

4. 相关标准

ISO 17665-1、ISO/TS 17665-2。

二、干热灭菌

1. 灭菌过程概述

使包装后的医疗器械经受高温并持续一段时间。

2. 医疗器械、无菌屏障系统和包装系统的灭菌相容性

医疗器械、无菌屏障系统、包装系统和印刷油墨应可以承受高温，通常会达到160 ℃或更高的温度并持续几个小时，或较低温度持续更长的时间。

3. 灭菌过程的特性

（1）时间：该过程需要几个小时，不需要进行解析。

（2）负载大小：取决于设备准则和灭菌过程的确认。

4. 相关标准

ISO 20857。

三、过氧化氢灭菌

过氧化氢灭菌通常有两种类型：等离子气体型和低温过氧化氢（LTHPGP）灭菌。相似之处是这两种方法都采用过氧化氢蒸汽，但等离子气体方法有一个转换为等离子气体的步骤。

1. 灭菌过程概述

包装后的医疗器械放在低温容器内，并接受过氧化氢蒸汽或等离子气体的过程。

2. 医疗器械、无菌屏障系统和包装系统的灭菌相容性

（1）医疗器械、无菌屏障系统、包装系统和印刷油墨应可以承受温度 55 ℃、湿度80%并保持一个经过确认的时间。

（2）如果采用等离子气体法，医疗器械、无菌屏障系统、包装系统和印刷油墨应与等离子气体形成过程相容。

（3）医疗器械、无菌屏障系统、包装系统和印刷油墨应对真空或过氧化氢不敏感。

（4）医疗器械应可以承受设备施加的压强变化率。

（5）有腔室的医疗器械应处于打开状态，保证气体穿透并保持与所有部位接触。

（6）无菌屏障系统和包装系统应有透气区域允许气体进入和排出。气体可穿透部分的面积占整个透气面积要有充分比例，以保证无菌屏障系统在真空和气体填充过程中的完整性。

（7）纤维材料不可用于该过程。

3. 灭菌过程的特性

（1）时间：该过程大约持续 1 h，通常不需要解析。某些情况可能需要解析或附加的真空/压力清除过程以保证不向工作场所排出气体。

（2）负载大小：取决于设备准则和医疗器械灭菌过程的确认。

（3）容器排气时应向污染控制设备排放以中和过氧化物，防止其进入工作场所或大气。

4. 相关标准

GB 27955。

四、环氧乙烷（EO）灭菌

1. 灭菌过程概述

碱性气体湿热灭菌。

2. 医疗器械、无菌屏障系统和包装系统的灭菌相容性

（1）医疗器械、无菌屏障系统、包装系统和印刷油墨应能承受高温（通常低于 60 ℃）和高湿、高真空、氮气和 EO。温度和湿度范围根据灭菌周期的设计而变化。

（2）医疗器械应允许气体穿透并允许持久接触器械所有表面。

（3）无菌屏障系统需要有多孔区域，允许气体进入和排出。要有足够的透气面积保证一定的气体穿透速率，只有这样才可以在真空和 EO 排出过程中保持无菌屏障系统的完整性。应注意防止个别无菌屏障系统的摆放不合理妨碍 EO 气体的透过性能。避免透气材料与非透气材料接触，因为这样可能会阻止气体穿透。

3. 灭菌过程的特性

（1）时间：此过程可能需要几天进行预处理、灭菌和解析。

（2）灭菌效率取决于完成满载的时间。

（3）负载大小：基于内容积的大小和灭菌过程的验证。

（4）灭菌周期在某种程度上可以定制，以满足医疗器械和微生物要求。

（5）剩余的 EO 应被排出，以确保其残留量在安全范围内，这是灭菌过程周期设置的一部分，并需要对无菌医疗器械测试 EO 残留量。

4. 相关标准

ISO 11135-1、ISO 10993-7、ISO/TS 11135-2、AAMI TIR15、AAMI TIR16、AAMI TIR19、AAMI TIR20、AAMI TIR28。

五、臭氧灭菌

1. 灭菌过程概述

臭氧灭菌是一个低温气体灭菌过程。包装后的医疗器械接受高湿和臭氧，以达到杀死微生物的目的。

2. 医疗器械、无菌屏障系统和包装系统的灭菌相容性

（1）医疗器械、无菌屏障系统、包装系统和印刷油墨应可以承受高湿、重复的真空和臭氧。应咨询医疗器械制造商和灭菌剂制造商，以确定医疗器械和臭氧的相容性。

（2）无菌屏障系统和包装系统应具有透气部分，允许气体进入和排出。气体可穿透部分的面积占整个透气面积要有充分的比例，以保持无菌屏障系统在真空和加药过程中的完整性。

（3）有腔室的医疗器械应处于打开状态，保证气体穿透并保持与所有部位接触。

3. 灭菌过程的特性

（1）时间：该过程持续几个小时，不需要解析。该灭菌过程在美国只允许使用FDA批准的化学指示剂、自含式的生物指示剂（采用菌嗜热脂肪）和臭氧灭菌剂对过程进行监测。灭菌后的产品应在生物学指标测试结果合格后才能放行，该灭菌方法不允许使用参数放行。

（2）负载大小：取决于设备准则和医疗器械的灭菌过程确认。灭菌剂应按其制造商推荐的量加载。

4. 相关标准

ANSI/AAMI ST58。

六、二氧化氯（ClO_2 或 CD）灭菌

1. 灭菌过程概述

二氧化氯气体法是一个低温灭菌过程，该过程与 EO 灭菌相似。它使用二氧化氯作为氧化剂，通过氧化作用，达到杀死微生物的目的。芽孢杀灭原理与过氧化氢蒸汽和甲醛熏蒸相似。

2. 医疗器械、无菌屏障系统和包装系统的灭菌相容性

（1）聚烯烃非织物、许多透明薄膜、铝箔复合材料和硬质塑料都与二氧化氯相容。某些纸张也可以使用二氧化氯灭菌。

（2）医疗器械、无菌屏障系统、包装系统和印刷油墨应可以承受氧化条件和高湿（55% 至 70% 的相对湿度），气体浓度（5 ~ 30 mg/L）和湿度根据灭菌周期的设计而不同。

（3）有腔室的医疗器械应处于打开状态，保证气体穿透并保持与所有部位接触。

（4）无菌屏障系统和包装系统应有足够的透气部分允许气体进入和排出。气体可穿透部分的面积占整个透气面积应有充分比例，以保证无菌屏障系统在真空和气体填充过程中的完整性。

3. 灭菌过程的特性

（1）作用时间。该过程通常包括以下步骤：

① 预处理和潮湿处理。

② 充入 CD。

③ 灭菌。

④ 排出 CD 和医疗器械的解析。

整个过程可能持续几个小时，具体时间取决于相对湿度、医疗器械的数量和灭菌容器的大小。其预处理时间与 EO 灭菌相似，解析时间比 EO 灭菌要短。如果使用生物指示剂放行产品，应在生物指标测试结果合格后才能放行。如果设备可以直接监测整个灭菌过程中的 CD 浓度，则允许参数放行。

（2）负载大小：取决于设备准则和医疗器械灭菌过程的确认。

（3）效率取决于全部装载的时间。

（4）灭菌周期可以在一定程度上设置，以满足微生物学的要求。

（5）二氧化氯浓度降低到安全水平是灭菌过程的一部分，应测量医疗器械上的残留量。

七、包装过程确认检查和灭菌过程确认文件的结合

表 8-40 可用于确定执行灭菌过程确认的数目。

表 8-40　过程确认数目

规格[①]	蒸汽[②]			LTFS（低温甲醛灭菌）	EO（环氧乙烷灭菌）	H₂O₂（过氧化氢灭菌）
	134 ℃	121 ℃	其他温度			
A						
B						
C						
D						

注：① 规格包括材料和闭合系统。

② 如果同时使用预真空和下排气，在同一台设备时表格为六列，还应增加一种灭菌方式。

第五节　医疗机构直接使用的无菌医疗器械包装成型过程确认

医疗机构直接使用的无菌医疗器械包装过程的确认应当在满足 YY/T 0287 质量管理体系标准的框架下进行。由于各个医疗机构的管理体系可能有所区别，但不论是什么样的管理体系，关键是要执行一个有效的文件控制系统，包括培训、过程控制/监测、纠正/预防措施和持续改进等，以保持包装过程的有效性。

医疗机构直接使用的无菌医疗器械包装过程通常包括装配、填充和以下过程：

（1）密封过程：卷材或袋子的成型和密封。

（2）包裹过程：灭菌包裹的折叠和闭合。

（3）容器过程：可重复使用容器的闭合。

本书在前面章节中所讲的安装确认（IQ）、运行确认（OQ）和性能确认（PQ）是指用设备完成的密封或闭合过程，然而医疗机构中的成型、密封和装配过程大部分是手工操作，因此，人工操作也应作为确认的一部分。

典型的 IQ 仅在设备安装时进行。一个涉及人员和任务操作的过程，其标准作业程序（SOP）的开发和培训有时也被医疗机构认为是 IQ。针对特定员工进行的 OQ、PQ 培训应包含在这些文件报告中。

一、过程确认的方法

医疗机构消毒中心应有形成文件的确认方法或标准程序，包括：

1. 确认方案的起草

确认方案至少应包括以下信息：

（1）职责，如机构、场所、确认负责人和操作者的名字。

（2）密封和闭合程序/SOP 的描述，如透析袋的热封、无菌屏障系统的包裹或闭合、硬质容器过滤窗口的装载和闭合。

（3）所用的无菌屏障系统的描述。如果有保护性包装，也应对选用的保护性包装进行描述，如制造商的描述。

（4）无菌屏障系统内容物的描述。无菌屏障系统应与正常使用时一样组装。

（5）灭菌过程的描述，如湿热灭菌（134 ℃和 121 ℃）、环氧乙烷（EO）灭菌、过氧化氢等离子灭菌、低温蒸汽甲醛（LTSF）灭菌，包括过程参数和所用装载配置。

（6）对每个无菌屏障系统的运输、发放和储存的描述。

（7）过程确认应包括安装确认（IQ）、运行确认（OQ）和性能确认（PQ）。

（8）在确定样本数量时应考虑：测试样品的数量应当基于统计学的原理，以及样本数量影响测试结果的可信度和可靠性。确定样品数量的软件和结果计算可以在网络上获取。

（9）在确定接收准则时应考虑到用户可能会评价哪些指标，采用的评价方法以及什么样的结果是用户可以接受的。

（10）确认的批准。确认方案的起草以及标准化表格见本节及上一节有关内容。

2. 确认的实施

确认方案起草并经评审批准后，所有的确认活动应按照方案实施。对三个过程的过程确认指南参考以下部分：密封过程（本节"二"）、包裹过程（本节"四"）和容器过程（本节"五"）。

3. 确认的批准

形成文件的确认报告应由确认方案中指定的负责人批准，并具有可追溯性。应在确认报告批准前解决偏差，应对确认研究的偏差进行评估以确定是否具有重复性。

安装确认（IQ）报告应在运行确认（OQ）前被批准。同样，运行确认（OQ）报告也应在性能确认（PQ）前被批准。

在完成每个确认步骤后进行下一个步骤前，应对失效和偏差进行研究，待确定根本原因后实施纠正措施，保持措施的有效性并形成文件。应评价是否需要完全或部分重复上一个确认步骤，若需要则应按照质量体系要求实施纠正或预防措施。

　　4. 过程控制和常规监测

　　应建立包装程序文件并实施，以保证过程受控。在日常操作中要使用经过验证的参数。关键过程参数应得到监测并保存记录。

　　5. 过程/包装变更和再确认

　　（1）当与设备、产品、包装材料或包装有关的过程发生变更时，可能导致最初的确认失效，这些变更对无菌性、安全性或无菌医疗器械的有效性产生潜在的影响。下面列出可能影响确认的过程状态，包括需要再确认的变更清单：

　　① 无菌屏障系统材料的变更。

　　② 新的设备。

　　③ 过程或设备从一个生产场地或地址转移到另一个区域。

　　④ 灭菌过程。

　　⑤ 对顾客抱怨或不符合质量要求，或过程控制参数不利趋势的评审。

　　⑥ 无菌屏障系统内容物超出最初评估的最差条件时。

　　⑦ 运输路线或方式的变更，如从同一建筑内运输变为不同建筑间的运输，这可能会显著改变对包装的挑战。

　　（2）应对再确认需要进行评价且形成文件。如果变更不要求最初确认的各方面都重新进行，则再确认不必要像最初确认一样全面、完整，但应对基本原理形成文件以支持结论。

　　（3）接受不需要再确认活动的变更，如材料变更或材料供应商的变更、供应商提供材料实际等同的证据。

　　（4）由于多个微小变更可能累积起来对过程的确认状态产生影响，因此要考虑周期性再确认活动、验证或评审。

　　再确认可以用来显示操作人员仍然具备所要求的知识和能力，能有效地完成过程，也可以用来作为对人员保持原岗位或重新安排其他岗位的证据。

二、预成型无菌屏障系统密封过程的确认（透析袋、卷材或袋子的成型和密封）

　　预成型无菌屏障系统制造商应提供预成型密封过程的确认信息，该过程确认适用于医疗器械现场的闭合密封。

　　1. 安装确认（IQ）

　　密封设备应经制造商预先调试校准，并附有校准合格证书后被正确安装。医疗机构应建立持续的校准程序来保证正确的密封参数，并应对操作者培训如何正确操作密封设备。

　　与安装确认（IQ）有关的内容包括环境条件，如洁净度、温度、湿度，以及已形成文件的培训操作手册或程序。以下问题应予以明确：

（1）是否确定了关键过程参数（至少包括温度、接触压力和密封/保压时间）？如果使用履带式密封设备，保压时间通常以密封速度的形式表示（m/s）。如果使用板式热封机，保压时间是指热压板与包装材料的接触时间。

（2）密封温度是否与预成型无菌屏障系统生产商建议的范围一致？

（3）密封设备是否带有控制和监测关键过程参数的装置？

（4）密封设备是否带有关键过程参数超出限值时的报警系统或自动停机的功能？

（5）是否有特定密封宽度的要求？

（6）是否有形成文件的维护措施和清理计划？

（7）是否对所有操作者针对如何操作密封设备进行培训？是否保持培训记录？

为保证 IQ 的实施，推荐使用 ISO 制定的标准化确认方案文档，表 8-41 ~ 表 8-49 中的 IQ 检查清单可用于编制文件。

表 8-41　封口机安装确认：通用信息

密封设备型号	
制造商	
制造商地址	
质量管理体系	□ 有验证
类型	
序列号	
生产年份	
位置	
确认负责人	
其他安装确认（IQ）操作者	
安装确认（IQ）日期	
密封设备的类型	□ 板式/手压式　　　□ 串联模型 □ 板式/连续传送　　□ 制造商提供的特殊密封设备 □ 履带式　　　　　　□ 改装的密封设备 　　　　　　　　　　改装人：＿＿＿＿＿＿＿
如适用，是否符合欧洲 CE 要求	□ 是　　　□ 否　　　□ 验证
服务团队	
地址	
电话	
联系人	
授权情况	□ 有，由＿＿＿＿＿＿授权　□ 无

表 8-42　封口机安装确认：安装条件

参数	设定值	是否可用（测量）		
电压		□ 是	□ 否	
频率/Hz		□ 是	□ 否	
熔断器保护/A		□ 是	□ 否	
符合当地电气规范		□ 是	□ 否	
合规性		□ 是	□ 否	日期/签名

表 8-43　封口机安装确认：文件编制

文　件	是否可用		位置（存档）
说明手册	□ 是	□ 否	
如适用，是否符合欧盟 CE 规范	□ 是	□ 否	
备用件和订单	□ 是	□ 否	
批准的 SOP	□ 是	□ 否	
购买订单验证	□ 是	□ 否	
电气系统图和安装图纸	□ 是	□ 否	
合规性	□ 是	□ 否	日期/签名

表 8-44　封口机安装确认：安全特性

参数	要　求	是否可用	
密封宽度			
与医疗器械的距离			
工艺路线		□ 自动	□ 手动
合规性		□ 是　　□ 否	日期/签名

表 8-45　封口机安装确认：安全特性（由授权人员检查）

描　述	合规性		备　注
密封设备是否按照制造商指南连接	□ 是	□ 否	
是否表明密封设备没有可见的安全缺陷（机盖、电源线、插头等是否有缺陷）	□ 是	□ 否	
是否表明密封设备没有操作缺陷（未知运行噪音、咔嗒的吱吱叫等）	□ 是	□ 否	
合规性	□ 是	□ 否	日期/签名

表 8-46　封口机安装确认：关键参数

哪些参数是过程开发中的关键参数（咨询制造商，至少包括温度、压强和时间）	□ 温度 □ 密封/保压时间（板式密封机） □ 其他（请描述）		□ 压强 □ 密封速度（旋转式密封设备）
问　题	合规性		如何解决
这些关键参数是否被控制和监测	□ 是	□ 否	
系统是否具有这些功能，当系统偏离以前确定的操作参数的极限阀值时发出警报或停止工作并初始化设备	□ 是	□ 否	
对这些关键过程参数是否进行日常记录	□ 是	□ 否	
合规性	□ 是	□ 否	日期/签名

注：附加方面由使用者决定或检查（部分要求验证）。

表 8-47　封口机安装确认：维修和保养

问　题	合规性		批准人
是否有对密封设备的书面维护计划	□ 是	□ 否	
密封设备是否校准	□ 是	□ 否	
电源突然断电后参数设置是否仍有效	□ 是	□ 否	
合规性	□ 是	□ 否	日期/签名

表 8-48　封口机安装确认：培训

员工名称	SOP	培训			签名	
		讲师	资质	日期	培训人	被训人

表 8-49　封口机安装确认：环境

桌面是否光滑（是否有对包装材料造成潜在损伤的尖锐或任何外来物质）	□ 是	□ 否
桌面是否清洁且有保持清洁的能力	□ 是	□ 否
桌面环境的设计是否可以提供足够的空间供进行折叠	□ 是	□ 否
适用的 SOP 是否在工作区域可用	□ 是	□ 否
日期/签名		

2. 运行确认（OQ）

医疗机构所用的密封温度范围应根据预成型无菌屏障系统制造商和密封设备制造商所提供的信息确定。

（1）预成型无菌屏障系统制造商通常提供温度上限和下限、确定的温度和保压时间。

（2）密封设备制造商通常提供有关密封设备如何监测关键参数的信息。

（3）接触压力和保压时间通常在制造商设定范围内，确认密封设备可以达到无菌屏障系统制造商所建议的参数限值。不同的无菌屏障系统可能需要使用不同的密封温度。

（4）根据预成型无菌屏障系统制造商提供的信息，按温度上限和下限密封无菌屏障系统，评价密封质量。在使用密封设备前应确认其已经校准。

（5）操作者应经过必要的培训，并经评估可以胜任热封过程的操作。

（6）包装应按照形成文件的程序进行组装。在组装这些包装时，应包括最坏情况的配置。

对于一个成功确定的上限和下限温度，其所有的样品均应符合接收准则。无菌屏障系统密封接收准则应包括：

① 完整密封时达到预先计划的密封宽度。

② 无通道或开口。

③ 无小孔或撕裂。

④ 无褶皱或折缝穿过密封条。

⑤ 经预期的灭菌过程后，开口处无材料分层或纤维撕裂，否则会影响无菌使用。

⑥ 进行破坏性测试时，每种密封参数应准备多套已包装的产品进行评价。

为达到以上接收准则，经灭菌后的最小密封强度可能是必需的，如 YY/T 0698.5 标准给出了湿热灭菌最小参考值为 1.5 N/15 mm，其他灭菌方式最小参考值为 1.2 N/15 mm。如果密封强度未在 OQ 中测试，则在 PQ 过程中很难达到接收准则，从而导致需要重新进行 OQ。

应选择适用的标准对这些指标进行检查，如染料渗透测试或其他密封完整性指标。测试结果应形成文件。

如果指标的上限和下限均可满足密封质量的要求，参数的设定值通常是两个限值的平均值，如下限 = 170 ℃、上限 = 190 ℃、密封温度 = 180 ℃。

密封运行确认如表 8-50 ～ 表 8-53 所示。

表 8-50 密封运行确认：密封温度

密 封 温 度	下限（LL）	上限（UL）
预成型无菌屏障系统制造商所建议的温度		
测试中实际获得的温度		
测试中获得的温度在预成型无菌屏障系统制造商所建议的温度极限之内	□ 是　　□ 否	
实际采用的密封温度（℃）	从_____至_____ 数据来源：_____ □ 可用验证	

表 8-51 密封运行确认：操作步骤

SOP/使用的程序文件 批准日期和版本	
对操作者关于程序的培训 操作者姓名：_____培训日期：_____ 操作者姓名：_____培训日期：_____ 操作者姓名：_____培训日期：_____	

表 8-52 密封运行确认：维修和保养

SOP/使用的程序文件 批准日期和版本	
对操作者关于程序的培训 操作者姓名：_____培训日期：_____ 操作者姓名：_____培训日期：_____ 操作者姓名：_____培训日期：_____	

表 8-53 密封运行确认：测试方法和接收准则

属　性	接收准则	合规性	
		下限	上限
密封完整性	完整密封并符合规定密封宽度	□ 是　□ 否	□ 是　□ 否
	验证人：_____ 测试方法：_____		
	没有通道或开封	□ 是　□ 否	□ 是　□ 否
	验证人：_____ 测试方法：_____		

续表

属　性	接收准则	合规性			
		下限		上限	
包装完整性	无小孔或撕裂	□ 是	□ 否	□ 是	□ 否
	验证人：_____ 测试方法：_____				
密封强度	符合规定的准则	□ 是	□ 否	□ 是	□ 否
	验证人：_____ 测试方法：_____				
可剥离性	剥离时无材料破裂、分层和落絮	□ 是	□ 否	□ 是	□ 否
无菌使用	打开时对内容物无损伤和污染	□ 是	□ 否	□ 是	□ 否
	验证人：_____ 测试方法：_____				
其他	描述：_____	□ 是	□ 否	□ 是	□ 否
	验证人：_____ 测试方法：_____				
OQ 时确定的温度（T） （上限和下限的均值是测试中的实际温度）	$T =$ _____				

3. 性能确认（PQ）

性能确认（PQ）证明过程，包括设备和操作者在特定的操作条件下可以持续生产合格的无菌屏障系统。以下是性能确认的内容：

（1）无菌屏障系统应在密封和灭菌后对其性能进行评价。

（2）确认样本生产批的文件是确认记录的一部分。批文件信息至少包括以下内容：

① 操作者。

② 时间和日期。

③ 灭菌过程、参数和灭菌批号。

④ 使用的无菌屏障系统材料。

⑤ 无菌屏障系统的包装内容物。

⑥ 使用的热封设备。

（3）测试设备的校准情况和密封设备应按照制造商建议的程序进行检查。该检查应在密封前进行。

（4）应对样品密封性进行评价。所有样品应满足接收准则的要求。关于样品量的指南参见本书有关章节。

为达到以上接收准则，经灭菌后的最小密封强度必须符合标准要求。YY/T 0698.5 标准给出了湿热灭菌最小参考值为 1.5 N/15 mm，其他灭菌方式最小参考值为 1.2 N/15 mm。

在进行破坏性测试对密封性能进行评价时，每个密封参数应准备多套包装的产品。

（5）应准备三批或三套无菌屏障系统。这些批次应有显著不同，如操作者、日期、材料（尺寸、来源、批次）、无菌屏障系统内容物等。最大挑战的包装内容物必须包含在批次内。

（6）对无菌屏障系统的测试样品按照适宜的灭菌过程进行灭菌。三批测试样品应采用同一灭菌过程，并分别在三个循环中进行，以证明其再现性。

（7）在完成灭菌过程和最坏情况的处理、分配、储存条件直至最终使用后，应对无菌屏障系统 OQ 时的接收准则进行评价。评价结果应形成文件记录。

密封过程性能确认如表 8-54 ～ 表 8-57 所示。

表 8-54　密封过程性能确认：密封温度区间

为密封过程确定的温度（来自 OQ 检查表）	$T =$	
运行确认（OQ）的实际温度（来自 OQ 检查表）	下限（LL） LL：	上限（UL） UL：
安全开关偏差度数（根据密封设备制造商的规格）	失常（A） $A =$	
结果中的上限值和下限值	$T - A =$	$T + A =$
条件	$T - A \geqslant$ LL	$T + A \leqslant$ UL
是否与条件符合	□ 是　　□ 否	□ 是　　□ 否

表 8-55　密封过程性能确认：操作步骤

过程 SOP 经过批准并执行	□ 是	□ 否	
人员经过对 SOP 的培训	□ 是	□ 否	
灭菌过程	灭菌周期 A	灭菌周期 B	灭菌周期 C
日期/灭菌时间			
是否附有灭菌协议	□ 是　□ 否	□ 是　□ 否	□ 是　□ 否

表 8-56　密封过程性能确认：密封参数

温度			
压强			
保压时间/速度			
其他（请描述）			

表 8-57　密封过程性能确认：测试方法和接收准则

属　性	接收准则	合规性
密封完整性	完整密封并符合规定的宽度 验证人：_____ 测试方法：_____	□ 是　　□ 否
	无通道、无打开、无气泡 验证人：_____ 测试方法：_____	□ 是　　□ 否
包装完整性	无小孔、无撕裂 验证人：_____ 测试方法：_____	□ 是　　□ 否
密封强度	符合规定的准则 验证人：_____ 测试方法：_____	□ 是　　□ 否
可剥离性	剥离时没有材料破裂、层离、分开或降解	□ 是　　□ 否
无菌使用	在打开时不对内容物造成损伤或污染 验证人：_____ 测试方法：_____	□ 是　　□ 否
其他	描述：_____ 验证人：_____ 测试方法：_____	□ 是　　□ 否

注：样品应在灭菌、储存、转运和发放后再进行评价。

三、自封口或自黏合袋

在具备热封设备和透析袋时，不推荐使用自封口或自黏合袋。自封口或自黏合袋的装配和闭合均应在使用前确认，具体要求按闭合方式进行，所有与确认有关的要素和步骤应予以说明。

四、包裹过程的确认（灭菌包裹的折叠和闭合）

1. 安装确认（IQ）

尽管包裹过程是一个典型的手工过程，但是与安装确认有关的因素仍应予以考虑，包括环境条件（如洁净度、温度、湿度）、形成文件的操作方法的培训、操作手册或程序。

通常安装确认（IQ）只是在设备被安装时才进行。对于一个过程只涉及人员和手工操作，SOP 的开发和人员培训也可以当作 IQ。特定为 OQ 和 PQ 操作者的培训记录应归档在报告中。

包裹过程安装确认如表 8-58、表 8-59 所示。

表 8-58　包裹过程安装确认：培训

员工名称	SOP	培　训			签　名	
		讲师	资质	日期	培训人	被训人

表 8-59　包裹过程安装确认：环境

桌面是否光滑（是否有对包装过程的材料造成潜在损伤的尖锐或任何外来物质）	□ 是	□ 否
桌面是否清洁并有保持清洁的能力	□ 是	□ 否
桌面环境的设计是否可以提供足够的空间供进行折叠	□ 是	□ 否
适用的 SOP 是否在工作区域可用	□ 是	□ 否
日期/签名		

2. 运行确认（OQ）

应将包裹包装的组装过程形成文件。包裹方法参见本章图 8-15 ~ 图 8-21，包裹包装的组装和闭合指南可以向包裹制造商索取。

（1）操作者应接受培训且经过评估是否可以胜任。包装的折叠方法应形成一个弯曲的路径以阻挡微生物穿过。

（2）包装应按照形成文件的程序进行组装。在组装包装的过程中，应包含最坏情况的配置，样品应闭合/密封且经过评价。所有样品应符合接收准则。关于样品量的指南参见本书第四章相关内容。

（3）鉴于用来评价闭合性能的测试方法，每批应准备多套测试样品。评价无菌屏障系统完整性和闭合性的接收准则应至少包括以下内容：

① 闭合连续性和完整性。

② 无通道、无开口或缝隙。

③ 无穿孔或撕裂。

④ 打开时无材料的层离或分离。

⑤ 展开或打开应表明无菌屏障系统有能力保证其内容物可以无菌使用。

⑥ 灭菌参数满足要求。

⑦ 干燥参数满足要求。

对闭合的无菌屏障系统评价后，应打开包装并评估与形成文件的装配程序的符合性。

闭合运行确认如表 8-60 ~ 表 8-62 所示。

表 8-60 闭合运行确认：操作步骤

SOP/使用的程序文件 批准日期和版本	
对操作者关于程序的培训 操作者姓名：_____培训日期：_____ 操作者姓名：_____培训日期：_____ 操作者姓名：_____培训日期：_____	

表 8-61 闭合运行确认：测试方法和接收准则

属　性	接收准则	合规性
闭合完整性	连续、无打开、无缺口、无通道 验证人：_____ 测试方法：_____	□ 是　　□ 否
包装完整性	无小孔、无撕裂、无破损 验证人：_____ 测试方法：_____	□ 是　　□ 否
无菌使用	在打开时不对内容物造成损伤或污染 验证人：_____ 测试方法：_____	□ 是　　□ 否
按照形成文件的程度或装配指导装配（折叠等）	打开并评估包装与形成文件的程序/装配指导的符合情况 验证人：_____ 测试方法：_____	□ 是　　□ 否
其他	描述：_____ 验证人：_____ 测试方法：_____	□ 是　　□ 否

表 8-62 闭合运行确认：维修和保养

SOP/使用的程序文件 批准日期和版本	
对操作者关于程序的培训 操作者姓名：_____培训日期：_____ 操作者姓名：_____培训日期：_____ 操作者姓名：_____培训日期：_____	

3. 性能确认（PQ）

性能确认（PQ）用于表明包裹过程可以在特定的操作条件下连续地生产可接收的无菌屏障系统的能力。

（1）应在无菌屏障系统闭合灭菌后对其进行评价。

（2）确认过程中使用的文件作为确认记录的一部分保存。文件信息应至少包括：

① 操作者。

② 时间和日期。

③ 灭菌过程、参数和灭菌批号。

④ 无菌屏障系统所用材料。

⑤ 闭合使用的胶带。

⑥ 无菌屏障系统的包装内容物。

（3）使用三批测试样品分三次灭菌，灭菌过程应完全相同，以证明再现性。

（4）准备三批按照形成文件的装配程序包装的无菌屏障系统，包括给无菌屏障系统带来最大挑战（最坏情况）的内容物。如果可重复使用的无菌屏障系统用于多种不同的灭菌过程，应对所有过程按操作顺序进行确认，包括产生波动原因、操作者、一天中的时间、材料（大小、来源、批次）、无菌屏障系统的内容物。严禁重复/多次使用一次性无菌屏障系统。

（5）样品应经过密封或闭合评价并符合接收准则。关于样品量的指南参见本书有关章节。

（6）鉴于用来评价闭合的测试方法要求，每批应准备多套测试样品。

（7）针对无菌屏障系统经过灭菌过程和预期的最坏情况的处理、分配和储存条件后直接使用的，应按照运行确认（OQ）时确定的接收准则进行评价，评价结果应予以记录。

包裹过程性能确认如表8-63、表8-64所示。

表8-63 包裹过程性能确认：操作步骤

过程 开发 SOP 并执行	□ 是		□ 否			
人员经过对 SOP 的培训	□ 是		□ 否			
灭菌过程	灭菌周期 A		灭菌周期 B		灭菌周期 C	
日期/灭菌时间						
是否附有灭菌协议	□ 是	□ 否	□ 是	□ 否	□ 是	□ 否

表8-64 包裹过程性能确认：测试方法和接收准则

属　性	接收准则	合规性
闭合完整性	连续、无打开、无缺口、无通道 验证人：_____ 测试方法：_____	□ 是　　□ 否
包装完整性	无小孔、无撕裂、无破损 验证人：_____ 测试方法：_____	□ 是　　□ 否
无菌使用	在打开时不对内容物造成损伤或污染 验证人：_____ 测试方法：_____	□ 是　　□ 否

续表

属　性	接收准则	合规性
按照已形成文件的打包程序包装（折叠等）	打开并评估包装与文件规定的程序是否符合 验证人：＿＿＿＿＿＿＿＿＿＿ 测试方法：＿＿＿＿＿＿＿＿＿	□ 是　　□ 否
其他	描述：＿＿＿＿＿＿＿＿＿＿ 验证人：＿＿＿＿＿＿＿＿＿＿ 测试方法：＿＿＿＿＿＿＿＿＿	□ 是　　□ 否

注：样品应在灭菌、储存、转运和发放后再进行评价。

五、硬质容器的过程确认（可重复使用容器的填充和闭合）

硬质容器的过程确认是对可重复使用容器的填充和闭合等包装过程的确认描述。医疗机构在实际应用时，可重复使用容器的填充和闭合前的清洗和消毒过程应经过确认。

对可重复使用的容器进行过程确认时，应遵守制造商所有的说明，并将制造商的说明作为确认文件的一部分，如垫圈、容器等。

1. 安装确认（IQ）

容器的填充和闭合是一个典型的手工操作，通常安装确认（IQ）只是在设备被安装时才进行。对于一个过程只涉及人员和手工操作，对 SOP 的开发和操作人员的培训也可以当作 IQ 过程。为 OQ 和 PQ 操作者的培训应归档在报告和记录中。

如果使用了设备，应对设备进行安装确认（IQ）。与安装确认有关的因素应予以考虑，包括环境条件（洁净度、温度、湿度）、形成文件的操作方法培训、操作手册或程序。

硬质容器安装确认如表 8-65、表 8-66 所示。

表 8-65　硬质容器安装确认：培训

员工名称	SOP	培　训			签　名	
		讲师	资质	日期	培训人	被训人

表 8-66　硬质容器安装确认：环境

桌面是否光滑（是否有对包装过程材料造成潜在损伤的尖锐或外来物质）	□ 是	□ 否
桌面是否清洁并有保持清洁的能力	□ 是	□ 否
桌面环境的设计是否可以提供足够的空间供进行折叠	□ 是	□ 否
适用的 SOP 是否在工作区域可用	□ 是	□ 否
日期/签名		

2. 运行确认（OQ）

对容器的损害评估、填充和闭合程序应形成文件。这些程序的制定参见本章有关内容。同时可向制造商索取其他详细信息。

（1）操作者应经过培训并评估操作能力。在过程鉴定开始前应形成标准化的作业程序文件并得到批准。

（2）容器应经过清洗、检查、填充并使用"打开迹象系统"闭合，这些操作过程应符合制造商的说明和形成文件的程序。

（3）确定或选择容器的内容物时，应包括最坏情况的配置内容，如填充时的质量、体积和材料。操作者对无菌屏障系统进行诸如更换过滤器之类的典型调整也应考虑在内。关于样品量的指南参见本书相关内容。鉴定所需的容器可以是几个一次装配的，也可以使用同一个容器分次进行，具体取决于实际情况。鉴于用来评价闭合性能的测试方法要求，每批应准备多套测试样品。

应对装配好的无菌屏障系统进行完整性和闭合性能评价。接收准则至少包括以下内容：

① 密封，吻合端面，容器系统和盖子的边缘，确保没有凹痕和缺口。

② 过滤器坚固结构和坚固件，如螺钉和铆钉，确保其安全无变形或毛刺。

③ 安全结构工作正常。

④ 过滤材料完整没有损坏。

⑤ 衬垫柔软，安全锁紧，且无缺口或伤痕。

⑥ 阀门工作正常。

⑦ 闭合连续且完整。

⑧ 过滤器、机械阀门和灭菌剂注入口没有损伤。

⑨ 容器打开时对包装内容物没有损伤。

⑩ 能保证包装内容物的无菌使用。

⑪ "打开迹象系统"有效且完整。

⑫ 可达到灭菌参数。

⑬ 可达到干燥参数。

除了对闭合的无菌屏障系统评价之外，还应对打开容器的过程进行评价，应检测样本过程与清洗、检查和填充程序的一致性。

硬质容器运行确认如表8-67～表8-69所示。

表8-67　硬质容器运行确认：操作步骤

SOP/使用的程序文件 批准日期和版本	
对操作者关于程序的培训 操作者姓名：_____培训日期：_____ 操作者姓名：_____培训日期：_____ 操作者姓名：_____培训日期：_____	

表 8-68 硬质容器运行确认：测试方法和接收准则

属 性	接 收 准 则	合规性
闭合完整性	连续、无打开、无缺口、无通道 验证人：_____ 测试方法：_____	□是　　□否
包装完整性	无小孔、无撕裂、无破损 验证人：_____ 测试方法：_____	□是　　□否
无菌使用	在打开时不对内容物造成损伤或污染 验证人：_____ 测试方法：_____	□是　　□否
按照形成文件的程度或装配指导装配（折叠等）	打开并评估包装与形成文件的程序/装配指导的符合情况 验证人：_____ 测试方法：_____	□是　　□否
其他	描述：_____ 验证人：_____ 测试方法：_____	□是　　□否

表 8-69 硬质容器运行确认：维修和保养

SOP/使用的程序文件 批准日期和版本	
对操作者关于程序的培训 操作者姓名：_____培训日期：_____ 操作者姓名：_____培训日期：_____ 操作者姓名：_____培训日期：_____	

3. 性能确认（PQ）

硬质容器的制造商应提供证据表明容器与特定的灭菌过程的适宜性和经灭菌后保持内容物无菌的能力。性能确认（PQ）应证明在操作条件下装载、填充和闭合过程在重复使用的情况下都可以形成无菌屏障能力可接收的无菌屏障系统。

对无菌屏障系统的评价应在闭合和灭菌后进行，至少包括以下内容：

（1）用于确认样品的批次文件作为确认记录的一部分保存。批次信息至少包括以下内容：

① 操作者身份。

② 时间和日期。

③ 灭菌过程、参数和批号。

④ 无菌屏障系统使用的材料。

⑤ 使用的"打开迹象系统"。

⑥ 无菌屏障系统的内容物。

（2）准备三批按照形成文件的装配程序包装的无菌屏障系统，应包括给无菌屏障系统带来最大挑战（最坏情况）的内容物。如果同一无菌屏障系统预期用于几个不同的灭菌过程，应针对每个过程进行确认，包括产生波动的原因，如操作者、一天中的时间、材料（大小、来源、批次）、无菌屏障系统的内容物。

（3）样品应符合接收准则。关于样品量参见本书第四章相关内容。

（4）无菌屏障系统经过灭菌过程和预期最坏情况的处理、分配和储存条件后直接使用的，应按照运行确认（OQ）时确定的接收准则进行评价。在 OQ 接收准则的基础上，对包装内容物在灭菌后评估其湿热灭菌过程中是否可以达到充分的干燥（湿包的验证）。具体方法可参见 YY/T 0698.8 标准的附录 F。

（5）三批测试样品应采用同一灭菌过程，并分别在三个灭菌循环中进行，以证明其再现性。

（6）所有评价结果应形成书面文件和记录。

（7）如果发现包装破损，应调查破损的根本原因。

硬质容器性能确认如表 8-70、表 8-71 所示。

表 8-70　硬质容器性能确认：操作步骤

过程 开发 SOP 并执行	□ 是		□ 否			
人员经过对 SOP 的培训	□ 是		□ 否			
灭菌过程	灭菌周期 A		灭菌周期 B		灭菌周期 C	
日期/灭菌时间						
附有灭菌协议	□ 是	□ 否	□ 是	□ 否	□ 是	□ 否

表 8-71　硬质容器性能确认：测试方法和接收准则

属　性	接　收　准　则	合规性	
锁止系统、闭合连续性和完整性	闭合连续完整，且无密封/闭合缺口 验证人：_____ 测试方法：_____	□是	□否
过滤材料和阀门完整性	无小孔、无撕裂、无通道、无损伤 验证人：_____ 测试方法：_____	□是	□否
衬垫完整性	没有损伤 验证人：_____ 测试方法：_____	□是	□否
无菌使用	在打开时不对内容物造成损伤或污染 验证人：_____ 测试方法：_____	□是	□否

续表

属　性	接　收　准　则	合规性
打开迹象	打开迹象结构是否完整并有效 验证人：_____ 测试方法：_____	□是　　　□否
其他	描述：_____ 验证人：_____ 测试方法：_____	□是　　　□否

注：样品应在灭菌、储存、转运和发放后再进行评价。

第六节　医疗机构直接使用的无菌医疗器械包装系统统计学验证

　　ISO 11607 标准中明确指出：包装系统的选择和测试所采用的抽样方案应适用于被评价的包装系统，抽样方案应具有统计学意义。ISO 2859-1 或 ISO 186 标准中给出了一些合适的抽样方案举例。世界上各个国家或地区的法规或标准可能提供更多的抽样方案。

　　医疗机构对基于统计学原理如何设计有效的抽样方案一直迷惑不解，到底什么是基于统计学角度的抽样计划？又如何证明其有效性？对于单次使用或可重复使用的无菌屏障系统而言应该如何回答这个问题？如果医疗机构没有这些方面的数据背景资料，不建议自己编纂这些专业性非常强的指导文件。通常通过互联网搜索这些文件的关键词，如"抽样计划"或"样本数量"，就可以获取大量的信息，甚至在网络上输入所需要的数据后便可以直接计算样本数量。

　　制订抽样计划的目的在于证明不仅是检测样品，而是评价所有的产品和批次都满足预定的验收标准。应检测所有产品或批次的每一个样本，如对 50 个已包装的灭菌包进行灭菌。检测所有已经包装的灭菌包从统计学角度上来讲是一个有效的方法，但在实际工作中往往是做不到的。另一个方法则是抽出较小数量的 t 进行检验，但是如果只检验一个已包装的灭菌包也无法保证批次中其他数量都是合格的。同样，如果被检验的灭菌包不合格，是否需要对整批灭菌包进行返工呢？这其中的几个重要因素需要考虑：

　　（1）所有产品或批次中包装的数量。如果医疗机构有一款带包装产品，并且每月只生产一个，那么唯一有效的抽样计划就是测试每个包装。如果该机构生产一款带包装的产品，批量是每月 1 000 个，这种情况下采用全检方法成本较高。设定抽样计划的目的是只针对所有产品或批次的部分进行测试，可以降低检查成本。ISO 2859-1 标准主要适用于连续批次，但是医疗机构一般不生产同样包装的连续批次，有可能将类似包装概念（如袋子）的成型、密封及灭菌过程视为连续生产，虽然产品的尺寸和数量不同。因此一个批次可以理解为某个特定时间段内，如每天、每人、每个包装工序等生产的包装数量。这种情况下所得到的数据类型可能是连续的一个数字（如密封强度），也可能是不连续的（如目视检验合格/不合格）。针对这些因素则需要制定不同的统计学方法及抽样计划，如 ANSI/ASQ Z1.9 针对变量（连续的）数据。

（2）无菌保证水平（SAL）是通过高温、化学物质、放射等手段或多种手段组合灭菌后的灭菌程度。SAL 可能会受到灭菌程度之外的其他因素影响，如无菌性能的保持受无菌屏障系统自身的影响，但主要受医疗机构搬运及储存实际过程的影响。因此，医疗机构需要制定储存、转运和发放的操作流程要求和标准，以及验证的方法和安全控制水平。

（3）标准偏差越大，需要测试的样本数量越多。医疗机构应确定可接受的风险水平。任何抽样计划都存在两类风险：一是在有几个包装实际上可能不符合验收标准的情况下接收所有产品或批次，即"使用方风险"或 β。二是由于某个异常不良而拒收所有产品或批次，即"生产方风险"或 α。

应确定抽样计划和测试的相关成本。如果测试成本较高，则样本数量可以适当减少，但是必须要充分认识到相对应的风险水平也会提高。

如上所述，造成样本数量增大的因素之一是标准偏差，采取措施使偏差最小化是至关重要的。这个环节的关键是要设定详细的、明确的验收标准及系统方法。

（4）对于需要测试的每项性能，应有明确的验收标准。无菌屏障系统的目视检验容易确定，但只能针对包装的完整性。

在医疗机构内的透析袋和卷材包装的产品上进行密封强度测试时，要求在设备的上限和下限处分别进行。如果密封强度太低，完整性可能无法保持。如果密封强度太高，打开包装时可能导致纤维撕裂或材料离层。通常设计一个最低密封强度值作为接收准则，针对上限进行手动剥离试验可以显示无菌使用的能力。测试密封强度的方法有多种，重要的是要决定选择一种方法并持续使用。因为采用三个不同位置的样品测试密封强度可能产生不同的结果，所以如何确定采样位置是非常重要的。透析袋、卷材和密封设备供应商可能提供有助于确定设备极限的信息。

医疗机构进行运行确认（OQ）和性能确认（PQ）时的抽样方案与包装生产过程中的常规抽样方案不同。这些步骤旨在确定用于包装器械的过程能力，为达到此目的需要更多的数据。运行确认（OQ）和性能确认（PQ）的结果可以用于确定大概的可变性，可以用于日常抽样方案的确定。

随着原国家卫生部消毒中心和国家药监局有关医用包装新标准的发布和实施，医疗机构在实际操作过程中出现了很多问题，产生这些问题的原因比较多：一方面是法规、标准变化比较快，国内生产企业的产品不能及时跟进。许多企业在对这个行业不了解、风险不清楚的情况下进入市场，质量意识淡薄。另一方面是有些传统观念一时很难改变，很多新的知识未能得到快速的补充和采用。现就一些比较严重的问题汇总如下：

（1）原来开放性储槽主要用于棉制品的灭菌，随着开放性储槽的退出，很多医疗机构采用了一次性产品，但所采购的一次性产品多为环氧乙烷灭菌产品，而且多为全塑包装，而医疗机构常用的棉制品多年来都采用蒸汽灭菌。开放性储槽的退出是为了提高无菌产品的无菌保持性能，并不是要改变灭菌方式。事实上对于棉制品如果使用环氧乙烷灭菌，即使是使用纸塑包装也要做严格的生物相容性验证，ISO 10993 标准不仅对环氧乙烷残留提出了要求，而且对环氧乙烷的可转化物也有严格的要求。由于篇幅所限不做过多论述，但是在发达国家基本上没有采用环氧乙烷灭菌的全塑包装的一次性使用无菌棉制品产品。

（2）大量的无纺布制品的无序使用。工厂生产无纺布的设备装置一般产能都很大，所以产量也很大，目前没有专门用于生产灭菌包装用的无纺布，所谓医用无纺布一般指手术衣等。这些产品和法规、标准的要求完全不同，而现实中则是在无序地使用。

（3）医疗机构为了减少使用后处理量，导致使用一次性的产品过多过滥，带来了非常大的风险，也带来了严重的资源浪费和环境破坏。

（4）棉制品存在的问题也很多，目前许多医疗机构认为 WS 310《医院消毒供应中心》要求停止使用棉布而改用无纺布和纸塑袋，对此反应很大，再加之一些生产厂家无原则地宣传推销，造成了严重的错误认识。新标准要求使用合格的纺织品，并在 YY/T 0698.2标准第四部分规定了无菌包装关于纺织品的具体要求。

（5）对于使用纸袋的问题，由于在使用方式上错误的宣传推广，导致很多医疗机构需要这个产品，但是却很少使用。

无菌包装作为我国新兴发展起来的产业，虽然存在很多问题，但随着法规、标准、规范和管理的不断完善，将会不断促使医疗机构在感控工作上迈上一个新的台阶。

参考文献

［1］国家食品药品监督管理总局．最终灭菌医疗器械包装 第1部分:材料、无菌屏障系统和包装系统的要求:GB/T 19633.1—2015［S］．北京:中国标准出版社,2015.

［2］国家食品药品监督管理总局．最终灭菌医疗器械包装 第2部分:成形、密封和装配过程的确认的要求:GB/T 19633.2—2015［S］．北京:中国标准出版社,2015.

［3］ISO 11607-1:2006, Packaging for terminally sterilized medical devices—Part 1: Requirements for materials, sterile barrier systems and packaging systems［S］. 2006.

［4］ISO 11607-2:2006, Packaging for terminally sterilized medical devices—Part 2: Validation requirements for forming, sealing and assembly processes［S］. 2006.

［5］国家技术监督局．包装 运输包装件 试验时各部位的标示方法:GB/T 4857.1—1992［S］．北京:中国标准出版社,1992.

［6］国家质量监督检验检疫总局．包装 运输包装件基本试验 第2部分:温湿度调节处理:GB/T 4857.2—2005［S］．北京:中国标准出版社,2005.

［7］国家质量监督检验检疫总局．包装 运输包装件基本试验 第3部分:静载荷堆码试验方法:GB/T 4857.3—2008［S］．北京:中国标准出版社,2008.

［8］国家质量监督检验检疫总局．包装 运输包装件基本试验 第4部分:采用压力试验机进行的抗压和堆码试验方法:GB/T 4857.4—2008［S］．北京:中国标准出版社,2008.

［9］国家技术监督局．包装 运输包装件 跌落试验方法:GB/T 4857.5—1992［S］．北京:中国标准出版社,1992.

［10］国家技术监督局．包装 运输包装件 滚动试验方法:GB/T 4857.6—1992［S］．北京:中国标准出版社,1992.

［11］国家质量监督检验检疫总局．包装 运输包装件基本试验 第7部分:正弦定频振动试验方法:GB/T 4857.7—2005［S］．北京:中国标准出版社,2005.

［12］国家技术监督局．包装 运输包装件 六角滚筒试验方法:GB/T 4857.8—1992［S］．北京:中国标准出版社,1992.

［13］国家质量监督检验检疫总局．包装 运输包装件基本试验 第9部分:喷淋试验方法:GB/T 4857.9—2008［S］．北京:中国标准出版社,2008.

［14］国家质量监督检验检疫总局．包装 运输包装件基本试验 第10部分:正弦变频振动试验方法:GB/T 4857.10—2005［S］．北京:中国标准出版社,2005.

［15］国家质量监督检验检疫总局．包装 运输包装件基本试验 第11部分:水平冲击试验方法:GB/T 4857.11—2005［S］．北京:中国标准出版社,2005.

［16］国家技术监督局．包装 运输包装件 浸水试验方法：GB/T 4857.12—1992［S］.北京：中国标准出版社,1992.

［17］国家质量监督检验检疫总局．包装 运输包装件基本试验 第13部分：低气压试验方法：GB/T 4857.13—2005［S］.北京：中国标准出版社,2005.

［18］国家质量技术监督局．包装 运输包装件 倾翻试验方法：GB/T 4857.14—1999［S］.北京：中国标准出版社,1999.

［19］国家质量技术监督局．包装 运输包装件 可控水平冲击试验方法：GB/T 4857.15—1999［S］.北京：中国标准出版社,1999.

［20］国家质量监督检验检疫总局．包装 运输包装件基本试验 第17部分：编制性能试验大纲的通用规则：GB/T 4857.17—2017［S］.北京：中国标准出版社,2017.

［21］国家质量监督检验检疫总局．包装 运输包装件基本试验 第23部分：随机振动试验方法：GB/T 4857.23—2012［S］.北京：中国标准出版社,2012.

［22］国家质量监督检验检疫总局．瓦楞纸板：GB/T 6544—2008［S］.北京：中国标准出版社,2008.

［23］国家质量监督检验检疫总局.运输包装用单瓦楞纸箱和双瓦楞纸箱：GB/T 6543—2008［S］.北京：中国标准出版社,2008.

［24］国家质量监督检验检疫总局.计数抽样检验程序 第1部分：按接收质量限（AQL）检索的逐批检验抽样计划：GB/T 2828.1—2012［S］.北京：中国标准出版社,2012.

［25］ISO/TS 16775：2014, Packaging for terminally sterilized medical devices—Guidance on the application of ISO 11607-1 and ISO 11607-2［S］.2014.

［26］国家药品监督管理局.无菌医疗器具生产管理规范：YY 0033—2000［S］.北京：中国标准出版社,2000.

［27］国家食品药品监督管理总局.医疗器械 质量管理体系 用于法规的要求：YY/T 0287—2017［S］.北京：中国标准出版社,2017.

［28］国家食品药品监督管理总局.医疗器械 风险管理对医疗器械的应用：YY/T 0316—2016［S］.北京：中国标准出版社,2016.

［29］国家食品药品监督管理局.无菌医疗器械包装试验方法 第1部分：加速老化试验指南：YY/T 0681.1—2009［S］.北京：中国标准出版社,2009.

［30］国家食品药品监督管理局.无菌医疗器械包装试验方法 第2部分：软性屏障材料的密封强度：YY/T 0681.2—2010［S］.北京：中国标准出版社,2010.

［31］国家食品药品监督管理局.无菌医疗器械包装试验方法 第4部分：染色液穿透法测定透气包装的密封泄漏：YY/T 0681.4—2010［S］.北京：中国标准出版社,2010.

［32］国家食品药品监督管理总局.无菌医疗器械包装试验方法 第11部分：目力检测医用包装密封完整性：YY/T 0681.11—2014［S］.北京：中国标准出版社,2014.

［33］国家药典委员会.中华人民共和国药典［M］.2015版.北京：中国医药科技出版社,2015.

［34］ANSI/AAMI ST79：2017, Comprehensive guide to steam sterilization and sterility assurance in health care facilities.

［35］The Global Harmonization Task Force. Quality management systemsprocess validation guidance（GHTF/SG3/N99-10：2004 Edition2）［OL］. Sydney：GHTF/SG3，2004-01［2012-04-17］http：//www. ghtf. org/documents/sg3/sg3_fd_n99-10_edition2. Pdf.

［36］国家食品药品监督管理总局. 国家食品药品监督管理总局关于发布医疗器械生产质量管理规范附录无菌医疗器械的公告（2015 年第 101 号）［EB/OL］.［2015-07-10］. http：//samr. cfda. gov. cn/WS01/CL0087/12417. html.

［37］王爱萍，吴平. ISO 11607 和 EN 868 医疗器械包装系列标准要点解读［J］. 中国医疗器械杂志，2007，31（5）：371-375.

［38］王震业，沈以凌. 国内医疗用品及其包装灭菌现状调查总结［J］. 中国医疗器械信息，2010，16（3）：37-41.

［39］吴春明. 中国医疗器械灭菌包装现状［J］. 中国医疗器械信息，2006，12（3）：14-16.

［40］张同成，郭新海. 无菌医疗器械质量控制与评价［M］. 2 版. 苏州：苏州大学出版社，2019.

［41］焦飞. 如何进行医疗包装设计［J］. 中国医疗器械信息，2007，13（8）：24-26.

［42］万易易，雷秀峰. 浅谈最终灭菌医疗器械包装设计与开发［J］. 中国医疗器械信息，2013，19（3）：31-33.

［43］闫宁. 医院用最终灭菌包装标准及质量控制（一）［J］. 中国护理管理，2010，10（10）：95-96.

［44］闫宁. 医院用最终灭菌包装标准及质量控制（二）［J］. 中国护理管理，2010，10（11）：94-96.

［45］闫宁. 医院用最终灭菌包装标准及质量控制（三）［J］. 中国护理管理，2010，10（12）：93-94.

［46］秦蕾，杜邦. 无菌医疗包装是无菌医疗器械安全的基本保证［J］. 中国医疗器械信息，2015（4）：13-16.

［47］傅克珍. 医用纸塑包装袋包装无菌物品在临床中的应用与分析［J］. 实用医学杂志，2008，24（5）：866-867.

［48］周刚，李希兰，古渝屏，等. 五种医用包装材料阻菌效果试验分析［J］. 现代医药卫生，2007，23（1）：30-31.

［49］孙怀远. 药品包装技术与设备［M］. 北京：印刷工业出版社，2008.

［50］尹章伟，刘全香，林泉. 包装概论［M］. 2 版. 北京：化学工业出版社，2008.

［51］陈振强，张正君，付奇. 如何选择正确的 ISTA 试验程序［J］. 上海包装，2016（12）：15-17.

［52］韩兆洲. 统计学原理［M］. 广州：暨南大学出版社，2018.